U0234149

国家出版基金项目
NATIONAL PUBLICATION FOUNDATION

★ ★ ★
"十四五"时期
国家重点出版物出版专项规划项目·重大出版工程

空间科学与技术研究丛书

空天飞行器着陆减速技术

AEROSPACE VEHICLE
LANDING-DECELERATING TECHNOLOGY

黄　伟　刘　威　蒋万松　高树义　编著

北京理工大学出版社
BEIJING INSTITUTE OF TECHNOLOGY PRESS

图书在版编目（ＣＩＰ）数据

空天飞行器着陆减速技术／黄伟等编著. －－北京：
北京理工大学出版社，2022.6
ISBN 978－7－5763－1438－0

Ⅰ．①空… Ⅱ．①黄… Ⅲ．①空天飞机－着陆速度－
研究 Ⅳ．①V475.2

中国版本图书馆 CIP 数据核字（2022）第 110637 号

出版发行／北京理工大学出版社有限责任公司

社　　　址／北京市海淀区中关村南大街 5 号

邮　　　编／100081

电　　　话／（010）68914775（总编室）

　　　　　　（010）82562903（教材售后服务热线）

　　　　　　（010）68944723（其他图书服务热线）

网　　　址／http：//www.bitpress.com.cn

经　　　销／全国各地新华书店

印　　　刷／三河市华骏印务包装有限公司

开　　　本／710 毫米×1000 毫米　1/16

印　　　张／28.25　　　　　　　　　　　　　　　责任编辑／孟祥雪

字　　　数／432 千字　　　　　　　　　　　　　　文案编辑／孟祥雪

版　　　次／2022 年 6 月第 1 版　2022 年 6 月第 1 次印刷　　责任校对／周瑞红

定　　　价／126.00 元　　　　　　　　　　　　　　责任印制／李志强

前　言

航空航天技术在 20 世纪得到空前发展，取得了举世瞩目的成就。高性能飞机、直升机和民用航空飞机成为国民经济和人民生活不可缺少的交通工具。各种科学与应用卫星服务于科学研究、国民经济和军事，取得了显著的效益，并对政治、经济、军事和人类社会生活产生了广泛而深远的影响。

进入 21 世纪以来，航空航天技术更是加速发展，可重复使用火箭技术的突破使发射成本大幅降低，微小卫星技术的快速发展使低成本规模化卫星应用成为现实。国内外一批商业航天企业大量出现并开展激烈的竞争角逐。航天大国、航天技术企业之间的竞争，使天地往返运输、近空间应用成为新的重点关注技术领域。二级入轨重复使用运载器、高超声速飞行器、空间轨道机动飞行器、亚轨道旅游和试验飞行器是各国和企业的核心竞争选项，我们可称之为空天飞行器。航空航天技术的高度融合在这些空天飞行器上得到充分体现。

空天飞行器大多采用升力体气动构型和类似飞机的水平起飞和着陆方式，但由于任务使用要求、空间工作环境、指标要求等存在较大差异，在技术路线、具体方案、设计方法甚至设计理念上存在一定差异。本书在国内外飞机起落架相关专著的基础上，结合近年来国内外在相关工程实践和理论研究等方面所取得的最新成果，按照航天器系统工程思路和方法，对空天飞行器着陆减速技术进行系统阐述，供从事空天飞行器总体技术和着陆减速技术的工程人员和研究人员参考，也可供从事飞机和无人机总体和起降技术的工程、研究人员及高校师生参考。

本书是一部关于空天飞行器水平着陆减速技术领域的技术专著。全书分为

10 章。以升力体式空天飞行器水平起飞和着陆减速有关技术问题为主，系统讲述了空天飞行器着陆减速系统的组成和特点，系统总体设计，子系统和重要单机的原理、设计方法，系统试验项目和方法等内容。全书力求内容系统、完整和新颖，注重原理与设计的结合、设计与理论的结合、理论与应用的结合，以增强工程实用性，使设计人员和研究人员能够快速掌握着陆减速系统的设计内容、设计要点、基本原理和方法，完成从系统到单机的方案和产品设计，并保证工程进度和产品质量。

本书由北京空间机电研究所的多位专家共同撰写。全书由黄伟和高树义负责组织、策划和审校，由蒋万松、黄伟负责统稿，第 1 章由黄伟、高树义、唐明章撰写，第 2 章由蒋万松、王永滨、刘威撰写，第 3 章由孙嘉麟、张亚婧和梁浩撰写，第 4 章由冯蕊、陈书通和刘兴华撰写，第 5 章由方纪收、朱谦和武士轻撰写，第 6 章由朱谦、赵玮、刘欢和张钊撰写，第 7 章由龙龙、方纪收和牟金岗撰写，第 8 章由隋蓉、王文强和朱维亮撰写，第 9 章由周朋、孙希昀、姜毅和李烨撰写，第 10 章由陈书通、王治国、刘媛媛和王盟撰写。

本书在编写过程中，得到中国空间技术研究院北京空间机电研究所科技委和回收着陆技术研究室的杨军、陈晓丽、郭崇岭和贾贺等各级领导的关心和支持，中国空间技术研究院载人飞船总设计师张柏楠、钱学森实验室的石泳研究员给予了大力指导，得到了北京理工大学出版社编辑组的精心校阅和帮助。在此，作者一并表示诚挚的感谢。

由于作者水平有限，且内容涉及的知识面极为广泛，书中难免存在一些疏漏、不足甚至错误之处，恳请广大读者批评指正，以不断完善。

著 者

2022 年 4 月

目 录

第 1 章
绪　　论

■ 1.1　空天飞行器的发展

　　航空航天是当代人类认识和改造自然进程中最活跃、最有影响的科学技术领域，也是人类文明高度发展的重要标志。航空指飞行器在地球大气层内的航行活动，航天指飞行器在大气层外宇宙空间的航行活动[1]。纵观过去百余年，航空航天技术得到空前的发展，取得了举世瞩目的成就，航空航天事业的发展是 20 世纪以来科学技术飞跃进步和社会生产突飞猛进的结果，集中了科学技术的众多新成就，同时对科学技术和社会进步起到了巨大的促进作用，并对政治、经济、军事以至于人类社会生活产生了广泛而深远的影响。

　　我国将现有飞行器分为三类，即航空器、航天器、火箭和导弹。航空器指能在大气层内进行可控飞行的各种飞行器，包括飞机、气球、飞艇等；航天器指在地球大气层以外的宇宙空间，基本上按照天体力学的规律运行的各类飞行器，包括卫星、空间站、探测器、航天飞机等；火箭是以火箭发动机为动力，可以在大气层内和大气层外飞行的运载飞行器[1]。公众常将火箭也称为航天器。

　　本书所指的空天飞行器（Aerospace Vehicle，ASV），是指既能够在大气层中飞行又能够在宇宙空间中飞行的飞行器，它是航空技术与航天技术高度融合的产物，可以作为航天运载器或载人飞行器，可重复使用。航天飞机和空天飞机都属于空天飞行器。

　　两次世界大战对航空航天技术的发展产生了重大影响。第二次世界大战结束前，德国引领着世界航空航天技术的发展；第二次世界大战结束后，美苏均借助德国导弹与火箭技术、科研人员和设备，全力发展航空航天技术。早期苏联在地球卫星、载人航天、无人月球探测等方面处于领先地位，之后主要发展卫星应用、载人航天基本技术（飞船机动飞行、交汇对接、舱外活动等）和空间站等；美国主要发展卫星应用、载人登月、月球和深空探测，20 世纪 70 年代以后逐渐成为航空航天技术的领导者。此外，美国用多型火箭飞机开展了超声速高空飞行试验研究，结合超声速空气动力学和材料科学等的进展，推动了飞机突破音障和热障，并为后续航天飞机的发展奠定了基础。其中，X－15 飞机如图 1－1 所示，是美国空军向"空天飞机"计划迈出的第一步，它的试验飞行几乎涉及了高超声速研究的所有领域，为美国后来水星号、双子星号、阿波罗计划和航天飞机的发展提供了极其珍贵的试验数据。类似的还有 M2－F1、MR－F2、M2－F3、HL－10、X－24A 和 X－24B 等，这些飞行器都能像飞机一样降落[2~5]。

图 1－1　美国 X－15

苏联也开展了升力体飞行器的研究，即螺旋轨道飞行器，后来转变为米格－105.11 试验机（图 1－2）。为提前验证航天飞机相关技术，共进行 8 次飞行试验，测试其在大气层内的各项飞行性能。

1969 年，美国"阿波罗"工程实现了载人登月，但项目的浩大经费引起了非议，于是提出了经济效益高的可重复使用航天飞机方案。航天飞机是往返于地球表面和近地轨道间的可以重复使用的多用途航天器，通常由火箭推进，返回地面时能像飞机那样下滑和着陆，是火箭、航天技术和航空技术的综合产物，通过可重复使用来降低发射成本。航天飞机的主要用途包括部署卫星、检修卫星、回收卫

图 1 - 2　螺旋号轨道飞行器和米格 - 105.11 试验机

星、太空营救、空间运输、空间试验和生产、空间探测。目前只有美国和苏联真正研制并发射了航天飞机。美国第一代航天飞机共成功完成 135 次任务，共载 600 多名宇航员，运送 1 360 t 货物，用于执行建造国际空间站，发射、回收和维修卫星，开展空间科学研究等，取得了辉煌的成就。图 1 - 3 所示为美国奋进号航天飞机。但是美国航天飞机并没有达到当初低成本天地往返的目的，再加上几次重大事故，不可避免地走下了历史舞台。

　　在 1986 年"挑战者"航天飞机发生事故后，美国航空航天局（NASA）开始考虑应急救援返回飞行器技术。兰利中心提出基于 HL - 10 和苏联 BOR - 4 的 HL - 20 升力体载人运输系统方案[6]。同期，NASA 和 ESA 合作开展了空间站应急救援飞行器 X - 38 的研究，采用了类似的升力体，于 1998 年试飞成功。

图 1 - 3　美国奋进号航天飞机

2004 年，美国 SpaceDev 公司以"追梦者号"加入 NASA 发起的太空探索愿景计划（后来演变为"商业轨道运输服务项目 COTS"）。"追梦者号"是小型商用低成本载人和货运航天飞机，采用 HL－20 升力体构形，可以搭载 7 名航天员或 5.5 t 的货物，由火箭顶推式发射升空，无动力滑翔返回并水平着陆，可重复使用 15 次以上（图 1－4（a））。2019 年，获得了向空间站运送货物的发射任务。

1998 年，NASA 提出了 Future－X 计划，1999 年由波音公司承担 X－37 验证机，验证下一代航天飞机（OSP）轨道飞行、航电系统、自动驾驶、防隔热，以及轻型起落架等先进技术，降低航天成本。采用 85% 缩比 X－37 无动力无人飞行器，测试 X－37 的气动性能和导航功能，共进行了 7 次投放试验。X－40A 最早可追溯到美国空军空间机动飞行器（SMV）项目。2004 年，NASA 将 X－37 转交美国国防先进技术局（DARPA）管理，2006 年，发展出了 X－37B 试验飞行器（图 1－4（b）），称之为轨道试验飞行器（OTV），使用火箭顶推式发射，共进行了 5 次飞行。2017 年刷新了在轨 780 天的世界纪录。

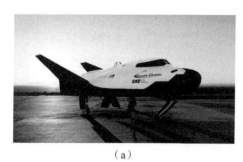
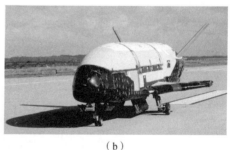

（a）　　　　　　　　　　　　　　（b）

图 1－4　"追梦者号"和 X－37B 无人航天飞机

空天飞机是航空航天飞机的简称，是一种既能够航空也能够航天的新型可重复使用天地往返系统，将采用某种吸气式动力与火箭的组合动力，可以从机场跑道上起飞，以高超声速在大气层飞行，直接进入太空，成为航天器，返回时像飞机一样在机场跑道上水平着陆，比航天飞机更高效能、安全、经济、舒适、快捷，同时还可以用于反卫星、侦察和监视等军事用途。目前世界上还没有研制成功真正的空天飞机，而且未来仍有很长的路要走。

早在 1949 年，世界第一架冲压发动机动力飞机法国 Ledue 010 试验机试飞，20 世纪 60 年代初期，开始兴起研究"跨大气层飞行器"。我国钱学森先生在《星际航行概论》中提出两级运载器的概念[4]。1962 年，苏联最早提出了有翼空天飞行器的 AKS 计划，1966 年确定了"螺旋 50 – 50"计划的初步方案，为两级空天飞行器，其高超声速载机采用吸气式动力。1986 年，挑战者号航天飞机失事后，美国提出研制完全重复使用的"国家空天飞机" NASP（代号 X – 30），采用组合式超燃冲压喷气发动机，单级水平起降。英国也提出了"霍托尔"单级水平起降空天飞机，采用全新空气液化循环发动机，后来发展成了"云霄塔"空天飞机。德国则提出两级水平起降空天飞机"桑格尔"，第一级为超声速运输机，第二级为航天飞机，与 1966 年苏联提出的"螺旋 50 – 50"计划类似。

空天飞机要实现低成本运输目的，其途径主要有：

（1）利用大气中的氧，以减少携带的氧化剂，减轻起飞质量。

（2）不抛弃任何部件，全部重复使用。

（3）水平起飞着陆，简化场地设施和操作程序，减少维修费用。

经过多年对运载火箭的实践和组合动力飞行器的研究，空天飞机需采用高效能的组合动力才能实现，即在大气层中采用某种吸气式动力，在大气层以外采用火箭动力。主流组合动力推进技术的比冲比较如图 1 – 5 所示。

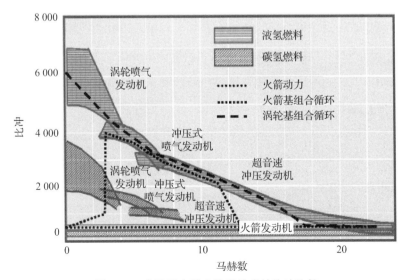

图 1 – 5　主流组合动力推进技术的比冲比较

目前发展空天飞机的技术基础还不成熟，但因高超声速飞行器技术体系与之相似，还具有重要的军事应用价值，并能为空天飞机的发展清除技术障碍，所以在过去20多年中我国以及国际上美、俄、英、法、日等航天强国竞相发展，未来投入使用必将成为军事大国打破战略平衡的新型撒手锏。高超声速近飞行器优点有：

（1）飞行速度快，全球2小时抵达。

（2）突防能力强，拦截极其困难。

（3）航程远，威力大。

（4）来无影去无踪，极难探测。

■ 1.2 空天飞行器着陆减速系统

空天飞行器的重要特点就是能像飞机一样水平着陆，通过可重复使用达到降低运输成本的目的。因此，大多数空天飞行器的着陆减速系统与飞机类似，一般采用起落架和阻力伞集成的技术形式，其功能组成也有较大的相似性。

1.2.1 功能与组成

着陆减速系统采用可折叠收展机构，在飞行阶段收拢在机身内部，以保持飞行器气动外形和内部环境，在着陆或起飞时展开并锁定，形成稳定的承力结构。在规定的跑道上，采用机械支架支撑飞行器在起飞和着陆过程中稳定滑行，吸收着陆时的垂直撞击能，使机体结构或乘员免受预定外冲击载荷，在滑行过程中提供可控的航向纠偏控制功能，具有良好的操纵性和稳定性，采用气动和摩擦制动等减速方式，将飞行器的着陆水平速度逐渐减小至停止而不冲出跑道，具有多次可重复使用能力。

空天飞行器着陆减速系统的基本功能可归纳如下：

（1）支撑飞行器地面停放、操作、测试、运动、牵引和转运。

（2）通过缓冲器吸收着陆撞击能量，使机体结构或乘员免受预定外冲击载荷。

（3）通过气动阻力、摩擦制动等方式，降低飞行器水平方向速度，直至停止。

（4）通过转弯操纵机构或者差功刹车对飞行器地面滑跑进行方向纠偏控制。

（5）减缓飞行器滑跑时由于跑道不平而导致的振动。

（6）通过折叠机构实现收拢展开，降低飞行气动阻力，提高着陆承载能力。

（7）其他辅助功能：为着陆灯等其他设备提供安装接口，多轮式起落架还应有均衡载荷装置等。

此外，着陆系统还应当满足安全可靠性要求、经济性要求等。

空天飞行器着陆减速系统的典型组成如表 1-1 所示。

表 1-1　空天飞行器着陆减速系统的典型组成

序号	子系统	单机	功能
1	缓冲与制动子系统	前起缓冲器	主要吸收撞击能量
2		前起轮胎	辅助吸收撞击能量、滚动部件
3		前起机轮	承受和传达载荷、滚动部件
4		主起缓冲器	主要吸收撞击能量
5		主起轮胎	辅助吸收撞击能量、滚动部件
6		主起机轮与刹车装置	承受和传达载荷、制动减速
7	收放机构子系统	前起撑杆下位锁	前起落架收拢、展开、锁定、支撑
8		前起收放作动器	前起落架收放驱动源
9		前起舱门机构	前起舱门收拢、展开
10		前起舱门收放作动器	前起舱门收放驱动源
11		主起撑杆下位锁	起落架收放驱动源
12		主起舱门机构	主起舱门收拢、展开
13		主起收放作动器	主起起落架收放驱动源
14		主起舱门收放作动器	主起舱门收放驱动源
15		上位锁	起落架、舱门收上到位锁定与解锁机构

序号	子系统	单机	功能
16	操纵与控制子系统	传感器组	位置、转弯角、轮速、压力等感知测量
17		传感器采集处理器	传感器数据采集和数字化处理
18		监测控制器	着陆系统监测与控制器
19		控制软件	着陆系统软件
20		操纵减摆装置	前轮转弯伺服控制和减摆抑制
21		刹车控制驱动器	主机轮刹车控制器
22	气动减速子系统	阻力伞组件	引导伞、主伞、伞包等
23		伞舱组件	伞舱、舱盖、防热结构等
24		解锁装置	舱门解锁装置
25		分离装置	阻力伞抛伞分离装置

1.2.2　工作过程

1.2.2.1　起飞方式

目前空天飞行器的起飞方式主要有 4 种：水平自主起飞、火箭助推起飞、载机背负起飞和滑轨助推起飞。

1）水平自主起飞

空天飞行器像普通飞机一样从机场跑道自主起飞并入轨（单级入轨），是最理想的起飞形式，但目前还没有做到。水平自主起飞过程包括从地面起飞线至飞机越过安全高度（飞机一般为 15 ~ 20 m），分为起飞滑跑、拉起、加速爬升等阶段，如图 1 - 6 所示。

2）火箭助推起飞

飞行器布置在火箭的侧面或者顶部，像安装助推器或发射卫星一样起飞，到达一定高度后，抛掉助推器和火箭，然后飞行器独自入轨。美、苏的第一代航天飞机、美 X - 37B、"追梦者号"等都是由火箭助推垂直发射起飞的。

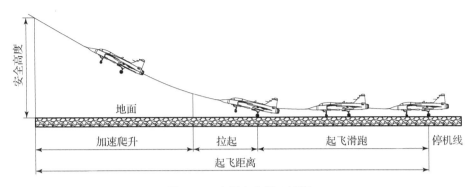

图 1 - 6　水平自主起飞过程

3）载机背负起飞

采用一架载机背负轨道飞行器，载机在普通机场上加速起飞，当到达一定高度和速度时，轨道飞行器与载机分离，再通过火箭加速入轨，而载机则降落至机场。载机可以是空天飞机，也可以是大型运输机。一般二级入轨空天飞行器采用这种起飞方式，如德国桑格尔空天飞机（图 1 - 7）、俄罗斯 MAKS 航天飞机等。

图 1 - 7　桑格尔空天飞机示意图

4）滑轨助推起飞

通过特殊的滑轨对载机或空天飞行器加速，当到达一定速度后分离，能够节省起飞的燃料，如图 1 - 8 所示。苏联在"螺旋 50 - 50"计划提出了这种加速方式的概念。但这种起飞方式比较特殊，不能用机场跑道。滑轨助推起飞方式与小型无人机等的起飞加速车有些相似。

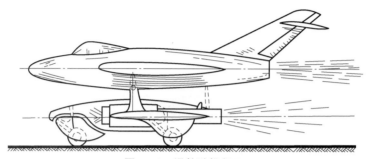

图1-8 滑轨助推起飞

1.2.2.2 着陆过程

尽管空天飞行器有多种起飞方式，但基本都采用在机场上水平着陆，与商用或军用飞机类似。

1）进场着陆过程

在接近机场获得允许着陆信号后，飞行器一般沿机场上空转弯横过跑道，转弯放下起落架，转弯放下增升襟翼等装置，转弯正对跑道进入着陆下滑阶段。

着陆距离定义为从降至安全高度开始到停止滑跑为止所经过的水平距离，一般包括下滑、拉平、平飞减速、飘落和地面减速滑跑等阶段，如图1-9所示。

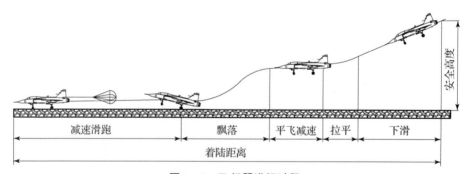

图1-9 飞行器进场过程

从安全高度开始，下滑阶段处于最小推力状态，下滑角基本保持不变，下滑轨迹一般为直线；至离地6~8 m时，开始拉平使飞行器抬头，飞行器速度方向逐渐与地面平行，在离地1 m左右拉平结束。拉平阶段稍微不慎就易使前轮先触地或拉平过头而造成事故。

拉平后，保持离地面1 m左右高度平飞减速，同时逐渐加大仰角，以减小接地瞬间的水平速度，然后飘落接地。着陆仰角过小，接地时速度大，着陆滑跑距离长；着陆仰角过大，接地速度小，飘落难度大，易于造成失速或者机尾擦地事故。

接地时，主轮先接地，然后前轮接地。在接地过程中，机轮由不旋转状态突然加速到与飞行器着陆速度几乎相同的水平速度滑跑，形成非常大的着陆起转载荷。

一般采用前三点式起落架，三点接地后，允许刹车和抛放阻力伞以减少滑跑距离。一般民航客机着陆速度小，可不使用阻力伞。但空天飞行器着陆速度高，一般均需要有着陆阻力伞，甚至接地前在空中放伞，可以保证着陆减速效率显著提高。减速过程中，需要通过控制舵面、机轮、前轮转弯等多种途径，纠正滑跑偏向并保证滑跑距离短。

2）空天飞行器着陆过程特点

（1）空天飞行器可能是无动力进场的，需要在更早精准进入下滑阶段并对准跑道，着陆时飞行条件离散度大。

（2）空天飞行器的低速气动特性一般不如客机或军用飞机，进场角大，操纵难度更大，下沉速度和水平速度大。

（3）空天飞行器的着陆速度更高，滑跑减速距离更长，刹车能量要求高，可使用阻力伞来缩短滑跑距离。美国航天飞机从发现号开始使用阻力伞（图1-10）。

图1-10 发现号航天飞机着陆过程

1.2.3 系统特点

空天飞行器的着陆减速系统与飞机有所差别，主要体现在以下几个方面：

1）着陆条件恶劣

空天飞行器是跨域飞行器，其低速气动特性一般并不如飞机好，不但着陆过程控制难度大，着陆姿态误差大，下沉速度、接地速度一般也要比军用飞机大，需要使用高速轮胎、高能量密度刹车机轮等，滑跑距离长、过载大。

2）使用环境不同

空天飞行器着陆减速系统需要经历发射、在轨和再入返回全过程中的动力学、高低温、空间辐射、低真空度，以及其他在轨环境，对液体介质、非金属材料寿命、密封性、气密性等都提出了不同或更高要求。

3）质量要求苛刻

由于入轨代价很大，因此对质量更加敏感，在方案和产品设计上都非常严格。如挑战者航天飞机的着陆装置质量仅为着陆质量的 3.5%。一些空天飞行器，通过收放机构方案优化、缓冲器复合材料应用等减重改进措施，着陆减速装置质量甚至需要降到 3% 以内。

4）布局空间紧张

空天飞行器的自身结构特点决定了着陆减速系统的布局空间更加苛刻，与高速轮胎、大能量刹车机轮等形成了较大矛盾，需要极紧凑设计，厚实的耐高温密封舱门也加剧了布局空间的紧张。

5）单次可靠性要求高

空天飞行器对可靠性的要求更像航天器，即对单次工作可靠性要求很高，需采用各种冗余设计技术以保证每次任务的成功。除此之外，针对可重复使用需求，还需保证重复工作次数的低故障率。

6）寿命要求特殊

空天飞行器着陆减速系统的使用寿命一般至多设计百次级着陆，相比军机和客机的数十万次要少得多，这使得着陆减速系统的技术路线、产品设计方法，甚至设计理念等都会有所差异。

█ 参考文献

[1]《中国大百科全书》（航空航天卷）.

[2] 剑桥百科全书编译委员会. 剑桥百科全书［M］. 北京：中国友谊出版社，1996.

［3］［美］马修·A. 本特利. 空天飞行器——从飞机场到航天港［M］. 张红文，
关成启，佘文学，译. 北京：北京理工大学出版社，2015.

［4］沈海军，程凯，杨莉. 近空间飞行器［M］. 北京：航空工业出版社，2012.

［5］段卓毅. X 系列飞行器概览［M］. 北京：航空工业出版社，2017.

［6］马宏林. NASA 研制 HL－20 空间摆渡飞行器［J］. 航天返回与遥感，1993
（14）：3.

［7］航空航天工业部科学技术委员会. 飞机起落架强度设计指南［M］. 成都：
四川科学技术出版社，1989.

第 2 章
着陆减速系统总体设计

着陆减速系统是空天飞行器的重要组成部分。按照航天器系统工程的研制思路，应首先完成系统总体方案设计和技术指标的分解，然后再开展单机详细设计。本章叙述了着陆减速系统的设计范围、设计流程，介绍了总体布局和收放系统的设计方法和要求、主要技术指标及分解方法，给出了初步性能评估方法。

着陆减速系统总体设计人员应对各子系统、单机的工作原理、设计方法等有足够深入的了解。

2.1　总体设计范围

着陆减速系统设计应首先符合用户的要求，包括技术指标、经费和周期等因素的制约条件，如果在方案设计阶段就能使系统产品还满足其他通用要求或规范，对飞行器也是有益的。

2.1.1　设计输入条件

2.1.1.1　飞行器质量与几何特性

1. 着陆质量

1）最大着陆设计质量 $W_{L,max}$

空天飞行器的最大设计质量减去起飞助推器和消耗推进剂质量，一般由飞行器总体设计部门分析确定。

国军标规定军用飞机的最大着陆设计质量为飞机最大设计质量减去起飞过程消耗的所有燃油、可投放的油箱、绕场一周或飞行 3 min 的燃油。

2）着陆设计质量 W_L

空天飞行器着陆减速系统设计的标称着陆质量，一般由飞行器总体设计部门给出。

国军标规定军用飞机的着陆设计质量为最大着陆设计质量减去所有可抛掉的载荷、机外燃油、一定比例（轰炸机 60%，歼击机、运输机 50%，侦察机、教练机、多用途机 25%）的机内燃油。

2. 重心位置限

重心位置限包括重心前限、重心后限、重心上限、重心下限，详细设计时最好应给出重心的包络线。重心位置限用于着陆减速系统的位置布局，评估着陆稳定性。

3. 惯量张量

惯量张量用于评估和模拟验证飞行器着陆过程的运动特性，如着陆冲击过程的位置和姿态响应特性、刹车和前轮转弯过程姿态响应特性、阻力伞开伞冲击时动力学响应特性等。

4. 飞行器外形轮廓

需要飞行器的外形轮廓（至少后半机身和机翼），主要确认以下几个问题：

（1）起落架的站位布局是否能够保证在各种极限着陆工况下，机翼、机尾等部位不与地面发生擦碰，且有足够的安全距离。

（2）机身的尾流场是否影响阻力伞的正常工作。

（3）阻力伞的连接位置是否会发生开伞力使飞行器抬头的危险情况，伞摆动情况下是否与地面发生擦碰。

5. 布局空间

与着陆减速系统相关的具体结构布局空间，用于确认系统站位布局、起落架和舱门收放静动包络、阻力伞出伞通道等不与机体发生结构干涉，且满足着陆减速系统的自身性能要求。布局空间是与系统和飞行器总体结构设计关联性较为密切的设计输入条件。

2.1.1.2 气动和飞行参数

1. 气动参数

气动参数包括接地速度和迎角以下的升力系数、阻力系数、侧向力系数、俯仰力矩系数、滚转力矩系数、偏航力矩系数，最好也能够给出相关舵面的铰链力矩系数，用于着陆冲击响应及滑跑减速性能的准确评估。

2. 着陆速度

着陆速度指飞行器接触跑道时相对于地面的水平速度，也称接地速度，是着陆减速系统设计的重要技术指标之一。主要用于着陆滑跑距离计算、阻力伞特征面积、刹车能量、轮胎与机轮等技术指标的分解下达。

3. 下沉速度

下沉速度指飞行器在接触跑道时相对地面的垂直速度，也称为触地下沉速度，主要用于着陆缓冲设计。通常，飞机下沉速度由订货方认可的相关规范确定。GJB 67.1 及 HB 6645 规定歼击机及各种陆基飞行器下沉速度为 3.0 m/s，直升机为 2.44 m/s，教练机为 3.6～4.0 m/s。实际上规定上限的下沉速度很少出现，如图 2-1 所示，大部分在 2 m/s 以下。

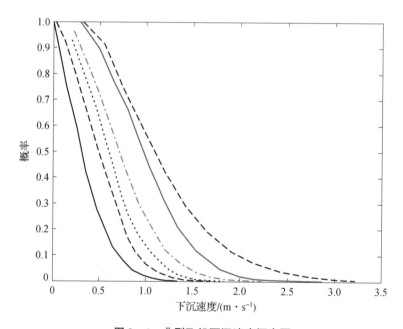

图 2-1　典型飞机下沉速度概率图

舰载机考虑到海浪上抛甲板、很少或无平飘及大进场角的影响，取用了 6 ~ 7 m/s 甚至更高的下沉速度。短距起落飞行器（STOL）设计考虑了大进场角（5°~8°）和最短平飘着陆，实际下沉速度可达 3.0 m/s，而着陆装置能设计下沉速度不小于触地下沉速度的 1.5 倍（STOL 飞行器规定），即能承受 4.5 m/s 的下沉速度冲击。

4. 起飞/着陆俯仰角

飞行器在着陆前的平飞减速段，为降低水平速度，需以较大的攻角飞行，直至主轮接地离地。对于有起飞过程的空天飞行器或飞机，在起飞拉起过程中，需通过快速增加迎角获得升力，使机体离开跑道和爬升。

起飞/着陆俯仰角是着陆减速系统站位布局的关键指标条件，直接影响飞行器的离地高度，进而影响冲击载荷、缓冲性能、质量等指标。一般飞机的起飞俯仰角为 10° ~ 15°，着陆俯仰角为 8° ~ 10°。航天飞机着陆俯仰状态如图 2 – 2 所示。

图 2 – 2　航天飞机着陆俯仰状态

5. 着陆滚转角

由于飞行器着陆时受侧风、导航误差、飞行控制水平等因素影响，通常以一定滚转角着陆，如图 2 – 3 所示。着陆滚转角由姿态欧拉角定义，在俯仰角为 0°时，机体水平面与跑道面的夹角等于滚转角。较大的滚转角会损伤机翼、发动机舱等。

值得注意的是，起飞/着陆俯仰角和滚转角，一般不同时达到最大值，而是存在一定限制，典型俯仰角和滚转角限制图如图 2 – 4 所示。

图 2-3　飞机着陆时有一定的滚转角

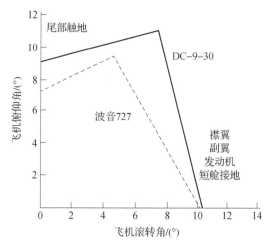

图 2-4　飞行器俯仰角和滚转角限制图

6. 起飞距离、着陆距离、触地距离、滑跑距离

起飞距离是指飞行器从静止状态，经滑跑、爬升至起飞安全高度所经历的水平距离。

起飞滑跑距离是指飞行器从静止状态，经加速滑跑至主机轮离地的水平距离。

着陆距离是指飞行器从进场安全高度，经下滑、拉平、平漂、滑跑、减速至停止所经历的水平距离。

触地距离是指飞行器从进场安全高度，经下滑、拉平、平漂至主机轮触地所经历的水平距离。

着陆滑跑距离是指飞行器从主机轮触地，经减速至停止所经历的水平距离。

2.1.1.3　发动机特性

着陆过程发动机特性用于着陆减速系统的阻力伞、刹车能量等指标分解和评估，着陆滑跑性能评估，但部分空天飞行器是无动力返回着陆的。飞机的发动机特性主要包括额定转速下的地面推力、空车或慢车推力、反推力及其打开速度。

2.1.1.4　着陆场条件

机场跑道是指机场内用来供应飞行器起飞和着陆的超长条形区域，其材质主要是沥青或混凝土，较少为草地、土或碎石地面，甚至木板、页岩、珊瑚虫、黏土等。现在全球范围内跑道普遍使用以陆地为基础，国内大部分为混凝土跑道。

飞行器质量增加必然引起单轮载荷增加，轮胎压力也相应增加。轮胎载荷和轮胎压力是影响道面的两个主要因素。

1. 术语解释

道面：分为刚性道面、柔性道面和未铺砌道面。刚性道面通常是厚 20～40 cm 的混凝土跑道；柔性道面通常是厚 20～150 cm（包括所有材料在内）的沥青跑道，下面采用若干层压实的材料；未铺砌道面一般包括纯土壤、草地道面、加垫面等。

漂浮性：对飞行器在确定强度的机场道面上使用能力的一种度量，影响漂浮性的因素是机轮载荷、轮胎触地面积和轮胎压痕间隔等。

地面载荷：地面作用于起落架部件上的载荷。

当量单轮载荷：作用在单个机轮上的计算载荷，它对机场跑道产生的效应与作用在多轮起落架部件上时产生的效应相同。

轴距：小车式主起落架前后轴线间的纵向距离。

轮距：两个成对相邻轮胎轴线间的横向距离。

触地面积：轮胎和机场道面相接触的面积一般是由机轮载荷除以轮胎充气压力来确定的，在有些情况下，可使用制造商的实测面积值。

触地压力：它等于单轮载荷除以触地面积，表示作用在机场道面上的平均压强。

粗糙度：如果不能忍受较低强度的道面和较高的粗糙度，它就必须降低载重、燃油或者降低使用次数，使用受到很大限制。粗糙道面对滑行中的飞行器产生的动载荷有时也可引起很大的过载。飞机驾驶舱处的垂直加速度大约为重心处的 2 倍，这样就会引起驾驶员的严重不适。由于舒适性的要求，民用客机更不允许粗糙道面在滑行时产生过大的垂直加速度。

2. 跑道参数

着陆减速系统决定了飞行器的着陆性能,在系统总体设计时,需要明确在什么样的着陆场完成着陆任务。空天飞行器的着陆速度一般比较高,而机轮在机体内的布局空间和质量要求往往也非常苛刻,所以着陆减速的距离比较长;同时,着陆滑跑过程中,由于水平速度快,航向控制的响应要求在较宽的跑道上才能完成。因此,着陆减速系统设计需要明确跑道的长度和宽度。

飞行区等级是指机场跑道性能及设施的能力,一般主要取决于机场跑道等级(表 2 – 1),用两个部分组成的编码来表示,即数字 + 字母,数字基本表示了跑道长度,分为 1 ~ 4 级;字母则表示了跑道和滑行道的宽度,分为 A ~ F 级。我国民用机场大部分为 4C、4D、4E 和 4F 级,实际可用跑道长度达到 2 400 m 以上,最长达到 5 000 m。

表 2 – 1　机场跑道等级及内涵

数字等级	内涵(跑道长度/m)	字母等级	内涵(跑道宽度/m)
1	< 800	A	< 15
2	800 ~ 1 200	B	15 ~ 24
3	1 200 ~ 1 600	C	24 ~ 36
4	> 1 800	D	36 ~ 52
/	/	E	52 ~ 65
/	/	F	65 ~ 80

3. 跑道坡度

一般机场跑道的坡度极小,着陆减速系统性能评估时可以认为是水平的,但也有个别机场跑道有较大的坡度,这时就需要考虑坡度的影响。

4. 跑道海拔高度

不同大气海拔高度大气密度不同,影响着陆减速过程。因此,对于滑跑距离要求较高的飞行器,需要明确着陆场跑道的海拔高度范围。

5. 特殊跑道面特性

国内大部分军民用机场已采用混凝土铺建,但是跑道面是否干燥、湿滑、薄冰等都对滑跑距离、减速控制、稳定性等有较大影响。空天飞行器的着陆速度通常较大，而且机身阻力较小，对着陆减速系统的性能依赖更强。

2.1.1.5 工作环境条件

1. 侧风

军机和民航飞机等相关规范都明确了具备着陆条件的侧风条件。典型的着陆条件是，逆风 25 m/s，侧风（90°）15 m/s，顺风 5 m/s。

2. 力学环境

力学环境指飞行器发射、在轨飞行、返回再入和着陆过程中所经历的动力学环境载荷。

3. 工作温度

空天飞行器较飞机的工作温度更恶劣，经飞行器防热和热控后，飞行过程中低温可至 −40 ℃甚至更低，高温可达 80 ℃以上。在轨期间，还要经受轨道空间热环境。

4. 空间辐照和原子氧

空间辐照和原子氧主要对非金属材料的性能产生影响，一般对金属材料影响较小。

5. 在轨时间

按总体任务要求，一般少则几小时，多则数年。

2.1.1.6 使用寿命

空天飞行器的使用寿命远远低于飞机，使用寿命至多是几百次起落，而飞机则可达数万至数十万个起落。这种使用寿命要求上的差异可直接导致承力部件所采用技术路线、设计方法和设计理念的不同。

2.1.2 设计内容及要求

1. 收放功能

空天飞行器和飞机都要有良好的气动外形，着陆减速系统必须设计成可以收放的，着陆系统在起飞后，要可靠收到机身内，并承受飞行过程中的各种载荷条件。在起飞和着陆前能够可靠展开和可靠锁定，以完成起飞和着陆减速功能。

对于飞行速度高的空天飞行器，收放功能设计时还应考虑舱门隔热密封设计和要求对收放机构带来的影响，有时使舱门机构设计变得比飞机复杂。

2. 缓冲性能

飞行器以较大的下沉速度降落在跑道上，为了降低对机身结构的冲击或提高人员的乘坐体验，需要将冲击载荷降低到一定水平，即具备良好的缓冲性能。

缓冲器的缓冲性能用缓冲器过载表示，即可承受的最大载荷除以停机载荷，也称为起落架过载或反作用过载，数值上与飞行器着陆过载相近。一般大飞机的缓冲器过载较小，为 0.75 ~ 1.50，而小型公务飞机可能达到 3.0，一些歼击机（战斗机）过载可超过 3.0，舰载机则更大，中小型无人机可能超过 10。缓冲器过载由着陆减速系统和飞行器结构共同确定，缓冲器设计需要满足上述缓冲器过载指标。

飞机缓冲器设计和试验应符合 GJB 67.4（飞机地面载荷规范），并兼顾航标 HB 6645《飞机起落架缓冲器落震试验方法和要求》的内容。空天飞行器可进行参考。

3. 气动与制动减速性能

空天飞行器的着陆速度一般较大，机身阻力系数比较低，而着陆场跑道长度有限，为此需要采用有效的减速措施，通常需要采用高效率的气动和刹车减速装置，并进行优化匹配设计，将着陆水平速度有效平稳降低直到停止。中止起飞过程有类似的需求。

4. 操纵性能

在高速着陆滑跑过程中，能够快速准确地执行操纵前轮转弯量和刹车量，消除前轮摆振，保证不侧向冲出跑道，实施高效率的刹车减速。

5. 健康监测与控制

着陆减速系统关乎整个飞行器的安全和性能，一般需要进行余度可靠性设计，并且在飞行过程中，对系统状态和相关设备的健康状态进行监测，通过逻辑算法，诊断出故障位置，并实施故障隔离措施，保证可靠着陆。

在高速着陆滑跑过程中，也需要通过优化算法快速准确操纵前轮转弯量和刹车量，尤其对于着陆速度较高的空天飞行器，对操纵的动态响应要求更高。

2.1.3 设计流程

着陆减速系统的总体方案设计流程如图 2 - 5 所示，是一个多参数设计、多约束条件的迭代设计过程。

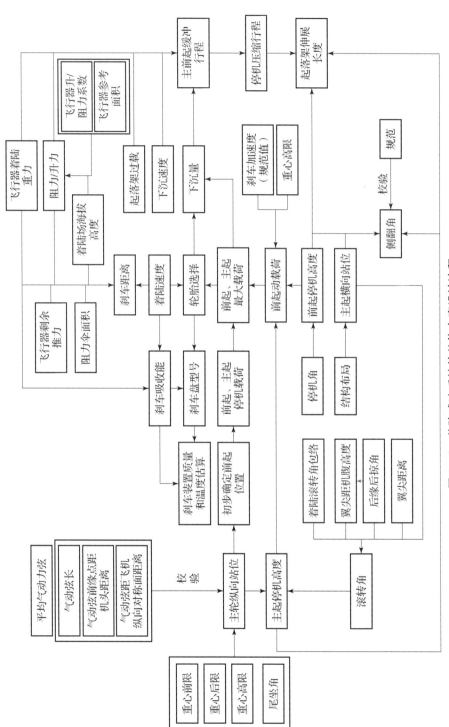

图 2 - 5 着陆减速系统的总体方案设计流程

2.2 概念设计

概念设计是在方案设计阶段最先开展的设计工作，应与飞行器总体方案同步开展。此时，着陆减速系统的主体结构在空间几何、结构尺寸等未知的情况下，可以先用"杆图"表示。随着计算机辅助工程技术的发展，三维虚拟样机在概念设计阶段就已经开始。

概念设计的意义包括：

（1）能够初步确定出起落架的布局位置、静动包络空间、基本长度，便于飞行器总体结构优化布局。

（2）能够初步得到停机载荷等指标，从而确定出轮胎的规格或提出指标要求。

（3）能够初步确定是否需要配置气动减速装置及布局位置，并分配气动减速和制动减速关键技术指标。

（4）能够初步得到飞行器着陆减速方面的性能指标。

2.2.1 起落架布局设计

2.2.1.1 基本原则和要求

在起落架布局设计时，应满足以下基本原则和要求：

（1）起飞和滑跑距离满足总体要求。

（2）保证飞行器起飞和着陆时所需要的姿态等要求。

（3）在起飞和着陆过程中能吸收一定的能量，满足过载指标要求。

（4）保证在地面滑跑过程中的稳定性和机动性，特别是在最大刹车、侧风着陆和高速滑行时，不允许发生不稳定现象。

（5）机体上有合适的结构件作为起落架的固定点，有足够的内部空间来收纳起落架，且与机身结构有适当的间隙。

（6）在起飞和着陆各阶段，只有着陆减速系统机轮与跑道接触，机身、平尾翼尖、机翼翼尖、发动机舱等部件不应与跑道接触，且有适当的间隙。

（7）着陆系统性能特性必须适合于机场的承载能力。

2.2.1.2　布局分类及特点

起落架的布局形式包括后三点式、前三点式、自行车式、四点式、多支柱式。

后三点式布局：主起落架位于飞行器重心之前，后机身有尾轮。优点是便于利用气动阻力使飞行器着陆减速，构造简单和质量较轻等。缺点是着陆容易打地转、起飞和降落滑跑稳定性较差；要求三点接地着陆，操纵比较困难，高速两点接地容易产生"跳跃"现象和向前倒立；在停机、起飞、着陆滑跑时视野不佳。此类布局主要应用于早期螺旋桨发动机飞机，以及轻型、超轻型低速飞机、直升机等。应用案例如图 2-6 所示。

（a）　　　　　　　　　　　　　　　　（b）

图 2-6　后三点式布局

（a）运 -5F；（b）K-14 飞机

前三点式布局：两个主起落架左右对称地布置在飞行器重心之后，前轮位于机身前部，有时有尾轮。优点是飞行器纵轴线接近水平，驾驶员视野好、滑跑阻力小、起飞加速快、着陆稳定性和操纵性好、不容易翻转和倒立，侧风着陆时较安全。缺点是前起落架受载荷较大，尺寸和质量大，结构复杂，容易发生摆振。现代飞机、空天飞行器等绝大多数采用前三点式布局。应用案例如图 2-7 所示。

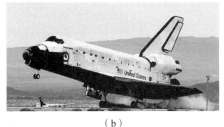

（a）　　　　　　　　　　　　　　　　（b）

图 2-7　前三点式布局

（a）军用飞机；（b）航天飞机

自行车式布局：在飞行器对称面内重心前后各布置一个主起落架，左右翼尖下布置护翼轮。该布局构型是为解决尺寸较大的主起落架难以收入机翼内和机翼厚弦比小等问题而发展的。主要依靠两个主起落架承载和滑行，易于收藏于机身内，护翼轮收藏于机翼舱内，护翼轮可以在停放时保持稳定，起到平衡作用。缺点是起飞离地相对困难，常采用使前主起落架支柱伸长或后主起落架缩短的方法增加飞机迎角来克服，其结构比较复杂。应用案例如图 2 - 8 所示。

 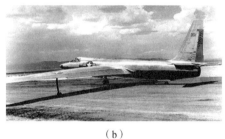

（a）　　　　　　　　　　　　　　　　（b）

图 2 - 8　自行车式布局

（a）AV - 8 鹞式战斗机；（b）U - 2 飞机

四点式布局：在飞行器重心前布置两个左右对称的前起落架，在重心后布置两个左右对称的主起落架，也称四轮式布局。优点是停机较稳，有利于侧风着陆和在地面装卸货物，漂浮性好。缺点是质量大，如果是固定式起落架，飞行阻力也较大。卡 - 32、Ch - 47 支奴干等直升机，B - 52 等运输机，螺旋号航天飞机等采用了这种布局，其中 B - 52 运输机同时还采用了护翼轮，螺旋号采用滑橇而非传统机轮的四点式布局。应用案例如图 2 - 9 所示。

（a）　　　　　　　　　　　　　　　　（b）

图 2 - 9　四轮式布局

（a）卡 - 32 直升机；（b）B - 52 运输机

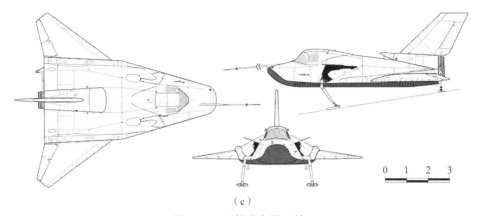

（c）

图 2 - 9　四轮式布局（续）

（c）螺旋号航天飞机

多支柱式布局：可以看作前三点式的拓展，主起落架布置多个支柱和多个机轮，以减小支柱载荷和对跑道的压力，增加起飞着陆的安全性，一般用于重型运输机和客机，如美国的波音 747、空客 A380、C - 5、安 - 124 运输机等，如图 2 - 10 所示。

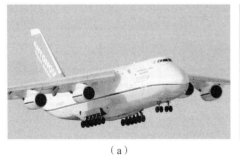

（a）　　　　　　　　　　　　（b）

图 2 - 10　多支柱式布局

（a）安 - 124 运输机；（b）A380 客机

2.2.1.3　布局设计的相关概念和术语

为方便表达和完成后面的设计，首先介绍与着陆减速系统布局设计有关的概念和术语，这里主要介绍前三点式布局相关术语，其他布局形式与之类似。

1）停机角 ψ

停机角是指在停机状态下，飞行器纵轴与地面间的夹角。停机角一般由飞行器总体部门，以起飞滑跑距离最短为原则，按照起飞和着陆所需要的迎角和机体

结构特点等确定。一般前三点式布局的飞行器停机角稍小于起飞有利迎角，为
0°~4°。有些空天飞行器没有起飞而只有着陆过程，其停机角有时可以设计为
负值。

2）后坐角/尾坐角/擦地角 γ

该角是指在停机状态下，尾部最低点（尾轮或保护座）和两主轮相切形成
的平面与地面之间的夹角，如图 2–11 所示，大多数飞行器不允许尾部下沉超
过 15°。

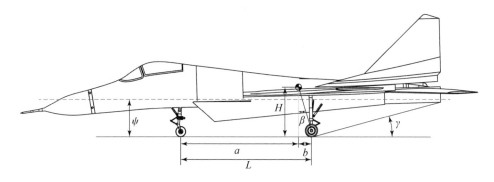

图 2–11　前三点布局有关概念定义

3）后翻角 φ

后翻角是指在缓冲器全伸展和轮胎未压缩状态下，机身尾部最低点与主机轮
相切形成的平面与停机地面线之间的夹角，如图 2–12 所示，与飞行器的承载状
态无关，表征起飞和着陆时机头能够抬起的最大角度，且比起飞和着陆攻角大。
对于大多数飞行器，该角度的范围是 10°~15°。后翻角只定性表征起落架的布局
特性，是尾部不擦地的必要而非充分条件。

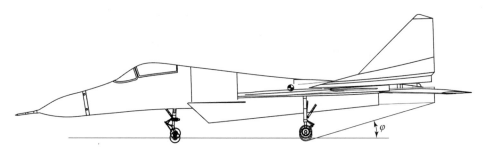

图 2–12　后翻角

4）防后坐角/防后倒立角 β

该角是指在停机状态下，主机轮接地点与重心（后限）的连线与垂线的夹角，如图 2-11 所示。为避免飞行器起飞、着陆（包括大迎角着陆）和后牵引时擦尾、尾部倒立以及合理分配前起落架载荷，保证重心在主轮轴线之前，防后坐角要大于后坐角，一般取 $\beta = \gamma + (1° \sim 2°)$，一般不小于 15°。

防后坐角太大，起飞时前轮很难离地，着陆时对前轮冲击大，容易导致弹跳；防后坐角太小，可能使尾部触地。

5）重心离地高度 H

重心离地高度是指停机状态下，飞行器重心到地面的距离，如图 2-11 所示。重心离地高度设计，应保证在有滚转角的情况下，起飞和着陆时尾部和外挂都不擦地，满足缓冲过载要求，且起落架的质量轻。

6）前主轮距 L

前主轮距是指在停机状态下，前、主起落架机轮间的纵向距离，如图 2-11 所示。主要依据前轮承载比例、滑跑过程稳定性等要求，前起落架机轮的布局位置可调整性较大，主起落架布局位置可调整性小。一般前主轮距是 0.3~0.4 机身长度。

7）主轮距 W

主轮距是指在停机状态下，两主起落架机轮的间距，主要依据起飞和着陆过程对滑行稳定性（侧翻角）的要求和机身结构布局特点。

8）侧翻角 θ

侧翻角是指在停机位置下，飞行器的重心（高限）、一侧的前轮和主轮（最外侧）形成的平面与地面的夹角，它是表征飞行器滑跑时急剧转弯时侧翻趋势的量度。布局设计时与机翼或机身的连接位置和收藏空间相协调。

前起落架为单轮情况，如图 2-13 所示，A、B、C 为机轮接地中心点，D 为 $BC(=W)$ 的中点，$AD = L$，E 为重心 G 在跑道面上的投影，$EF \perp AB$，则侧翻角 $\theta = \angle GFE$。由图 2-14 得

$$AE = L - H\tan\beta$$

$$\angle BAD = \arctan\left(\frac{W}{2L}\right)$$

$$EF = AE\sin\angle BAD$$

$$\theta = \arctan\left(\frac{EF}{H}\right) \qquad\qquad (2-1)$$

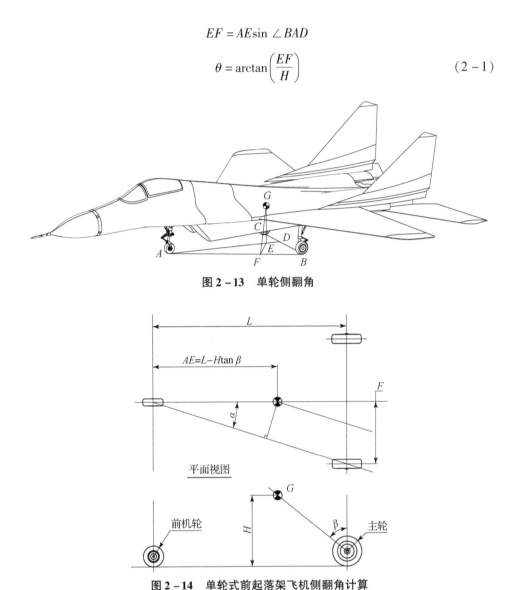

图 2 – 13　单轮侧翻角

图 2 – 14　单轮式前起落架飞机侧翻角计算

前起落架为并列双轮情况，如图 2 – 15 所示。对于前起落架或主起落架采用多于一个轮子的布置情况，侧翻是沿着外侧机轮给出的连线向外翻倒。

与前面一种类似，不同的是前起落架并列双机轮有一定距离，其接地点为 K、H，并定义为前轮距 $V = KH$，此时 A 可以看作等价为单机轮的接地点，侧翻角 $\theta = \angle GFE$。

$$\angle BAD = \arctan\left(\frac{W-V}{2L}\right)$$

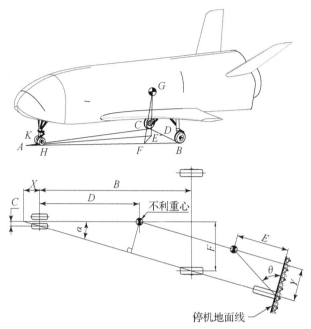

图 2 – 15　并列双轮式前起落架飞机侧翻角计算

$$AE = L - H\tan\beta + \frac{V}{2\tan\angle BAD}$$

$$EF = AE\sin\angle BAD$$

$$\theta = \arctan\left(\frac{EF}{H}\right) \qquad\qquad (2-2)$$

显然，当 $V=0$ 时，即与单轮结果一致。

从定义可以得出，在同样布局条件下，将前起落架单机轮布置为双机轮，可以减小侧翻角，提高稳定性。

9）平均气动弦

平均气动弦（Mean Aerodynamic Chord，MAC）是把给定机翼的展向各剖面的气动力矩特性加以平均而计算出来的等面积矩形相当机翼的弦长。

10）前倾角

为改善缓冲器在滑跑过程中跑道不平整导致的冲击减振性能，可将支柱式缓冲器向前倾斜一个小角度，如图 2 – 16 所示，一般不大于 7.5°。不适用于摇臂式缓冲器。

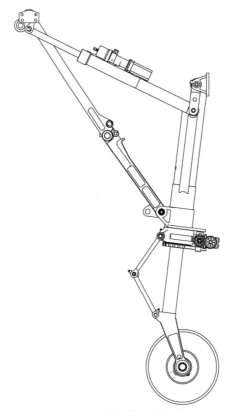

图 2 - 16   前起落架前倾角

11）稳定距

前轮稳定距是指前机轮接地点到缓冲器偏转轴线的垂直距离，如图 2 - 17 所示，其值不小于 8% 机轮直径，一般取 30% 左右。当机轮接地点在缓冲器偏转轴线与地面交点的后面时，称为正稳定距，可保持飞行器滑行方向稳定性，在转弯时（如采用主轮差动刹车转弯时），前轮稳定距可以使前轮自动偏向转弯的方向，增强转弯灵活性。前轮接地点位于其偏转轴线与地面交点的前面，则称为负稳定距，是一种不稳定的状态。

2.2.1.4   站位布局设计

轮式起落架站位布局设计流程如下，其他滑行装置站位布局也可参考。

步骤 1——确定重心位置范围。

获取飞行器的重心前限、后限、上限和下限位置，确定重心位置的范围，最好能够绘制出较准确的重心包线，至少要获得重心后限和上限位置。重心在高度

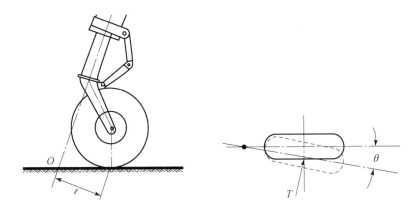

图 2 - 17　前轮稳定距

方向对纵向布局影响较小，如无准确数据可作估算。上单翼布局飞行器应考虑机翼满油无装货情况，下单翼布局应考虑满载不带机翼燃油情况，作为重心上限的临界情况。

　　步骤 2——停机状态机身布置。

　　如果已经提出了停机角布局要求，则按照停机角布置停机状态的机身。如果没有明确停机角，可先按 0°布置停机状态的机身，如图 2 - 18 所示。

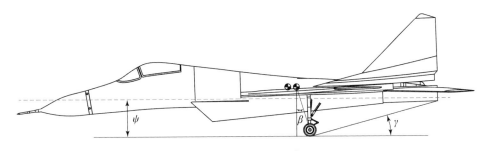

图 2 - 18　主机轮位置布局

　　飞机停机角一般为 0°～4°，无起飞过程的空天飞行器停机角有时可以是负值。

　　步骤 3——确定主轮停机位置。

　　通过重心后限，作机体水平基准线的垂直线及斜向后直线，主起落架的机轮轴在这条斜向后直线上，两直线夹角即防后坐角 β，概念设计时可取 15°，这个角度主要考虑后牵引和尾坐。对于后牵引，保证了飞行器使用刹车时不会导致飞行器的翻倒；避免飞行器尾坐，大多数飞行器不允许尾部下沉超过 15°，使飞行器重心的翻转不会移到主起落架之后。再过飞行器的尾部最低点（如有尾轮应考虑其最大压缩状态）作斜后直线的 90°～93°线，以使后坐角在 12°～15°范围（根据起飞和着陆时的仰角做具体调整），交点是主起落架停机点的初步近似位置。后面详细设计中，还要对其进行调整。

在某些飞机的布置中，重心可以置于 0.6L 极限位置的后面，但绝不允许位于 0.5L 极限位置的前面。

一些飞机的尾部下沉角如表 2-2 所示。

表 2-2　尾部下沉角

序号	飞机	γ（停机态）	ψ（全伸展态）
1	波音 727-200	7	10.1
2	C-130H	8.5	13.5
3	C-5A	10	11.75
4	洛克希德"厄勒克特拉"	10	13
5	DHC"双水獭"	—	12
6	波音 707-320C	10.2	12.2
7	"空中指挥官" 685	11	13
8	洛克希德 L-1011	11.5	13.6
9	派珀"超幼狐"	12	13
10	"水星"	12	14
11	"协和"	—	14.9
12	F-104G	13	14.9
13	派珀"阿兹台克人"	—	15
14	波音 737-200	12	15.8
15	派珀"涡轮那伐鹤人"	—	16
16	比奇 B90	15	16
17	洛克希德"喷气星"	14.3	17.5

步骤 4——复核主起落架在 MAC 线上的安装位置。

主起落架纵向站位一般应在 50% ~ 55% MAC 线之间,如不符合应与飞行器总体沟通,查找是否合理,并分析原因。随着设计技术的发展,某些现代客机采用放宽稳定性技术,可能突破上述布置范围。

MAC 线的最终确定由气动和飞控部门协调确定。

步骤 5——协调飞行器总体,将主起落架布置在利于有效地传递载荷的结构位置。

机身起落架通常悬挂在与机翼后梁相连的机身主隔框上。后掠翼飞行器 MAC 线随着后掠角加大向后移动,通常接近机翼后梁隔板,此时需要在后梁框的后面附加一个隔框,便于以机身蒙皮剪力形式将起落架载荷向前传递到后梁区段内。

机翼或发动机短舱内的起落架,通常安装在机翼后梁后侧主轴颈上,应向前收入飞行器短舱或发动机吊舱内,或向内收入梁后的空间内。除了轻型飞行器,起落架通常不收入梁之间的空间,以保持飞行器结构的完整性,因为此区间内的弯曲载荷由机翼蒙皮承受。

对于有些飞行器,结构空间资源可能是非常紧张的,有时这一步就要考虑缓冲器的结构形式了,详见 2.4 节。

步骤 6——选择前起落架位置,分配停机载荷。

尽可能靠前布置,降低其承载,提高浮动性和稳定性。在停机状态下,前起落架载荷一般在 6% ~ 20% 范围内,理想的范围是在重心后限取为 8%,并随着重心前移增至 15%。如不满足载荷分配,应调整前起落架或主起落架位置,以获得载荷的理想折中,通常调整主起落架位置对前起落架载荷有决定性影响。

$$\text{主起落架最大停机载荷(每个支柱)} = Wg(L-m)/(2L)$$

$$\text{前起落架最大停机载荷} = Wg(L-a)/L$$

$$\text{前起落架最小停机载荷} = Wg(L-b)/L$$

式中,W 为飞机最大总重;g 为重力加速度;其他量见图 2 - 19 定义。

前轮载荷不应太小,否则会导致飞机操纵困难;前轮载荷太大,不利于起飞,起落架质量大,冲击载荷也大,导致机身强度要求高。美国 X - 15 试验机布局是个特例,如图 2 - 20 所示,其主机轮离重心距离较远,导致前起落架承载比例大,不但冲击过载大,容易出现弹跳,对机身强度要求也更高。

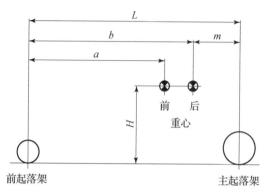

图 2-19　载荷分配关系

图 2-20　X-15 着陆时机身受损

前起落架应选择合适的支承框连接，结构方案布局时就要考虑选择合适的稳定距，以改善防摆振性能。最好设计成向前收放的结构形式，具有自动展开的能力，这种功能是极有价值的，它能够使起落架在收放系统故障情况下，只要应急解锁，仅依靠自身重力和气动力即可放下到位并锁定。这种功能对于主起落架也同样适用。

步骤 7——选择轮胎规格和布局形式。

在确定前、主起落架停机载荷后，再根据飞行器的着陆速度、起降场地条件和收放空间等就可以初步确定轮胎规格，其各技术指标最好能够得到供应商的确认。对于高速着陆的空天飞行器，在设计主起落架机轮大小之前，还应确定出刹车动能，计算方法详见 2.2.2 节的相关内容。

对于民用飞机，在轮胎选择时应注意停机载荷应附加 7% 的安全系数；军机和试验机建议取 20%～30% 的安全系数。

除非特殊要求而提出由轮胎生产厂家研制轮胎，一般根据供应商产品手册选用现有规格的轮胎。

步骤 8——确定缓冲行程和起落架高度。

前面步骤 2 中初步确定了停机状态下的临界停机高度，还应根据后坐角、擦尾角、缓冲过载要求，结合下沉速度、轮胎尺寸规格及载荷 – 压缩量特性曲线等，进一步修正停机高度和确定起落架缓冲器全伸展状态下的位置。

国军标 GJB67.1 规定了各类军用飞机的下沉速度，民航法也规定了各类民用飞机的下沉速度，但一些试验类或小型飞行器等有时并不符合这些规范。根据要求的下沉速度及过载，即可确定缓冲行程。

有时过载和缓冲行程的确定需要进行优化设计，特别是小型飞行器，以寻找最佳的参数组合，减轻飞行器结构和着陆系统的总质量。缓冲器与飞行器结构上的连接位置也有一定关系，一般连接点位置越高，能够设计的缓冲行程就越大。

假设缓冲器与飞行器为固定连接的刚体，其重心处过载与缓冲器外筒过载相同，并以其为受力研究对象，如图 2 – 21 所示。

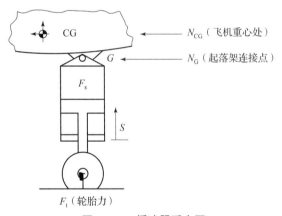

图 2 – 21 缓冲器受力图

$$N_{CG} = \frac{\text{外力作用的总和}}{\text{重力}} = \frac{F_s + L}{G} \tag{2-3}$$

式中：F_s——缓冲器作用力；

L——升力；

G——重力。

FAR 25 规定常规式飞机和运输机（不适用于公务机和特技飞机，其由 FAR 23 部规定）的升力等于飞行器重力，则起落架过载定义为

$$N_{CG} = \frac{F_s}{G} + 1 \qquad (2-4)$$

在以后的设计过程中，常常需要识别起落架非弹性质量（轮胎、机轮与刹车装置、缓冲器等）和惯性反作用力。令 M_u 为轮胎、机轮、缓冲器的总重量，着陆时：

$$F_s = F_t - M_u \ddot{S} \qquad (2-5)$$

考虑缓冲器和轮胎必须吸收飞行器动能和重力势能的总能量，得能量方程：

$$S_t n_t N + S n_s N = \frac{V^2}{2g} + \frac{(G-L)(S+S_t)}{G} \qquad (2-6)$$

式中：$S_t n_t N G$——轮胎吸收动能；

　　　$S n_s N G$——缓冲支柱吸收动能；

　　　$G V^2 / (2g)$——飞行器着陆动能；

　　　$(G-L)(S+S_t)$——重力势能；

　　　S_t——N 倍停机载荷下轮胎变形；

　　　S——机轮的垂直行程；

　　　n_t——轮胎效率，一般假设为 0.47；

　　　n_s——缓冲器效率（对于油 – 气缓冲器，初步假设为 0.6 ~ 0.8）；

　　　N——缓冲器过载；

　　　G——飞行器重力；

　　　g——重力加速度；

　　　L——升力；

　　　V——下沉速度。

设计时，应在上述计算得到的行程基础上，一般再增加 10% 的行程余量作为最终的设计缓冲行程。一般缓冲器的结构长度为缓冲行程的 2.5 ~ 3.0 倍。

起落架高度设计中，还应完成以下工作：

（1）扣除机轮尺寸后，缓冲器有足够的结构长度。

（2）在缓冲器全压缩、轮胎全压缩情况下，确保飞行器结构最低点离地有

足够的间隙。

（3）全伸展状态主起落架高度应满足着陆攻角要求，停机状态应防后坐角应大于着陆攻角。

（4）前、主起落架在全伸展状态高度基本相同，或前起落架略高于主起落架，使飞机有一个正的迎角，随着缓冲器、轮胎的压缩，这个迎角应增加。

步骤 9——确定主轮距下限。

起落架的侧向布局即确定两主轮距，在起落架高度确定的条件下，侧翻角大小主要取决于主轮距。它关系到飞行器的滑跑稳定性和局部构件（如副翼、短舱、尾轮、机身尾部等）的离地间隙等。

国军标规定陆基飞机不得大于 63°，舰载机不得大于 54°。为得到良好的侧向稳定性，一般是希望侧翻角尽可能小，也就是主轮距尽可能地大一些。

作为参考，表 2 - 3 列出了一些中外飞机侧翻角的数值。虽然其中一些飞机的侧翻角确实接近上述极限值，但还是希望尽可能地小一点。一般低机翼运输机侧翻角在 40°~50°，甚至更小；高机翼运输机则高达 60°左右；战斗机的侧翻角大部分在 40°~55°，63°以下。

表 2 - 3　部分飞机侧翻角的数据

飞机类型	飞机	侧翻角/(°)	飞机类型	飞机	侧翻角/(°)
低机翼运输机	洛马伊莱克特拉	34	高机翼运输机	水牛	37
	波音 747	39		洛马 C - 141A	53
	A300B	41		布雷盖 941	61
	洛马 L - 1011	43		洛马 L - 100 - 20 军舰	63
	水星	44	其他飞机	空中指挥官	38
	波音 737 - 200	46		派珀"涡轮那伐鹤人"	43
	协和	47		比奇 B99	44
	DC - 9 - 10	48		派珀康曼什	45
	波音 707 - 320B	49		幸运	51
	波音 727 - 200	49		派珀"超幼狐"	59

续表

飞机类型	飞机	侧翻角/(°)	飞机类型	飞机	侧翻角/(°)
战斗机	F-4E	39	战斗机	F/A-18A	54
	F-104G	36		F/A-18L	56
	F-4	50.8		某歼击机	60.2
	F-5	51		歼7LP	54.5
	F-15	63.3		歼7Ⅲ	53.65
	F-16	62.1		歼8	49.86
	YF-17	63			
	某歼轰机	59.5			

2.2.2 滑跑减速方案

空天飞行器着陆后的减速方法包括利用机身的气动阻力减速、阻力伞气动减速、机轮摩擦制动减速、反推装置动力减速,以及拦阻网和拦阻钩减速等。常用前三种方式,机身气动减速包括机身、减速板、襟翼、V尾等,着陆减速系统主要提供阻力伞和机轮摩擦制动两种减速方式。

2.2.2.1 气动减速方法

阻力伞是一种柔性的可展开气动减速装置,质量轻,包装体积小,开伞和抛伞操作简单、方便。阻力伞打开后可以很快产生很大的气动阻力,缩短着陆滑跑距离,在中高速段(>200 km/h)的减速效果更加显著。还可用于中止起飞,以及在潮湿、结冰等不利跑道条件下着陆。

1)阻力特征面积确定

根据飞行器总体要求的着陆滑跑距离,可以从飞行器滑跑时的运动方程中求出阻力特征面积 S_D,即伞衣名义面积与其气动阻力系数的乘积,是与任何伞形无关但有实际物理意义的物理量。

作用在飞行器上的力如图 2-22 所示。其中,G 为重力,F_L 为气动升力;F_q 为前起落架滚动阻力,F_{zh} 为主起落架制动力;Q_x 为机身气动阻力;Q_s 为降落伞气动阻力；T 为发动机推力。

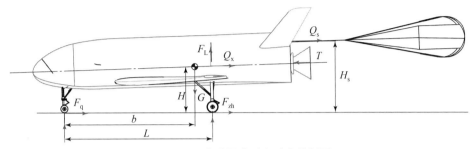

图 2 - 22　着陆滑跑过程受力分析图

　　某空天飞行器典型的着陆滑跑仿真结果如图 2 - 23 所示。在阻力伞减速效率开始降低时，启动主轮刹车。

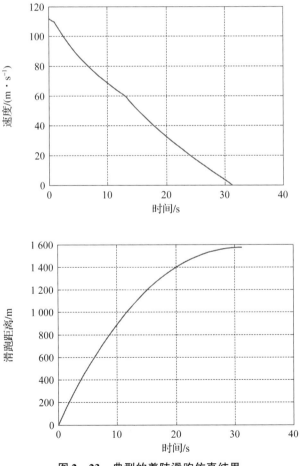

图 2 - 23　典型的着陆滑跑仿真结果

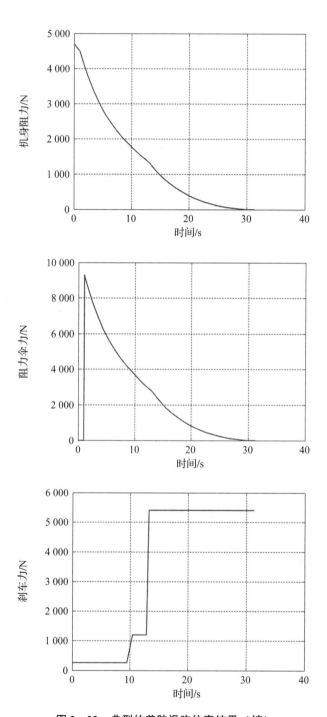

图 2 - 23　典型的着陆滑跑仿真结果（续）

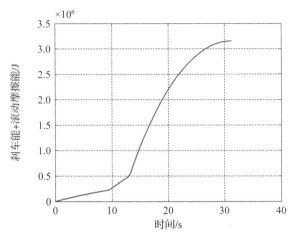

图 2 - 23　典型的着陆滑跑仿真结果（续）

一般取飞行器机身阻力特征面积 4 ~ 8 倍即可获得比较显著的减速效果。也可以用飞行器的着陆质量估算，阻力特征面积为 1.6 ~ 2.5 m^2/t。

（1）飞行器机身和阻力伞的气动阻力随着滑跑速度的降低而急剧减小，一般当速度减小到 50 m/s 左右时，减速效果就变得较差了，这时启动刹车制动减速效果很好。

（2）使用经验表明，当飞行器水平速度减到 10 m/s 时，阻力伞必须抛掉，有的甚至在 30 m/s 左右就可以抛掉，因为此时不但减速效果差，而且可能拖地而影响使用寿命，甚至影响转弯操纵性能和控制稳定性。

2）布局位置

根据阻力伞舱安装在机身尾部的位置，分为上伞舱和下伞舱两种布局方式。

上伞舱阻力伞与机身的连接点在飞行器重心之上，开伞后使飞行器产生抬头力矩，因此当主机轮触地时即可放伞，也可以空中放伞，减速效果好，目前已被广泛应用。这种布局形式的伞舱通常安装在垂尾的翼根部或背部，如图 2 - 24 所示。

下伞舱阻力伞与机身的连接点在飞行器重心之下，开伞后使飞行器产生低头力矩，故仅允许前轮接地后才能放伞，因而导致滑跑距离增加，目前已较少采用。这种布局形式的伞舱通常安装在机身尾部的下部。在伞舱门打开后，阻力伞靠自重掉出，开伞工作，但主伞衣容易在跑道上被拖拽磨损，影响使用寿命，如图 2 - 25 所示。

图 2 – 24　上伞舱布局

图 2 – 25　下伞舱布局

3）摆动擦地和稳定性复核

在上面的着陆滑跑过程受力中，并没有检查阻力伞的摆动角是否会擦地，上伞舱布局设计也没有考虑开伞载荷对重心的力矩是否会导致机身抬头问题。可以通过简单分析方法进行评估。

2.2.2.2　机轮刹车制动

机轮刹车是采用机械的方法，迫使机轮减小转速，达到减速缩短着陆滑跑距离的目的。在中低速滑行时，机轮刹车的效果较好，并且使用方便，故被广泛采用。但机轮刹车的效果受跑道的性质、外界温度、滑跑速度及使用寿命等因素的影响。

通过滑跑减速方案设计，可以同时确定出阻力伞阻力特征面积和机轮刹车能量等重要指标参数，为单机产品设计提供依据。作为故障模式备份的阻力伞阻力特征面积单独计算。

空天飞行器的刹车能量情况相对简单。不失普遍性，计算包括飞机在内的各类飞行器刹车能量，应考虑以下工况：

（1）着陆的所有可能工况，着陆质量、着陆速度、正常着陆、中止起飞，以及系统故障模式。

（2）机场跑道的所有可能特性，路面条件、海拔高度、地面风速、湿滑地面等气象条件等。

（3）考虑所有辅助减速装置（减速板、阻力伞、反推力等）消耗的能量。

（4）考虑滑跑过程中机身、起落架等气动阻力消耗的能量。

（5）发动机推力加给飞行器增加的能量。

（6）机翼升力使机轮载荷减小而影响刹车距离、刹车力和刹车能量。

（7）侧风着陆、故障着陆等情况下，不同机轮上载荷和刹车能量差异。

最好给出每种设计状态下的刹车阻力与时间、刹车阻力与速度间的图形曲线等。

2.2.2.3　滑行装置

与路基飞机类似，空天飞行器滑行装置大多采用轮式装置，个别也有采用滑橇装置，美国"追梦者号"航天飞机采用了滑橇式前起落架和轮式主起落架作为滑行装置，如图 2 - 26 所示。各种飞机常用的其他滑行装置还有浮筒、履带等，详见 3.1.2 节。

图 2 - 26　"追梦者号"航天飞机滑行装置

高速滑行着陆的前滑橇式起落架，没有弹性的机轮和轮胎，可以与防热结构集成设计，能够耐受更高的温度，结构形式较简单，质量较轻，但不具备转弯操纵的功能。

2.3　地面载荷

作用在起落架上的载荷包括着陆撞击载荷，地面滑跑、刹车、转弯等机动载荷，发动机试车时的轮挡载荷，地面牵引载荷，收放起落架载荷，地面维护的顶起和系留载荷，舰载飞机还存在弹射起飞和拦阻载荷等。这些地面载荷是在布局之后便可以产生的重要原始设计数据，指导缓冲器、收放机构等的设计。

在方案设计的初始阶段，可以用简化方法估算起落架载荷；在飞行器及起落架结构基本确定后，可以用动力学方法计算起落架载荷；在着陆减速系统产品试制出来之后，通过落振试验、摆振试验等验证起落架的载荷及性能；试飞后，通过试飞测量验证来修正使用载荷，进而优化起落架。

根据飞行器的种类和使用条件不同，起落架的载荷应依据不同的规范、指南、标准计算。目前针对各类飞机，国内已有相关标准规范。

（1）民用飞机可依据《中国民用航空规章》第 23 部（CCAR – 23）和第 25 部（CCAR – 25）计算起落架地面载荷。

（2）军用陆基飞机应依据国家军用标准《军用飞机强度和刚度规范地面载荷》（GJB 67.4—1985）计算起落架地面载荷。

（3）军用水上飞机或地效飞机（翼船）的登陆轮架的载荷可依据《军用飞机强度规范水上飞机的载荷》（GJB 67.5—1985）计算。

（4）对于某些特殊形式的飞机及特殊配置的起落架，在没有国内标准的情况下，可以参考国外同类标准计算起落架载荷。比如，用美国海军飞机强度和刚度规范计算舰载机起落架载荷等。

这里仅简略介绍军用飞机初始设计阶段的设计计算方法，空天飞行器推荐使用；民用飞机计算除个别说明有差异外，基本类同。

2.3.1　概念和术语

1. 着陆当量质量

对于主起落架取飞机质量的一半：

$$W_m = W/2 \qquad\qquad (2-7)$$

前起落架取由于地面摩擦引起的附加力矩后的质量：

$$W_n = \frac{b + \mu H}{a + b} = \frac{b + \mu H}{L} \qquad (2-8)$$

式中：μ——平均滑动摩擦系数，国军标 $\mu = 0.4$。但实际一些运输机可以取 $0.25 \sim$
0.33，对于高压轮胎和超高压轮胎的作战飞机而言，取 0.2 也是符合要求的。

　　H——缓冲支柱全伸展时，飞机重心至主轮轮轴的垂直高度；

　　a——重心至前轮接地点水平距离；

　　b——重心至主轮接地点水平距离。

　　L——前主轮距，$L = a + b$。

2. 着陆功量/使用功量

前起落架缓冲系统吸收的使用功：

$$A_n = \frac{1}{2} W_n V_y^2 \qquad (2-9)$$

主起落架缓冲系统吸收的使用功：

$$A_m = \frac{1}{2} W_m V_y^2 \qquad (2-10)$$

3. 储备功量/最大设计功量

每个起落架功量储备、缓冲系统吸收的最大功为使用功的 1.56 倍，即考虑
25% 的下沉速度增量的功量裕度。

$$A_{\max} = 1.56A \qquad (2-11)$$

4. 起落架垂直过载 n_y

垂直过载 n_y 为作用在起落架上的垂直载荷 P_y 与当量载荷 Wg 的比值：

$$n_y = \frac{P_y}{Wg} \qquad (2-12)$$

由起落架缓冲系统使用功的功量曲线知

$$A = \eta y_c P_{y,u} \qquad (2-13)$$

式中：η——缓冲系统使用功的功量曲线效率系数，一般取 $\eta = 0.65 \sim 0.70$；

　　y_c——缓冲系统总的压缩量；

$$y_c = S_u \varphi_u + \delta_u \qquad (2-14)$$

S_u——缓冲器使用行程，可以取最大行程的 90%，$S_u = 0.9 S_{\max}$；

φ_u——对应使用行程的垂直方向位移传递系数；

δ_u——轮胎压缩量，根据轮胎压缩曲线试凑确定，在设计计算时可简化取轮胎许用压缩量；

$P_{y,u}$——使用功情况下起落架垂直载荷，N。

整理得到使用功垂直过载：

$$n_{y,u} = \frac{P_y}{\eta(S_u\varphi_u + \delta_u)Wg}$$ （2 – 15）

考虑缓冲系统充填参数容差的影响，取放大系数 $K_1 \approx 1.05 \sim 1.10$；考虑起转与回弹引起支柱变形的影响，取放大系数 $K_2 = 1.1$。

计算载荷用垂直过载

$$n_y = K_1 K_2 n_{y,u}$$ （2 – 16）

2.3.2 着陆工况

空天飞行器、飞机等能以三点、两点甚至单轮姿态着陆（图 2 – 27）。着陆过程中，还应考虑侧风、转弯等侧向载荷，每种情况又可分别或同时出现垂直撞击、前/后撞击和侧向撞击等载荷。此外，还应考虑到惯性力矩等。

2.3.3 对称着陆载荷估算

飞行器着陆时，除吸收垂直方向的动能，使起落架产生垂直撞击力 P_y 外，由于存在水平着陆速度，接地时，机轮由不转开始加速转动至机轮与跑道无相对滑动，成为同步滚动，需要有水平摩擦力克服机轮的转动惯量，从而在机轮轴处产生起转和回弹水平力（图 2 – 28）。

依据国军标（GJB 67.4—1985），着陆载荷的计算应依缓冲器压缩时间、机轮起转时间、起落架自振周期等数据，进行动态响应计算确定。

在设计计算阶段，可以用以下简化方法计算对称着陆的起落架载荷（见表 2 – 4）。表中 $n_{y,n}$ 及 $n_{y,m}$ 分别为前起落架和主起落架的垂直过载。ξ_1，ξ_2 为起转载荷系数和回弹载荷系数，由式（2 – 17）计算起转载荷达最大时的垂直载荷：

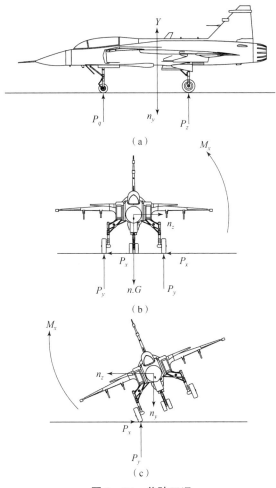

图 2 - 27　着陆工况

（a）三点着陆情况；（b）两点着陆情况；（c）单点着陆情况

$$\xi_1 = \frac{\text{起转载荷达最大时的垂直载荷}}{\text{最大垂直载荷}}$$

$$\xi_2 = \frac{\text{回弹载荷最大时的垂直载荷}}{\text{最大垂直载荷}} \tag{2-17}$$

ξ_1，ξ_2 参考起落架及与其相近的落振试验结果及动力分析结果选取。

若无实测数据，取 $\xi_1 = 0.55 \sim 0.75$，$\xi_2 = 0.60 \sim 0.80$。还可以根据着陆速度 V_L 选取：

当 $V_L \leqslant 80$ km/h 时，取 $\xi_1 = 0.55$，$\xi_2 = 0.60$；

当 $V_L \geqslant 160$ km/h 时，取 $\xi_1 = 0.75$，$\xi_2 = 0.80$。

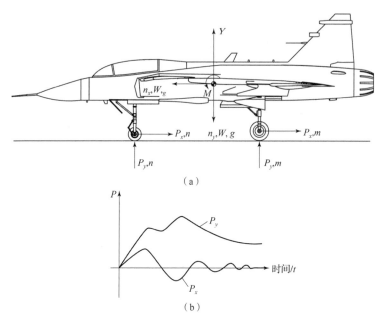

（a）

（b）

图 2 – 28　飞机着陆起落架受力及载荷变化示意图

（a）着陆时飞行器受力示意图；（b）垂直载荷与水平载荷随时间变化示意图

表 2 – 4　对称着陆情况的载荷

项目	受载情况	飞机姿态	P_y	P_x	F_z
主起落架	最大垂直载荷	两点水平着陆机尾下沉着陆	$n_{y,m}n_{y,m}W_mg$	$-0.30P_y$	0
	最大起转载荷	两点水平着陆机尾下沉着陆	$n_{y,m}\xi_1W_mg$	$-0.58P_y$	0
	最大回弹直载荷	两点水平着陆机尾下沉着陆	$n_{y,m}\xi_2W_mg$	$0.43P_y$	0
前起落架	最大垂直载荷	三点着陆	$n_{y,n}W_ng$	$-0.30P_y$	0
	最大起转载荷	三点着陆	$n_{y,n}\xi_1W_ng$	$-0.58P_y$	0
	最大回弹载荷	三点着陆	$n_{y,n}\xi_2W_ng$	$0.43P_y$	0

注：1. 表中载荷坐标取地面坐标，y 向上。x 向前为正、右手系。

2. 表中载荷均为使用载荷，设计载荷应乘安全系数，可取 $f = 1.5$。

3. 载荷 P 表示作用于轮轴中心，载荷 F 表示作用于接地点。

4. P_x 中摩擦系数的取值与轮胎压力有关，高压轮胎一般较低。本表所列的数值与国军标相当，并略高。

5. F_z 为"零"仅适用于常规布置起落架情况。外伸八字腿支柱式起落架不为"零"，可由落振试验确定。

6. 最大垂直载荷着陆取最大行程的 50%；起转与回弹情况取最大压缩量的 20%。

2.3.4　地面机动载荷

地面机动载荷主要指地面滑行、刹车、转弯、打地转、牵引、试车等地面机动情况，设计时应重点关注侧向载荷。

这些情况主要以最大设计（起飞）质量 W_{T0} 计算载荷。对于两点刹车滑跑情况，应补充着陆设计情况的载荷计算。对于主起落架应取主起落架的最大停机载荷的质量重心配置；对于前起落架取前起落架最大停机载荷的配置。

1）地面滑行载荷

主起落架载荷：

$$\begin{cases} P_{y,m} = \dfrac{a}{a+b} W_{T0} g \\[2mm] P_{x,m} = 0 \\[2mm] F_{x,m} = 0 \end{cases} \tag{2-18}$$

前起落架载荷：

$$\begin{cases} P_{x,n} = \dfrac{b}{a+b} W_{T0} g \\[2mm] P_{x,n} = 0 \\[2mm] F_{x,n} = 0 \end{cases} \tag{2-19}$$

2）刹车情况

（1）两点刹车滑跑，主起落架载荷：

$$\begin{cases} P_{x,m} = 0.5 n_y W g \\[2mm] F_{x,m} = -0.4 n_y W g \end{cases} \tag{2-20}$$

当 $W = W_{T0}$ 时，$n_y = 1.2$；当 $W = W_L$ 时，$n_y = 1.0$。

（2）三点刹车滑跑。

前轮无刹车，主起落架：

$$\begin{cases} P_{y,m} = \dfrac{a W_{T0} g + 2 F_{x,m} H}{2(a+b)} \\[2mm] F_{x,m} = -0.8 P_{y,m} \end{cases} \tag{2-21}$$

前起落架：

$$\begin{cases} P_{y,n} = \dfrac{bW_{T0}g - 2F_{x,m}H}{2(a+b)} \\ F_{x,n} = 0 \end{cases} \tag{2-22}$$

前轮有刹车时，主起落架：

$$\begin{cases} P_{y,m} = \dfrac{aW_{T0}g + (F_{x,n} + 2F_{x,m})H}{2(a+b)} \\ F_{x,m} = -0.8P_{x,m} \end{cases} \tag{2-23}$$

前起落架：

$$\begin{cases} P_{y,n} = \dfrac{bW_{T0}g - (F_{x,n} + 2F_{x,m})H}{2(a+b)} \\ F_{x,n} = -0.8P_{x,n} \end{cases} \tag{2-24}$$

（3）非对称刹车滑跑（图 2-29）。

刹车一侧主起落架：

$$\begin{cases} P_{y,m1} = \dfrac{aW_{T0}g}{2(a+b)} \\ F_{x,m1} = -0.8P_{y,m} \\ F_{z,m1} = 0 \end{cases} \tag{2-25}$$

非刹车一侧主起落架：

$$\begin{cases} P_{y,m2} = \dfrac{aW_{T0}g}{2(a+b)} \\ F_{x,m2} = 0 \\ F_{z,m2} = \mp \dfrac{tF_{x,m1}}{2(a+b)} \end{cases} \tag{2-26}$$

前起落架：

$$\begin{cases} P_{y,n} = \dfrac{bW_{T0}g - F_{x,m1}H}{2(a+b)} \\ F_{x,n} = 0 \\ F_{z,n} = \pm \dfrac{tF_{x,m1}}{2(a+b)} \end{cases} \tag{2-27}$$

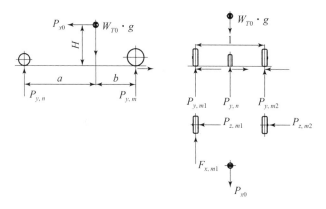

图 2-29　非对称刹车情况下飞机的平衡

（4）反向制动，主起落架载荷：

$$\begin{cases} P_y = 0.5W_{T0}g \\ F_x = 0.4W_{T0}g \end{cases} \qquad (2-28)$$

3）转弯机动

侧向翻倒的过载为 n_{z0}，则

$$n_{z0} = \frac{at}{2(a+b)H} \qquad (2-29)$$

如图 2-30 所示，转弯时，若 $n_{z0} \geqslant 0.5$，则取侧向过载 $n_{z0} = 0.5$；若 $n_{z0} <$
0.5，则取 $n_z = n_{z0}$；对于 $n_{z0} = 0.5$ 时，外侧起落架：

$$\begin{cases} P_{y,m1} = \left[\dfrac{a}{2(a+b)} + \dfrac{H}{2t} \right]W_{T0}g \\ F_{x,m1} = 0 \\ F_{z,m1} = -\dfrac{P_{y,m1}}{2}（指向机身对称面） \end{cases} \qquad (2-30)$$

内侧起落架：

$$\begin{cases} P_{y,m2} = \left[\dfrac{a}{2(a+b)} - \dfrac{H}{2t} \right]W_{T0}g \\ F_{x,m2} = -0.4P_{y,m2} \\ F_{z,m2} = \dfrac{P_{y,m2}}{2}（指向翼尖） \end{cases} \qquad (2-31)$$

前起落架：

$$
\begin{cases}
P_{y,n} = \dfrac{bW_{T0}g}{a+b} \\[4mm]
F_{x,n} = 0 \\[4mm]
F_{z,n} = \mp \dfrac{P_{y,n}}{2}
\end{cases}
\tag{2-32}
$$

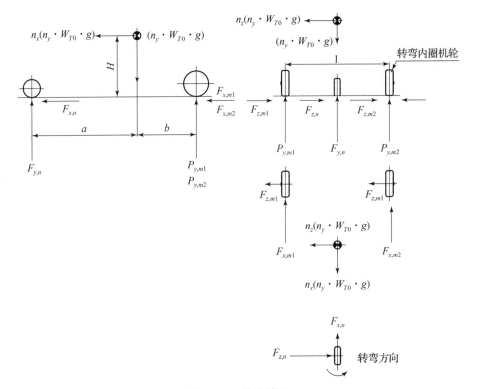

图 2 – 30 转弯情况

4）打地转情况

地面给机轮的摩擦力矩

$$
M = 0.4P_y L
\tag{2-33}
$$

式中：P_y——刹车轮上的垂直载荷（停机载荷）；

　　　L——对共轴双轮主起落架为左右轮距；对前后轮主起落架为前后轮距；四轮车式主起落架为对角线距离；单轮主起落架为轮胎极限压缩时接地图形的长轴长度。

5）牵引情况

该情况飞行器处于停机姿态，各起落架上的垂直载荷为最大设计质量下的停机载荷。牵引载荷 T 的方向平行于地面，各情况牵引力的大小和方向按表 2 – 5 计算。最大牵引力 T 根据飞行器质量分三种情况计算。

当 $W_{T0} < 13\,560$ kg 时，$T = 0.3 W_{T0} g$；

当 $13\,560$ kg $\leqslant W_{T0} < 45\,360$ kg 时，$T = \dfrac{6 W_{T0} g + 2\,000\,000}{70}$；

当 $W_{T0} \geqslant 45\,360$ kg 时，$T = 0.15 W_{T0} g$；

表 2 – 5　牵引情况及使用载荷

情况	牵引		前起落架相对正常方向的转角/(°)	牵引点
	与前进方向夹角/(°)	大小/N		
1	0	0.75T		位于或靠近各主起落架
2	±30			
3	180			
4	±150			
5	0	T	0	位于前起落架（尾轮）上或靠近对称平面
6	180			
7	0	T	180	
8	180			
9	±45	0.5T	±45	
10	±135			
11	±45	0.5T	±135	
12	±135			

2.4　起落架的传力结构形式

在完成着陆减速系统初步布局和地面载荷确定后，就基本完成了概念设计，并且能够获得机轮等滑行装置的主要参数及尺寸规格。接下来要结合飞行器结构空间、收放路径空间，选择合适的传力结构形式，保证起落架收放机构的可设计性。

2.4.1 支柱式起落架

支柱式起落架的主要特点是：缓冲器与承力支柱合二为一，机轮直接固定在缓冲器的活塞杆上，机轮等沿缓冲器轴线运动。缓冲器上端与机翼的连接形式取决于收放要求。对收放式起落架，撑杆可兼作收放作动筒。扭矩通过扭力臂传递，活塞杆与缓冲器的圆筒内壁采用花键连接来传递。这种形式的起落架构造简单紧凑，易于放收，而且质量轻，是现代飞行器上广泛采用的形式之一。在满足站位布局、结构布局空间要求的条件下，是首选的结构形式。

支柱式起落架的缺点是：活塞杆不但承受轴向力，而且承受弯矩，因而容易磨损及出现卡滞现象，使缓冲器的密封性能变差，不能采用较大的初压力。

典型支柱式起落架如图 2 - 31 所示。

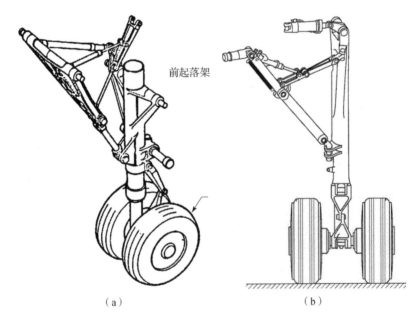

（a）　　　　　　　　　　　　（b）

图 2 - 31　典型支柱式起落架

（a）前起落架；（b）主起落架

支柱式起落架受力状态可以简化成空间桁架，传递地面载荷到机身。常规的计算方法把结构看成静定结构，用理论力学方法计算载荷。但真实的结构，由于变形影响，作动筒发生扭转，为限制扭转造成液压导管破坏，增加了限制扭转的止动销；另外，作动筒两端的接头也绝非万向接头，只能解除两方向转动约束，第三方向仍有转动约束，约束方向的倾斜将造成作动筒的弯曲。因此，起落架存在静不定问题，详细设计时可用结构有限元方法求得变形引起的附加载荷。

2.4.2　摇臂式起落架

摇臂式起落架的主要特点是：机轮通过可转动的摇臂与缓冲器的活塞杆相连。缓冲器亦可以兼作承力支柱。这种形式的活塞只承受轴向力，不承受弯矩，因而密封性能好，可增大缓冲器的初压力以减小缓冲器的尺寸，克服了支柱式的缺点，在现代飞机上应用也比较多。摇臂式起落架的缺点是构造较复杂，接头受力较大，质量角大，在使用过程中的磨损亦较大。

摇臂式起落架，不仅垂直载荷引起缓冲器压缩，而且水平载荷也引起缓冲器压缩，因此减少了水平力引起的动载，这一点比支柱式起落架优越。摇臂式起落架的主要特点是活塞杆仅受轴力，不承受弯曲和扭转。这种起落架又分为缓冲器在支柱外、缓冲器在支柱内、无支柱等几种形式。

1）缓冲器在支柱外的起落架

缓冲器在支柱之外，缓冲器载荷不直接传递到机身，而是传递到起落架后，通过支柱再传递到机身，如图 2 - 32 所示。这种结构布局方式主要解决上单翼窄机身的主起落架布局问题，降低侧翻角，提高滑跑稳定性。在 F - 18A、L - 5、歼轰 - 7 中都有类似应用。

机轮轴位移与缓冲器不同步，存在一个传递系数；轮轴处水平力及垂直力与缓冲器载荷之间也各有一个传力系数，这些系数随缓冲器行程而变化。

2）缓冲器在支柱内的摇臂式起落架

这种结构形式一般用于前三点飞机的前起落架，外筒承受旋转臂、缓冲器、活塞杆传来的载荷，通过安装接头和作动筒将载荷传至机体，如图 2 - 33 所示。外筒承受轴力、剪力、弯矩、扭矩、缓冲器内压力。活塞杆在缓冲器内运动，仅承受轴力和缓冲器压力。

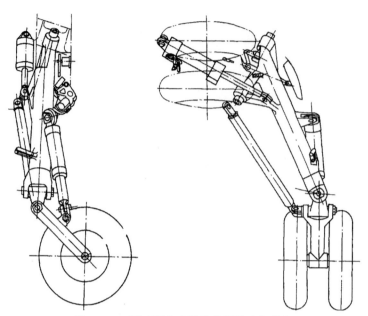

图 2 - 32　缓冲器在支柱外的摇臂式起落架

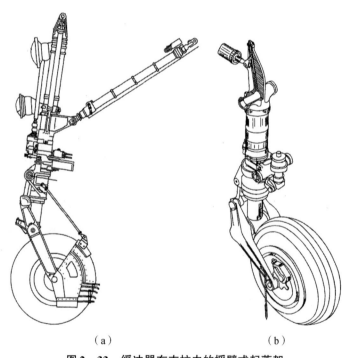

（a）　　　　　　　　　　　　　　　　　（b）

图 2 - 33　缓冲器在支柱内的摇臂式起落架

（a）苏 - 27 前起落架；（b）歼 - 7 前起落架

2.4.3　多轮式起落架

这种结构形式主要用于大型飞行器，由于质量很大，为减轻机轮对跑道的压力，降低对机场的要求，应增加机轮的数目，选用多轮式起落架，如图 2 – 34 所示。多轮式起落架与支柱式起落架相似，但特殊之处在于地面载荷通过多个机轮传递到缓冲器、收放机构和机身，需要解决地面载荷在每个轮子上的分配。要得到各个轮子上的载荷，可以用与支柱式起落架系统类似的方法计算各个零件的内力和交点载荷。

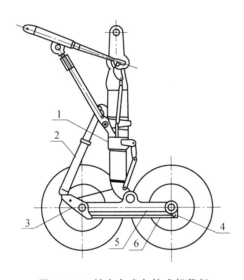

图 2 – 34　某小车式多轮式起落架

1—支柱；2—稳定缓冲器；3—前摇臂；4—后摇臂；5—小车架；6—刹车拉杆

详细设计过程中，在得到起落架地面载荷，进行各个机轮载荷分配时，要考虑制造容差，机轮刚度，轮胎膨胀与磨损，轮胎充气压力不等，轮胎跑气，机场的凹凸不平，机轮特性和数量、排列，起落架结构变形等多因素对载荷分配的影响。多轮载荷分配的校核计算方法较复杂，可按以下方法进行初步估算。

1）地面载荷在前后轮上的分配

理论上应根据对全车架旋转轴的力矩动力平衡条件决定垂直载荷在前后双轮间的分配。在着陆撞击情况下，确定前后轮垂直载荷分配时，应考虑着陆过程中车架的跷板运动等任何往复运动的影响，或参照同类的试验结果计算。

2）起落架载荷在左右轮上的分配

对每个共轴多轮式起落架的左右机轮，在铺砌机场跑道上两侧机轮的载荷按6∶4分配。但对偏航着陆和转弯情况不需要对作用有侧向载荷的内侧机轮和作用有外侧向载荷的外侧机轮施加60%~70%的载荷。

2.4.4　桁架式起落架

桁架式起落架的主要特点是：它通过承力构架将机轮与机翼或机身相连。承力构架中的杆件及减振支柱都是相互铰接的。它们只承受轴向力（沿各自的轴线方向）而不承受弯矩。因此，这种结构的起落架构造简单，质量也较小，在早期轻型低速飞机上用得很广泛，现代高速飞机基本上不采用。

■ 2.5　收放布局

为减少飞行时的气动阻力，空天飞行器、高超声速飞行器、飞机等都会将起落架收藏于机身或机翼内，以保证整个机身外形的完整性，这就要求起落架必须是一套机构系统，在收起和放下两极限位置能可靠锁住，承受起飞、着陆及地面滑行的力学载荷，而且在起落架和舱门的收放过程中，能按照规定的轨迹灵活地运动。

由于起落架的收藏空间往往非常有限，故收放机构的布局设计并不是件容易的事，要用科学的理论和方法才能设计出这套运动机构系统，而且由于起落架制造和装配误差、运动间隙，又使起落架运动轨迹和收放的极限位置产生一定的偏离，也要有准确的分析方法。

在确定起落架的收上和放下位置时，往往就需要考虑收放机构的运动形式，一些典型的起落架收放系统的案例能够有助于快速布局设计。

2.5.1　设计准则和要求

机构运动学是起落架收放机构各部分的设计和分析中所使用的术语，它特别关注于确定起落架收放位置的几何问题。其基本设计准则如下：

（1）从几何布置着手，但在可能时应尽量用数学分析方法代替。这样做的好处是：一是可以精确求解关键运动节点的位置关系，二是便于参数化计算和优化设计。

（2）尽可能使用最简单的机构运动。在正常情况下，起落架缓冲器在收置前允许全伸长，虽然可以安装压缩装置，但仅适用于飞行器内空间绝对容纳不下全伸长缓冲器的情况。大多数收放机构采用二维"四连杆机构"原理；有时要求机轮在收起时平躺在起落架舱内，常用三维空间斜轴收放机构，这可以在许多飞行器上见到。当然对困难的收放布局还会用一些更复杂的收放机构。

（3）保证在起落架收放运动全过程中具有合适的运动力臂。在检查了起落架收放运动协调关系时，应同时检查收放力臂是否合理，可以绘制一个表示系统效率的曲线图。为了进行这项工作，可以使用一个单位载荷垂直地作用于机轮上，并计算起落架不同收起顺序位置（一些离散的位置点）的作动筒载荷，即可给出类似图 2 – 35 所示的一条曲线。取 1.25 倍起落架质量的对应曲线以确定作动筒最大载荷。曲线下包络的面积与矩形面积的比值为收放系统的效率。一般认为 70% 的效率是较高的。假如设计系统的效率值对机构运动学的变化很敏感，则应对该系统进行评审，或许要作修改。因为在起落架制造中形成的微小误差和设计上的变化及机件的摩擦都可能导致收放系统失灵。

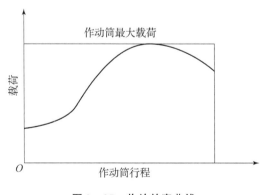

图 2 – 35　收放效率曲线

（4）尽可能使起落架收放运动连带起落架舱门的收放运动，这种布置不需要收放顺序协调，从而提高可靠性并减轻质量。图 2 – 36 所示为一个简单应用的例子。

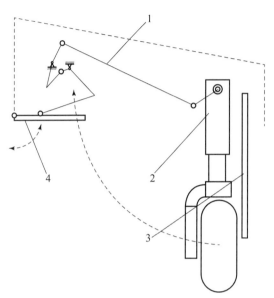

图 2 – 36 起落架与舱门联动机构原理

1—随动机构；2—起落架；3—上舱门；4—下舱门

（5）初步设计布置中，要考虑采用近似的作动器的死结构长度。在图 2 – 37 中，死结构长度为 $L - S$，至少也有 100 mm，多的可达 200～300 mm 甚至更大。如果作动器含有内锁，则死结构更长。内锁作动器或撑杆可能很难实现以目视可见的方法确认起落架处于放下位置并上锁。该典型实例用于下位锁是合适的，但如果用作上位锁则会要求更复杂，因为上位锁需要一套手动应急释放系统与之协同工作。

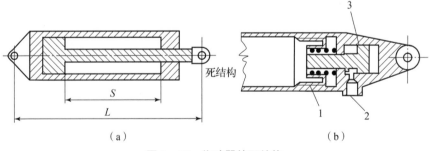

（a）   （b）

图 2 – 37 作动器的死结构

（a）常规作动器死结构长度；（b）作动器内的锁机构

1—分离夹头；2—开锁压力；3—弹簧加载插销锁住夹头

如果作动器接头采用如图 2 – 38（a）所示的耳轴形式，则该估计值可以减小。应避免使用偏心安装的作动器（图 2 – 38（b）），因为这会在作动器上产生不希望的应力和变形。应该承认上述死结构长度很大程度上取决于为适应特定条件的作动筒细节设计，可能在上述建议数值范围内略有变化。

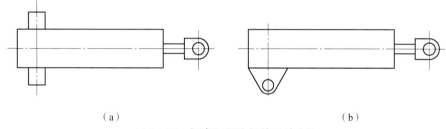

（a）　　　　　　　　　　　　　　　　　　（b）

图 2 - 38　提高行程比例的设计方法

（a）装有耳轴接头的作动器；（b）偏心安装的作动器

（6）运动部件与机体结构应保持足够的间隙，并满足相关标准。方案布局设计应充分考虑运动部件（尤其是轮胎）与机体结构（尤其是发动机等高温部位）的间隙，满足《航空轮胎与相邻飞机结构的间隙设计要求》（HB 7711）或《航空轮胎设计要求》（GJB 107B）等规范，具体要求见 3.2.2.2 节。

2.5.2　收放机构的形式

2.5.2.1　常用基本形式

在起落架收起的几何布局中使用的运动形式没有什么限制，但可以粗略归纳出基本类属。《起落架设计》（H. G. 康韦，Chapman 和 Hall，1958）总结了常见起落架收放运动形式，如图 2 - 39 所示，大部分运用了"四连杆机构"的原理。

图 2 - 39（a）所示形式结构简单，广泛应用于各类飞行器，斜撑杆可折叠，在放下位置锁定并形成一个二力杆。基于这种形式的改型有很多，大型起落架因尺寸大，为提高斜撑杆的稳定性而增加的附加小撑杆，如图 2 - 40（a）（A300B）、图 2 - 40（b）（DC - 10）所示，附加小撑杆使收放机构的总质量减至最小。

图 2 - 39（b）和图 2 - 39（c）所示形式是相类似的，适用于起落架舱在起落架放下位置上方的布局情况。因缓冲器的有效行程变短，一般见于大型机上。图 2 - 41 所示为 F - 27 主起落架收放机构，是图 2 - 39（b）所示形式的一个应用。

图 2 - 39（d）所示形式的收放运动机构与收放作动筒联动，使得载荷在起落架结构内互相平衡，而不必把作动筒装在机体上，与图 2 - 39（a）形式不同。图 2 - 42 是类似于图 2 - 39（d）的一种收放形式，其收放作动筒与收放机构相连。

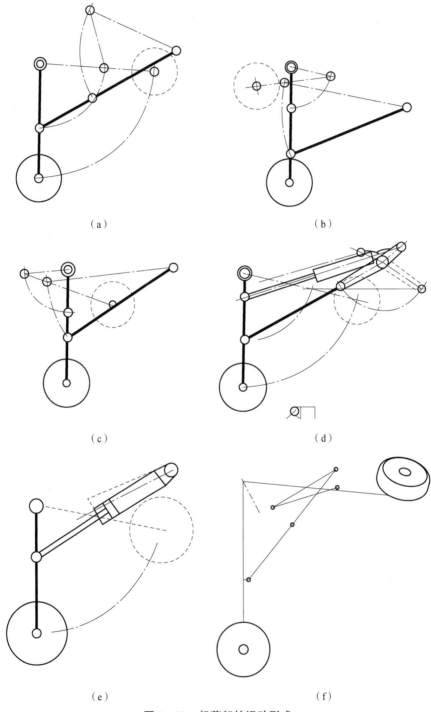

（a）　　　　　　　　　　　（b）

（c）　　　　　　　　　　　（d）

（e）　　　　　　　　　　　（f）

图 2 - 39　起落架的运动形式

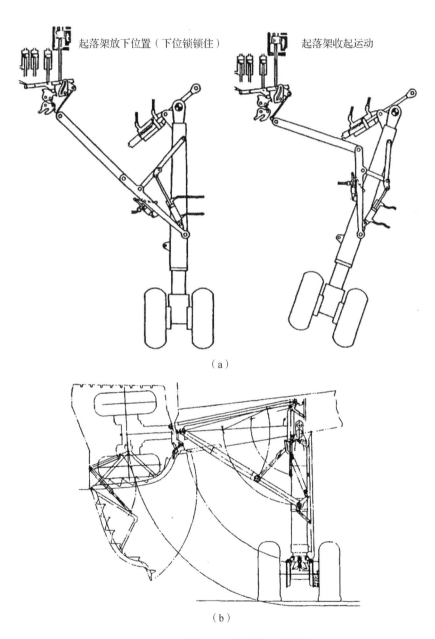

（a）

（b）

图 2 – 40 带附加小撑杆的主起落架

（a）A300B 飞机主起落架；（b）DC – 10 飞机主起落架

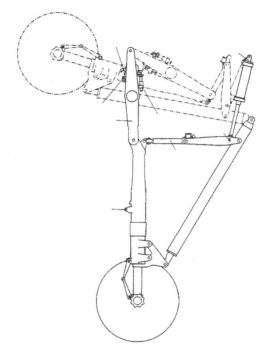

图 2 – 41　F – 27 主起落架收放机构

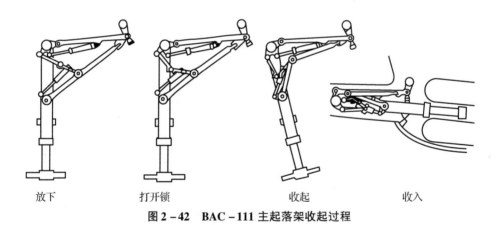

放下　　　　　　打开锁　　　　　　收起　　　　　　收入

图 2 – 42　BAC – 111 主起落架收起过程

图 2 – 39（e）所示形式收放机构中，只有带缓冲器的支柱和可自锁起侧撑杆作用的作动筒。斜撑结构和收放作动筒合二为一，通过对作动筒内的机械锁实现起落架放下状态的锁定，使收放作动筒处于二力杆受力状态，承受和传递来自机轮的载荷到机身。省掉了单独的侧撑杆和下位锁，结构简单、可靠，质量轻，但锁定情况不易监测。这种收放方式在我国歼 – 7 主起落架、歼 – 11 及苏 – 27 前起落架上都有采用（图 2 – 43）。

图 2 - 39 (f) 所示形式收放机构中，为适应所给的包络空间，起落架收上时机轮需要转动一定角度，常采取绕空间某一固定转轴转动来实现，收放机构设计就要相对复杂一些。

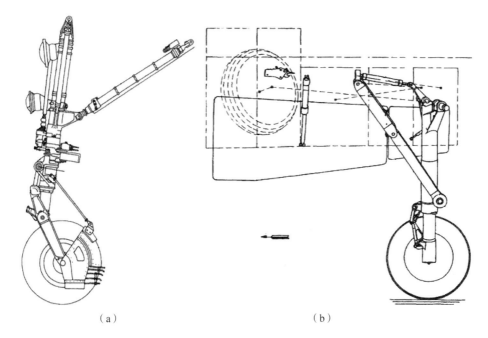

（a）   （b）

图 2 - 43　起落架收放应用

（a）苏 - 27 前起落架；（b）某机主起落架

2. 5. 2. 2　特殊收放形式

平移收放曾在早期海军飞机上用过。它是把起落架收入机身一侧的一种简单而又可靠的方法，如图 2 - 44 (a) 所示。

很多情况下，为适应起落架包络空间，必须转动轮架或轮子，而像使用连杆那样，有许多实现这个目的的方法。如图 2 - 44 (b) 所示，如果收起时必须转动机轮，可使用辐射式连杆，或在起落架的顶部使用斜面齿轮，以便在起落架收起时转动支柱。通过选择合适的斜轴能够完成轮子某种程度的转动，F - 105D 主起落架在收起时，利用机构转动支柱，实现了使机轮绕支柱轴线的转动。

英国"火神"飞机使用了一种折叠式轮架（图 2 - 45），并且它有一个复杂但效率很高的运动机构。

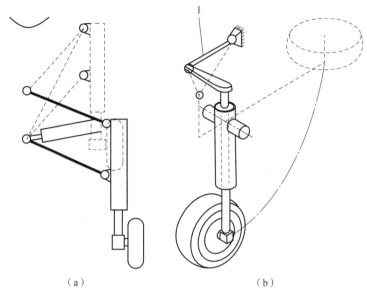

（a）　　　　　　　　　　　　　（b）

图 2 - 44　特殊的收放方式

（a）平移收放；（b）旋转机轮绕支柱转动 90°

1—径向连杆

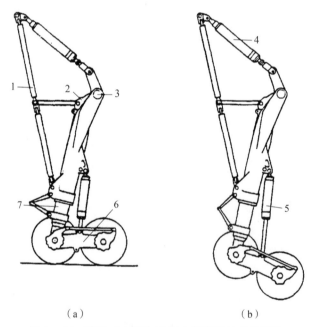

（a）　　　　　　　　　　　　　（b）

图 2 - 45　英国"火神"飞机主起落架的收放系统

（a）停机；（b）空中

1—收起撑杆；2—下位锁；3—主轴；4—主起收放作动筒；5—缓冲器；6—小车架；7—支柱缓冲器

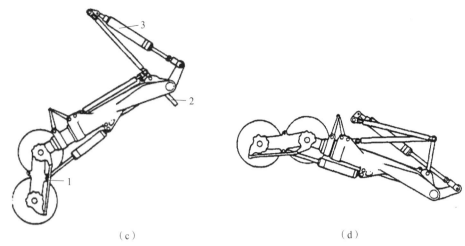

（c）　　　　　　　　　　　　　　　　（d）

图 2 - 45　英国"火神"飞机主起落架的收放系统（续）

（c）半收起状态；（d）收起

1—横向销；2—锁撑；3—主起收放作动筒

2.5.3　收放运动学

工程设计中，机轮在放下位置的姿态是由站位布局决定的，而收上位置的姿态是由包络空间决定的。通常会优先选择简单的平面收放机构，但如果不能满足设计要求，就只能选择复杂的空间三维收放机构了，甚至会伴随着多个动作。

2.5.3.1　平面收放机构运动学

根据总体布局方案，考虑到缓冲器、轮胎、撑杆机构、锁机构和作动筒等产品的体积包络，需要以上单机满足收起过程中及收上到位后与机舱的最小间隙要求。

根据机构运动包络，得到前起落架收放布局参数，如图 2 - 46 所示。图中虚线框为总体提供的前起收放空间，总体要求起落架需要收起于机身内前起落架舱内。AB 表示前期缓冲器（含轮胎），缓冲器设计方案可以确定 B 点的具体位置（即 L_1、e_2 给定），根据缓冲子系统确定的缓冲支柱的长度和机轮子系统提供的轮胎尺寸确定主缓冲支柱的收上位置（A 点的具体位置确定），进而确定主缓冲支柱的收放角度，计算得出主缓冲支柱的收放角度为 90°，该收上位置机轮与包络空间的上、下、后侧边缘留有 8 ~ 12 mm 的间隙，满足轮胎 7 mm 间隙要求。

前起落架收放系统为平面四连杆机构，取收放系统中间某一个位置分析，可以得到收放系统的运动数学模型：

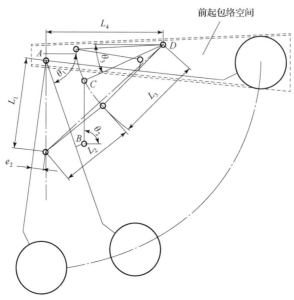

图2-46 前起落架收放包络示意图

A—缓冲器固定转轴；B—下撑杆—缓冲器转轴；C—上撑杆—下撑杆转轴；

D—上撑杆固定转轴；E—收放作动筒—缓冲器转轴；F—收放作动筒—上撑杆转轴

$$L_1 \cos \theta_1 + L_2 \cos \theta_2 + L_3 \cos \theta_3 = L_4 \qquad (2-34)$$

$$L_1 \sin \theta_1 - L_2 \sin \theta_2 - L_3 \sin \theta_3 = e_1 \qquad (2-35)$$

根据运动数学模型并结合给定收放空间，进行四连杆机构的布局优化，保证收放运动包络不会与舱体干涉并能满足机构间隙要求，最终得到收放系统的杆长及连接位置参数。

在上述设计结果的基础上，再进行收放作动筒的布局。考虑收放布局空间和有利于放下上锁，收放作动筒的一端可连于撑杆 CD 的下方，而另一端要连于 A 点下方。即进行 L_5 和 L_6 的参数设置，如图2-47所示。

这两个参数并没有直接优化的条件，设计过程中结合了收放作动筒的具体结构设计，包括直径选取、作动筒死结构长度、密封设计等。至此得到收放机构关键参数结果。最终布局结果如图2-48所示。

2.5.3.2 空间转轴设计

机轮在放下状态的位置和姿态是由站位布局决定的，而收上状态的位置和姿态则由包络空间决定。很多时候，为适应所给的包络空间，必须让起落架转动一

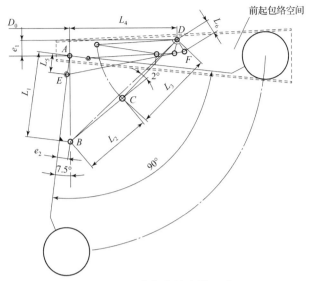

图 2 – 47 前起收放布局尺寸

A—缓冲器固定转轴；B—下撑杆—缓冲器转轴；C—上撑杆—下撑杆转轴；

D—上撑杆固定转轴；E—收放作动筒—缓冲器转轴；F—收放作动筒—上撑杆转轴

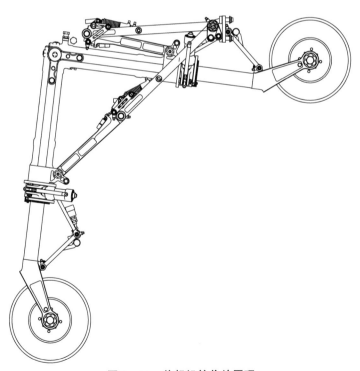

图 2 – 48 前起机轮收放原理

定的角度才能放入。一种常用的且比较简单的方法是通过一次转动来实现的，该方法的理论基础是欧拉定理，即刚体相对固定坐标系连续旋转两次（可推广至多次）到达的位置，都可以通过某一转轴旋转一次来实现。这里不加以证明，可参考相关刚体动力学书籍。

空间转轴的确定非常重要，当转轴确定后，就能够得到收起、放下和任意状态的坐标转换矩阵，从而能够方便地表示出任意一点在任意收放状态下的坐标。

在收放运动中，支柱上的各点在过该点且垂直于转轴的平面内沿圆弧做定轴转动，不同的点其转角相等。在图 2 – 49 中，点 A_1、B_1 绕轴 E 转动了一个角度 φ，分别由 A_1、B_1 转至 A_2、B_2。显然有 $E \perp \overline{A_1A_2}$，$E \perp \overline{B_1B_2}$。矢量 E 由下式得到：

$$E = \overline{A_1A_2} \times \overline{B_1B_2} = \begin{vmatrix} i & j & k \\ x_{A_2} - x_{A_1} & y_{A_2} - y_{A_1} & z_{A_2} - z_{A_1} \\ x_{B_2} - x_{B_1} & y_{B_2} - y_{B_1} & z_{B_2} - z_{B_1} \end{vmatrix} = Li + Mj + Nk \quad (2-36)$$

式中，i，j，k——坐标系矢量基。

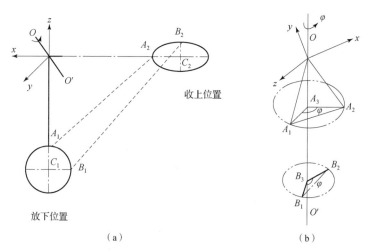

图 2 – 49　空间轴运动示意图

（a）收上、放下位置简图；（b）起落架支柱上点的定轴转动

转轴的单位矢量坐标为

$$e = (e_1, e_2, e_3) = \frac{(L, M, N)}{|(L, M, N)|} \quad (2-37)$$

e_1，e_2，e_3 为转轴在空间坐标系中，分别与 x 轴、y 轴、z 轴所夹角度的余弦

值，$|e|=1$。还可以表示出转轴与各轴及各面的夹角。

与各轴的夹角为

$$\alpha_i = a\cos(e_i) \tag{2-38}$$

式中，$i=1$，2，3，表示与 1 轴（x 轴）、2 轴（y 轴）、3 轴（z 轴）的夹角。

与 xOy 面、yOz 面、zOx 面的夹角分别为

$$\begin{cases} \beta_1 = a\sin(e_3) \\ \beta_2 = a\sin(e_1) \\ \beta_3 = a\sin(e_2) \end{cases} \tag{2-39}$$

计算空间转轴指向的方法步骤如下：

（1）确定起落架放下位置及姿态，选定起落架上的一个点作为不动点 P（该点一定通过转轴）。

（2）根据收上布局空间，将起落架放置在最佳位置和姿态，满足间隙要求，且不动点收上位置 P_2 与放下位置 P_1 重合。

（3）确定一个坐标系（如机身机械坐标系），选定起落架上的两个特征位置 A 和 B，且 AB 两点连线不可以通过不动点 P。

（4）在指定坐标系下，分别测量两个特征位置在放下状态的坐标 $A_1(x_{A1}, y_{A1}, z_{A1})$ 和 $B_1(x_{B1}, y_{B1}, z_{B1})$，收上状态的坐标 $A_2(x_{A2}, y_{A2}, z_{A2})$ 和 $B_2(x_{B2}, y_{B2}, z_{B2})$。

则转轴按在指定坐标系下的单位向量前面给出的公式计算。

实际工程设计中，使用两个相关的角度描述更方便，且更具有物理意义。转轴在水平面内与 Z 轴夹角为

$$\beta = a\tan\frac{e_1}{e_3} \tag{2-40}$$

转轴与水平面夹角为

$$\varphi = a\tan\frac{e_2}{\sqrt{e_1^2 + e_3^2}} \tag{2-41}$$

在求出空间转轴（图 2-50）后，即 φ 和 β 已知后，由多刚体运动学坐标转换，就可以求出起落架上任一点 $P_0(x_0, y_0, z_0)$ 绕转轴相对放下位置（因其姿态朝向一般比较正）转过 θ 角时的坐标 $P_1(x_1, y_1, z_1)$，坐标转换矩阵为

$$\boldsymbol{C} = \boldsymbol{C}_3(\theta)\boldsymbol{C}_1(-\varphi)\boldsymbol{C}_2(\beta) \tag{2-42}$$

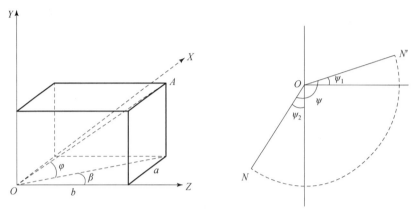

图 2 – 50　转轴示意图

式中，

$$C_1(\varphi) = \begin{bmatrix} 1 & 0 & 0 \\ 0 & \cos\varphi & \sin\varphi \\ 0 & -\sin\varphi & \cos\varphi \end{bmatrix}, C_2(-\beta) = \begin{bmatrix} \cos\beta & 0 & \sin\beta \\ 0 & 1 & 0 \\ -\sin\beta & 0 & \cos\beta \end{bmatrix},$$

$$C_3(\theta) = \begin{bmatrix} \cos\theta & \sin\theta & 0 \\ -\sin\theta & \cos\theta & 0 \\ 0 & 0 & 1 \end{bmatrix}$$

　　空间转轴收放发放常用于中小型飞行器，且以主起落架应用较多。如我国歼
5、歼 6、歼 7、某歼击机、阵风、苏 – 27、F – 4B、X – 37B 等很多机型都有应
用，如图 2 –51 所示。

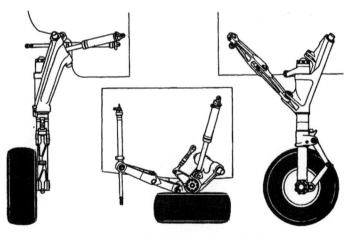

图 2 –51　空间转轴收放的起落架应用

如果空间能够允许，尽量使起落架绕缓冲器转动斜轴的角度小，这样就有可能设计成二维的收放机构，设计难度会降低，而可靠性提高，如图 2 - 52 所示。

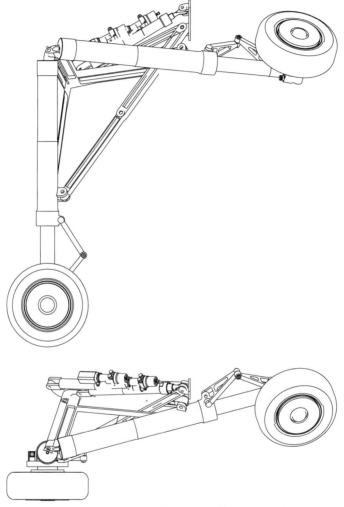

图 2 - 52　机轮小角度偏转时空间斜轴的二维收放机构

有时由于收藏空间限制，因此要求机轮相对支柱转动一个角度来收藏。我国歼 - 7 主起落架及转轮机构，当主起落架收起时，利用作动筒与支柱相对夹角的变化带动转轮机构，使机轮相对支柱转动一个夹角，从而使机轮收入机身内的特定位置。如图 2 - 53 所示，由于有两组平行四边形机构，使缓冲器工作时，活塞杆运动不受任何影响。

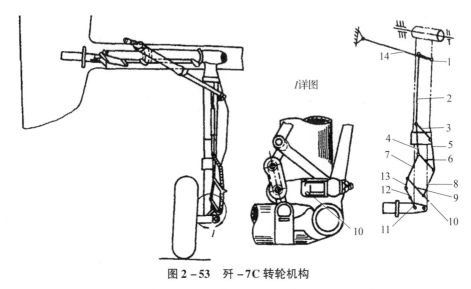

图 2 – 53 歼 –7C 转轮机构

1—斜支柱螺栓；2—可调拉杆；3—上摇臂；4，7，11—拉杆；5—上扭力臂；6—中摇臂；

8—下扭力臂；9—下摇臂；10—锁环；12—链环；13—连杆；14—作动筒

2.5.4 收放载荷

起落架收放运动机构使起落架收上和放下能按照规定的轨迹灵活地运动，而在起落架收放过程中，受气流迎面阻力、重力等因素影响，这就需要由收放作动筒来驱动，保证收上、放下和锁定到位，并满足收放时间等方面的性能要求。起落架收放运动分析简图如图 2 – 54 所示。

起落架的收放载荷包括起落架重力、迎面气动阻力、运动惯性力、摩擦力、上锁阻力等。起落架收放机构如果联动了护板机构，则还应包括护板机构传来的力载荷。此外，起飞过程还应包括机轮离地后引起的旋转陀螺力矩载荷。

收放载荷是通过与所有其他载荷对起落架旋转轴力矩的平衡条件求得的，要特别注意选出收放运动全过程中最危险的载荷工况作为设计依据。

2.5.4.1 质量力

质量力不同于重力，作用在转动部件的重心上，其方向指向地面，表征了在起落架收起（重点考虑工况）或放下运动时，机身受突风、机动等因素而导致的法向过载载荷，质量力 P_m 由式（2 – 43）确定：

$$P_m = n_{g,d}^u G_t \qquad (2 - 43)$$

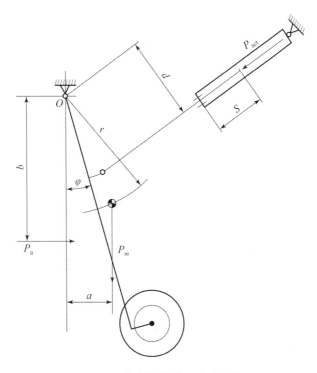

图 2 - 54　起落架收放运动分析简图

式中：G_t——转动部分重力，N；

$n_{g,d}^u$——起落架收放时的使用过载，与起落架允许的最大飞行速度、突风速度、翼载、机身法向力系数对攻角导数、大气密度等因素有关，工程上不能小于 2.0。

质量力的力矩 M_m 是上述质量力 P_m 对转轴之矩，其值为

$$M_m = P_m a \tag{2-44}$$

式中：a——质量力到转轴 O 的距离，其值随收放运动而改变。

2.5.4.2　气动阻力

起落架各部件的气动阻力作用在压心上，且指向顺气流方向：

$$P_{a,di} = q C_{xi} S_i \tag{2-45}$$

式中：$P_{a,di}$——起落架各部件上的气动阻力；

q——起落架收起或放下时的速压，$q = \dfrac{1}{2} \rho_0 V^2$；

C_{xi}——起落架各部件上的阻力系数；

S_i——起落架各部件在垂直于气流平面上的投影面积。

起落架阻力系数可按以下三部分计算：

（1）圆形截面的缓冲器（支柱），气流与缓冲器轴线垂直时，不同长细比 H/D 的阻力系数 C_{x0} 如表 2 – 6 所示。一般 H/D 在 $10 \sim 20$。

表 2 – 6　阻力系数 C_{x0}

H/D	1	2	3	10	20	40
C_{x0}	0.64	0.68	0.76	0.80	0.92	0.98
参考面积 $S = HD$						

起落架收放过程中，支柱与气流夹角不断改变，如图 2 – 55 所示，在不同气流夹角下，缓冲器的阻力系数按式（2 – 46）估算：

$$C_{x\alpha} = \begin{cases} C_{x0}\left[\cos(1.25\alpha)\right] & 0° < \alpha \leq 60° \\ C_{x0}\cos\alpha & \alpha > 60° \end{cases} \quad (2-46)$$

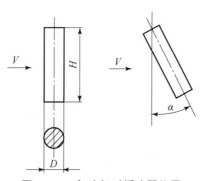

图 2 – 55　气流相对缓冲器位置

（2）机轮迎面阻力系数 C_{xw} 与宽径比 W/D（宽度 W 与直径 D 的比）有密切关系，$C_{xw} = f(W/D)$ 关系曲线如图 2 – 56 所示。从曲线可知，W/D 越大，则 C_{xw} 越小。

对于双轮或多轮同轴起落架，其 C_{xw} 值与机轮空隙有关，当空隙大于机轮的宽度时，可按单轮选取系数，即可以忽略机轮空隙的影响，否则 C_{xw} 值将增大。

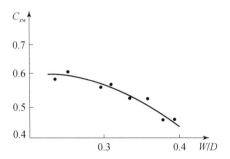

图 2 – 56　不同宽径比机轮的阻力系数曲线（参考面积 $S = WD$）

（3）对于起落架轮叉、固定在起落架上的护板等部件，可按板的阻力系数计算，取 $C_{xh} = 1.28$。

当起落架沿展向收放时，如图 2 – 57 所示，则侧向气流的气动力计算可取侧滑角为 $\beta = 6°$ 时的气动力：

$$Q_i = qC_{zi}S_i\sin\beta \tag{2 – 47}$$

式中：C_{zi}——部件侧向阻力系数；

　　　S_i——部件侧面积在飞行器对称面上的投影。

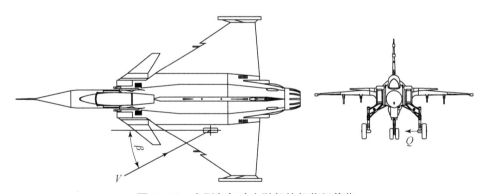

图 2 – 57　由侧向气动力引起的起落架载荷

气动力的合力矩：

$$M_{ad} = \sum \overline{P}_{a,di}b_i \tag{2 – 48}$$

式中：$\overline{P}_{a,di}$——各部件气动合力，随收放运动的位置而改变；

　　　b_i——各部件气动合力到旋转轴的力臂，其值随收放运动的位置而改变。

2. 5. 4. 3　惯性力

要在较短的时间内收放起落架，则可能出现较大的惯性力，惯性力对起落架转轴的力矩与旋转角加速度的方向相反：

$$M_i = -J\ddot{\varphi} \tag{2-49}$$

式中：M_i——惯性力矩；

　　　　J——起落架对转轴的转动惯量，随收放运动的位置而改变；

　　　　$\ddot{\varphi}$——起落架转动角加速度。

2.5.4.4　摩擦力

总的摩擦力在收放作动筒上引起的附加载荷 P_f，为

$$P_f = (0.18 \sim 0.30) P_{aa} \tag{2-50}$$

式中：P_{aa}——由质量力和气动力引起的作动筒载荷。

2.5.4.5　上锁阻力

起落架在收上或放下位置时必须用锁来固定，上锁时需要增加作动筒载荷，上锁阻力近似取为

$$P_l = (0.75 \sim 1.00) G_t \tag{2-51}$$

2.5.4.6　其他载荷情况

对于由起落架带动护板机构收放护板的起落架，护板机构将引起收放载荷的增加；由护板机构计算可得到增加的收放载荷 P_{hd}。

对于某些收放机构（作动筒），除承受以上的载荷外，还承受起落架地面载荷。例如撑杆作动筒，应按地面载荷的危险情况进行强度计算。

起落架上位锁还应检查在不稳定气流中的动载荷情况。除上述载荷外，起落架收放机构的强度还应针对离地后急刹旋转机轮时产生的力进行检查。

起落架收放机构的设计应保证柔和收放起落架且无撞击。

2.5.4.7　作动筒设计载荷及要求

综上，收放作动筒载荷为上述各情况引起的载荷之和，可按下式计算：

$$P_{\text{act}} = \frac{M_m + M_{a,d} + M_l}{d} + P_f + P_l + P_{h,b} \tag{2-52}$$

式中：d——收放作动筒对转轴的力臂，其值随收放过程而改变。

以上的计算，如果质量力矩与其他力矩相反，使作动筒减小，则取质量力矩计算的过载 $n_{g,d}^u = 0$ 来计算作动筒载荷。

上面计算出的载荷为作动筒使用载荷。设计时往往留出一些余量，设计的作

动筒驱动载荷大于需要的使用载荷。常用的收放作动筒为液压传动，对作动筒受液压载荷的验证，其试验压力为最大系统压力的 1.5 倍。在校核作动筒及其连接接头的结构强度时，应以作动筒在最大系统压力下的液压载荷校核，即设计安全系数取 1.5，并取安全裕度 1。

■ 参考文献

［1］航空航天工业部科学技术委员会．飞机起落架强度设计指南［M］．成都：四川科学技术出版社，1989.

［2］《飞机设计手册》总编委会编．飞机设计手册——第 14 分册［M］．北京：航空工业出版社，2002.

［3］张淑兰．起落架布局设计技术［J］．飞机设计，1994：16 – 26.

［4］郦正能，程小全，方卫国，等．飞机部件与系统设计［M］．北京：北京航空航天大学出版社，2006.

［5］Norman S. C. Aircraft Landing Gear Design：Principles and Practices. American Institute of Aeronautics and Astronautics，Inc. Washington，1988.

［6］王跃．概念设计阶段起落架接地点设计［J］．民用飞机设计与研究，2012（104）：56 – 60.

［7］马宏林 . NASA 研制 HL – 20 空间摆渡飞行器［J］．航天返回与遥感，1993（14）：3.

［8］李田囡，王小峰，张健全．某无人机主起落架舱门联动机构设计［J］. 机电工程技术，2011，40（5）：111 – 113.

第 3 章
滑行制动减速技术

在整机的方案设计阶段，就需要开展滑行装置相关方案论证设计，确定采用的滑行装置类型，结构尺寸、规格和数量，它影响到着陆系统的总体布局、收放运动方案、着陆减速策略，甚至整机的布局方案。轮式滑行装置一般由专业的轮胎和机轮生产厂家承研。

▪ 3.1 滑行装置分类

空天飞行器滑行装置大多采用轮式装置，个别可采用滑橇装置。一些特殊用途的飞机还可以采用履带、浮筒等其他类型。

轮式滑行装置的尺寸规格对滑跑方案、收放运动方案有重要影响，需要较早确定主要参数。

3.1.1 轮式装置

轮式滑行装置是各类空天飞行器、飞机等最常用的一种滑行装置，包括轮胎、机轮、刹车装置，通常也包括刹车控制系统。

轮胎是飞行器起飞和着陆过程中与跑道接触的唯一部件，承受和传递地面垂直载荷、侧向载荷、机动载荷和刹车力矩，吸收能量等。轮胎是易耗部件，对于飞机而言，还关系到运行的经济性。轮胎的选型和选用是着陆减速系统设计的重要部分。

3.1.2　滑橇装置

除采用轮式滑行装置外，空天飞行器还可以采用滑橇装置，以解决防热和减重问题。这种滑橇装置与直升机所用的固定式滑橇结构不同。美国"追梦者号"航天飞机、太空船 – 2 号飞行器的前起落架滑橇装置，如图 3 – 1 所示。

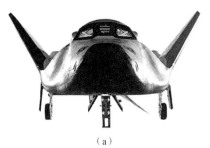

（a）　　　　　　　　　　　　　　　（b）

图 3 – 1　滑橇装置

（a）"追梦者号"航天飞机；（b）太空船 – 2 号飞行器

这种滑橇装置的站位布局可以按轮式起落架布局方法进行。滑橇装置类似于摇臂式起落架，由缓冲器、承力结构、滑板组件及收放机构等组成，具有结构质量轻、耐高温等特点。防热材料结构可以一体安装在承力结构上，缓冲器为外部缓冲器，滑板采用高摩擦系数的材料，如图 3 – 2 所示，在水泥道面上具有较大的摩擦系数，以保证飞行器滑跑时的横向稳定性。

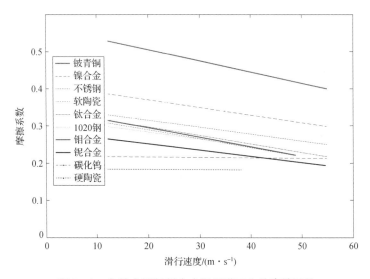

图 3 – 2　各种金属材料在水泥干道面上的摩擦系数

3.1.3　其他类型

履带式滑行装置为自履带和导向海轮系统组成的滑行装置。此种滑行装置，由夹有金属丝的胶布履带和固定在减振支柱上的导向滚轮系统所组成，滚轮之间互不连接，适宜在任何不平的地面上运动。由于接地面积较大，履带式起落架甚至可以在未经铺砌的松软场地起落。但是由于制造复杂、质量大、缓冲性能较差，仅在少数运输机起落架上采用过。

水上飞机采用的滑行装置通常有两种，即浮筒和密封船身。后者通常在机翼下安装两个起平衡作用的辅助浮筒。船身或浮筒的横截面常为楔形，在着水时比较容易插入水中，从而减小撞击载荷。船身底部沿纵向呈阶梯形，称为船阶，它能减轻船底与水面的附着力并有利于离水起飞。浮筒式滑行装置依靠浮筒浮力支持飞机质量，使飞机能够在水面起飞、降落、滑行和停放。某些海上飞机需在陆地上滑行，这时还装有一套轮式滑行装罩称为登陆架。登陆架上通常无缓冲器，仅依靠轮胎起缓冲作用。

■ 3.2　航空轮胎

3.2.1　轮胎的结构和分类

3.2.1.1　结构类型

轮胎按结构分类，可分为斜交轮胎和子午线轮胎。20 世纪 60 年代以前还只有普通斜交轮胎，60 年代出现了带束斜交结构轮胎，80 年代初开发了子午线航空轮胎。

斜交轮胎（图 3 - 3（a））的基本特点是承受内压载荷的胎体由偶数层附胶帘线按一定角度叠合而成，一般使用的是尼龙帘线。多层帘布层以翻卷方式固定在钢丝圈上，钢丝圈承受了帘线层传递的全部张力，所以胎体帘线层和钢丝圈是充气压的受力部件，决定着轮胎的强度。胎面由橡胶材料构成，作用是提供与地面的摩擦力，传递刹车力矩并保护胎体不受损伤。材料的特点是耐磨损、耐剪切、耐刺扎。速度要求较高的轮胎胎面中有一层或多层补强帘线，它能增加胎面的周向刚性，承受高速旋转时的巨大离心力，提高轮胎的高速性能，这样的胎面称为补强胎面。如果补强帘线的角度比胎体的帘线角大，则补强帘线层又称为带束层。有带束层的轮胎又称为带束斜交轮胎。在飞机轮胎上这种结构已得到普遍应用。胎侧胶用来保护胎体。胎圈包布起保护胎圈的作用。对于无内胎轮胎而言，胎圈包布又是重要的密封部件。胎面上的周向花纹沟对于防止滑水，增加侧向摩擦力起到关键作用。无内胎轮胎还有一层与内胎相似的密封层，其胶料有很好的密封性。

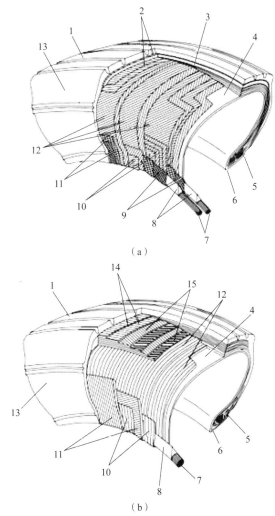

（a）

（b）

图 3 – 3　航空轮胎的结构

（a）斜交轮胎结构；（b）子午线轮胎结构

1—胎面；2—补强层；3—补强层胶；4—气密层；5—胎踵；6—胎趾；7—钢丝圈；

8—三角胶；9—钢丝圈包布；10—反包胎体帘布层；11—胎圈包布；

12—胎体帘布层；13—胎侧；14—冠带层；15—带束层

子午线轮胎结构如图 3 – 3（b）所示。其结构与斜交胎的根本区别在于胎体层是由一层或多层径向排列的帘线构成（即帘线角是零度或接近零度），胎冠部的胎体层上有多层几乎是周向排列的帘线层，一般是钢丝帘线或高强度纤维帘线，称为带束层，它是主要的受力部件。子午线轮胎的骨架材料也有棉帘线、人造丝或高强力尼龙、钢丝帘线甚至芳纶帘线。新结构、新材料、新工艺的出现，使高内压、高载荷、高速度的新型轮胎不断研制出来。舰载机的轮胎内压已超过 2 450 kPa，起飞速度达到 420 km/h（"幻影" Ⅲ），我国也已研制出多型起飞速度超过 400 km/h 的轮胎。

与普通结构的轮胎相比，子午线轮胎有以下突出优点：

（1）降低生热。子午线轮胎胎侧柔软，更耐曲挠，胎冠部分变形小，生热明显降低。由于胎体薄宜于散热，其就形成了生热低、冷却快的特点。热是轮胎破坏的根本原因之一，对轮胎的安全性十分重要。

（2）提高使用寿命。子午线轮胎具有周向刚性大、变形小、胎面平坦、生热低等特点，使胎面更耐磨。资料介绍用于军用飞机可提高起落次数 70%，用于运输机可提高起落次数 40%~60%。

（3）减轻轮胎质量。子午线轮胎胎体层数比斜交胎少得多，大大减小了轮胎质量。

（4）提高轮胎翻新率，降低运行成本。子午胎的结构特点是具有很好的耐高速性能，降低了滚动阻力，减少了生热，且胎面耐刺扎，从而提高了轮胎的翻新率，减小了运行成本。

与斜交胎相比，子午线轮胎的不适应性主要有以下几点：

（1）子午线轮胎的侧向刚性比斜交胎低，而在某一给定滑动角下又有较高的侧滑力，使在高强制侧滑条件下增加了胎圈脱出的危险。这可以通过采用较大的轮辋宽度（一般取轮辋宽与轮胎断面宽之比为 0.8），在多层纤维胎体结构中采用多钢圈等措施来克服。

（2）与普通斜交胎相比，径向刚性小，载荷下的下沉量大。一般斜交胎下沉率为 30%~35%，子午线轮胎大约在 40%，下沉量的增加使轮胎的侧向稳定性变得更差，可通过增大 10% 内压和增大轮胎规格来调整。由于子午线轮胎与斜交轮胎性能差异大，在起落架设计中，必须考虑机轮应力分布、摆动、冲击负荷、刹车等适应性。

虽然子午线轮胎必将取代目前的斜交轮胎，但由于管理条例、起落架的更改以及轮胎本身的技术问题，子午线轮胎的普遍应用要比人们预计的慢得多。目前除某些机型使用了子午线轮胎外，大多仍选用带束斜交结构轮胎。发展的总趋势是小规格、高内压、低断面。

3.2.1.2　速度类型

按地面滑行速度分类：

1）民用航空轮胎

低速轮胎滑行速度≤193 km/h，高速轮胎滑行速度＞193 km/h。

2）军用航空轮胎

低速轮胎滑行速度≤257 km/h，高速轮胎滑行速度＞257 km/h。

3.2.2　轮胎规格和实际尺寸

3.2.2.1　轮胎规格表示方法

现有轮胎系列中，Ⅲ、Ⅶ、Ⅷ型规格表示方法是不同的，可用英制（in①）、公制（mm）或混合表示。

Ⅲ型（低压胎）：轮胎断面宽 – 轮辋直径，如 6.00 – 6（英制），150 – 152（公制）。

Ⅶ型（高压胎）：轮胎外直径×轮胎断面宽，如 24×5.5（英制），610×140（公制）。

Ⅷ型（超高压低断面轮胎）：轮胎外直径×轮胎断面宽 – 轮辋直径，如 30×11.5 – 14.5（英制），760×290 – 368（公制）。

在我国设计规范中，对于新研制的轮胎，不论低压胎还是高压胎，都统一用Ⅷ型胎的表示方法。轮胎的规格用新轮胎在额定充气压力下停放 12 h 后的最大外直径、断面宽以及轮辋的直径来表示。例如，610×140 – 356 轮胎，它表示充气后最大外直径为 610 mm，断面宽为 140 mm，轮辋直径为 356 mm。

按上面定义，充气后的轮胎实际尺寸只能有负公差。但事实上，由于历史的

---

① 1 in = 2.54 cm。

原因以及规格尺寸增量和尺寸公差的影响，规格与实际尺寸的正负公差都有，只要求在标准规定的范围之内。

轮胎断面较宽而轮辋较窄的轮胎，有时在规格前加一个英文字母，具体规定如下：

规格前字母	C	B	H	无字母
轮辋宽/轮胎断面宽	0.5~0.6	0.6~0.7	0.6~0.7	0.7 以上
轮辋胎圈座斜角	15°	15°	50°	5°

其中，加字母 C、B 的类型很少使用，而加字母 H 的轮胎却越来越多，特别是大型运输机轮胎，如 H37×14.0−15。

子午线轮胎：外直径×断面宽 R 轮辋直径。例如，46×17R20，"R" 是子午线轮胎的英文第一个字母。

3.2.2.2　膨胀尺寸及间隙要求

轮胎在使用过程中膨胀伸张，大约在 10 个起落之后便稳定在最大值，为了确定膨胀后的轮胎与相邻部件的合理间隙，计算膨胀后轮胎尺寸的最大值是十分必要的。在此最大尺寸的基础上，再考虑离心力等因素以确定轮胎与相邻部件的间隙。

轮胎断面高膨胀系数：

$$G_{\mathrm{H}} = 1.115 - (0.075 \times A_{\mathrm{R}}) \tag{3-1}$$

式中：A_{R}——轮胎断面的高宽比。

轮胎断面宽膨胀系数：

$$G_{\mathrm{W}} = 1.04$$

实践证明，用上述公式计算的膨胀系数都不会超过实际膨胀值，一般使用后的断面宽膨胀系数在 1.03 左右。

单条轮胎周围的间隙由图 3−4 确定，图中符号定义见图 3−5。

并装轮胎之间间隙：并装轮胎两胎断面中心线之间最小距离为 $1.18W_{\mathrm{G}}$。

串装轮胎之间的间隙（前后两轮轴间距离）：

$D_{\mathrm{G}} + 0.20W_{\mathrm{G}}$（轮胎断面不大于 250 mm 的军用胎）；

$D_{\mathrm{G}} + 0.25W_{\mathrm{G}}$（轮胎断面大于 250 mm 的军用胎）；

$D_{\mathrm{G}} + 2C_{\mathrm{R}}$（民用航空轮胎）。

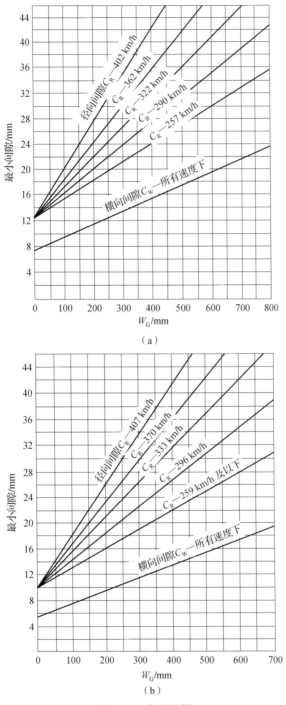

图 3 - 4　轮胎间隙

（a）军用航空轮胎径向和横向间隙；（b）民用航空轮胎径向和横向间隙

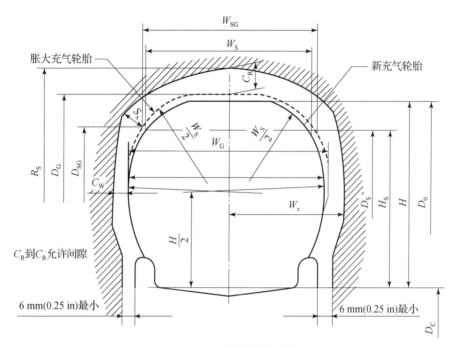

图 3-5 膨胀尺寸和允许间隙

3.2.3 轮胎的额定参数

3.2.3.1 额定内压

额定内压是指轮胎无垂直载荷条件下轮胎允许充入的最大气体压力，一般用 kPa 或 MPa 表示。

3.2.3.2 额定载荷

在额定充气内压下，正常使用时，轮胎允许的最大垂直静载荷，一般用 kN 表示。

在选择轮胎时，轮胎的最大静载荷不得大于轮胎的额定载荷，对于客机轮胎一般还应有 7% 的裕度。对于前轮轮胎应考虑到包括刹车载荷的动载荷，该动载荷可达到低压轮胎额定载荷的 1.35 倍，或者高压轮胎额定载荷的 1.4 倍，在动载荷作用下轮胎的下沉率（下沉量与自由断面高之比）不得大于 48%。

3.2.3.3 额定速度

在额定内压和额定载荷下，轮胎正常工作允许的最大地面滑行速度，一般用

km/h 表示。

3.2.4　轮胎的性能

3.2.4.1　载荷性能

载荷性能是轮胎的主要性能之一。合适的载荷能力就是轮胎在额定内压、额定载荷下的下沉率在规范要求的范围内。

国际上通用的范围是低压轮胎下沉率为 31% ~ 36%，高压轮胎下沉率为 28% ~ 35%。标准系列中的轮胎，在额定内压和额定载荷下的下沉率一般在此范围内，多数在 32% 左右。对标准系列轮胎来说，轮胎的额定载荷就是轮胎的使用载荷加上载荷裕度。

对于非标准系列轮胎，已知轮胎的尺寸和内压估算其载荷能力是极为重要的。下面介绍估算载荷能力的公式。轮胎生产厂家对轮胎的载荷能力都有自己的计算方法，但一般都涉及轮胎的具体内部结构。如果需要，可以在方案论证阶段就与轮胎厂家技术人员进行沟通。

1）轮胎下沉量计算

Robert F. Smily 等提出计算标准系列轮胎下沉量的形式：

$$\delta = \frac{F}{2.4(p_0 + 0.08 p_r) \sqrt{W \cdot D}} + 0.03 W \qquad (3-2)$$

式中：δ——轮胎在垂直载荷下的下沉量，mm；

$\quad$ F——轮胎垂直载荷，N；

$\quad$ p_0——轮胎的实际充气内压，MPa；

$\quad$ p_r——轮胎的额定内压，MPa，当轮胎在额定内压下使用时 $p_0 = p_r$；

$\quad$ W——轮胎的充气断面宽，mm；

$\quad$ D——轮胎的充气外直径，mm。

式（3-2）在接近额定载荷时有很好的符合性（一般误差不超过 5%），但在计算小载荷或接近全压缩大载荷时误差较大。

对于高宽比接近于 1.0 的圆断面轮胎，可用修正过的经验公式：

$$\delta = \frac{F}{2.59(p_0 - 0.003\ 6 p_r) \sqrt{W \cdot D}} + 0.03 W \qquad (3-3)$$

式（3-3）同样也仅适用于接近额定载荷的载荷，对国内生产的轮胎具有较好的符合性。

2）额定载荷下的轮胎下沉率

轮胎的下沉率定义为轮胎的下沉量与轮胎自由断面高（轮胎断面高减去轮辋的轮缘高）之比。额定内压额定载荷下的轮胎下沉率是选择轮胎规格的基本依据，其范围应符合如下要求：低压胎：31%～36%；高压胎：28%～35%。

下沉率的大小主要由轮胎尺寸（规格）、内压、载荷三个因素决定。虽然加大轮胎冠部曲率半径、增加胎体刚性等可以在一定程度上减小下沉率（即提高载荷能力），但这些参数的变化对下沉率影响很小。例如，高压轮胎胎体刚性本身仅占轮胎载荷能力的8%左右，再增加刚性是很有限的，而且会引起生热增加、散热不良等一系列不利后果，往往得不偿失。

3）前轮轮胎的动载荷

前轮的动载荷是由主轮刹车引起的载荷增量，等于额定停机载荷加上飞行器最大质量下刹车负加速度 $3.05~\mathrm{m/s^2}$ 引起的载荷，也称动额定载荷。一般不超过额定静载荷的 1.35～1.50 倍，但不要求轮胎在动载荷下做鉴定试验。

前轮轮胎的动力模拟试验使用的载荷为额定静载荷，但动额定载荷作用下的轮胎下沉率不应超过48%，此值可从轮胎生产厂家提供的载荷 - 变形曲线上得以验证。

在苏联的文献中，规定前轮动载荷作用下的轮胎下沉率约为轮胎全压缩量的50%，因为轮胎全压缩量略小于轮胎自由断面高，所以这两种规定基本是一致的。

3.2.4.2　速度性能

耐高速性能是轮胎的特性之一。低速胎与高速胎的动力试验方法是不同的。

轮胎在承载下高速转动时，接地变形部位的后面胎冠部形成波浪状变形，相对接地部位是不动的波形，故称驻波。胎面与地面接触变形后形成的波，向周向径向两个方向传播，径向传播的波在胎圈固定端反射回来，在断面方向上形成驻波。对驻波的成因一般认为是轮胎变形的恢复滞后于轮胎滚动速度。产生驻波之后，滚动阻力急剧增加，在大变形、高生热作用下轮胎很快就被破坏，所以轮胎产生驻波的速度又称轮胎的临界速度。

轮胎的速度性能与轮胎的规格、H/B（高宽比）、内压、C/B（轮胎着合宽与断面宽之比）、花纹深度都有直接关系，各种设计参数形成一个互相制约的整体。一般来说，速度越高，H/B（高宽比）越小，内压也越高，花纹越浅，规格越大。

速度与轮胎着合宽之间的关系是通过 H/B 间接表示出来的。在 $H/B = 0.65 \sim 0.90$ 范围内，随 H/B 的增加 C/B 减小，可用下面的函数表示：

$$C/B = 1.13 - (H/B)/2.5 \tag{3-4}$$

TRA 推荐的轮胎额定速度与轮胎断面高宽比有如下对应关系：

速度（km/h）以下	最大断面高宽比
257	1.00
305	0.87
338	0.82
362	0.77
378 及以上	0.72

较大的 C/B 能增加轮胎的侧向稳定性，过去前轮轮胎常用拱形胎（$C/B = 0.90 \sim 0.95$）。但 C/B 过大易引起胎圈不耐疲劳且轮胎接地面较小，反过来又影响到稳定性，后来设计的轮胎不再选用拱形结构。对高速胎而言，通过具有小的 H/B 获得较大的 C/B 值。选择轮胎规格要特别考虑到轮胎的使用速度与轮胎断面高宽比的关系。使用速度高又有大的断面高宽比的轮胎是很难达到满意的速度性能的。

3.2.4.3　地面附着性能

1. 轮胎与地面的摩擦

一般来说，构成轮胎的橡胶是一种高分子材料，轮胎与地面的摩擦不符合库仑摩擦定律。轮胎的摩擦力与轮胎垂直载荷、接地面积、滑动速度以及温度都有直接关系。路面温度越高，摩擦系数越小，一般变化幅度不大，但在轮胎刹车时因摩擦生热急剧上升，对摩擦系数影响很大。

轮胎在低速滑行时可近似用下式计算摩擦系数：

$$\mu = 0.93 - 0.0011 P_n \tag{3-5}$$

式中：P_n——接地面的压力。

橡胶的摩擦系数随滑动速度而变化，一般来说速度为 0.1 m/s 时摩擦系数最大，在实用速度范围内摩擦系数随速度的增加而减小，表示为

$$\mu = \mu_0 - \alpha V \tag{3-6}$$

式中：$\mu = 0.77$（平滑路面）；

　　　$\mu_0 = 0.90$（粗糙路面）；

　　　$\alpha = 0.001$（干燥路面）；

　　　$\alpha = 0.005$（湿滑路面）；

　　　V——滑行速度，km/h。

轮胎在打滑率 10% 左右时制动力最大，抱死时（打滑率 100%）制动力比最大值还低。可用式（3-7）估算小滑动系数时的刹车力：

$$F_x = r K_x S \tag{3-7}$$

式中：r——轮胎的自由半径；

　　　K_x——纵向弹性系数；

　　　S——滑动系数。

2. 滑水性能

在湿道面上，轮胎摩擦性能损失是由黏性滑水、动力滑水造成的。道面上轮胎印痕的橡胶残留物更加剧了这种现象。黏性滑水是由于轮胎不能压破轮胎与道面之间的水膜造成的。大部分水已从印痕中排出，残留在道面上的水形成很薄的水膜，在湿而光滑的道面上尤其是胎面花纹已磨光时极易产生这种现象，往往在没有积水的道面上也会产生。在积水的道面上易产生动力滑水，这时产生的流体动压力与轮胎速度的平方成正比。当流体动压力超过了轮胎与道面间的支承压力时，楔形的水会充满轮胎接地面，从而使轮胎完全脱离道面，轮胎的摩擦系数几乎为零。在多数情况下是黏性滑水和动力滑水共同作用使轮胎与地面间的摩擦系数大大降低。

滑水速度（产生滑水时的轮胎滑行速度）与道面结构、轮胎气压、胎面设计、轮胎印痕的纵横比等因素有关。减小高宽比能有效地降低轮胎印痕的纵横比，从而可提高滑水速度。在胎面设计上，足够数量的纵向花纹沟设计能使地面的积水通过花纹沟流畅排出，保证了胎面和道面的良好接触，这是提高滑水速度

的有效办法，任何无花纹的轮胎对于滑水性能都是不利的。

论证设计时，可以采用霍恩临界滑水速度计算公式

$$V_p = 6.36 \sqrt{p} \qquad\qquad (3-8)$$

式中：p——轮胎内压，kPa；

　　　V_p——滑行速度，km/h。

该式中只有一个参数，是针对低压光滑胎的，精度不高，而常用的胎面花纹设计可以显著提高滑水速度。选用产品规格时，可与轮胎生产厂家充分沟通。

3. 轮胎侧滑性能

由于轮胎具有弹性，当轮胎受到垂直力和侧向力作用时，就产生径向变形和侧向变形，这时机轮滚动的轨迹与机轮平面就形成一个夹角 α，此夹角称为侧向偏离角，简称侧偏角。由于侧偏角的作用，印痕的压力中心落在了印痕中心的后部，形成了一个绕垂直轴的力矩，力图减小侧偏角，该力矩称为回正力矩。形成回正力矩的力称为转向力，压力中心和印痕中心的距离称为稳定距，用下式表示：

回正力矩 = 转向力 × 稳定距

单位垂直载荷下，单位侧偏角（度）的转向力，称为抗侧滑系数（或偏拐系数），其大小与轮胎充气内压、轮胎设计参数以及侧偏角有关。对正常变形的轮胎，该系数从 690 kPa 充气压力时的 0.06，变化到 1 380 kPa 充气压力时的 0.045，一般在偏离角 10°左右抗侧滑系数达到最大值。

3.3　机轮与刹车装置

3.3.1　机轮的结构与分类

广义的机轮包括轮胎、轮毂和刹车装置，它装在起落架的轮轴上，与起落架共同组成飞行器的缓冲系统。狭义的机轮仅指轮毂。

机轮的主要功用是支承、刹停和减轻飞行器着陆冲击。支承飞行器靠的是轮胎和轮毂，它们承受来自地面的各种静、动载荷。刹停靠的是刹车装置，它提供

很大的刹车力矩来制动机轮，使轮胎与地面间产生很大的摩擦力，达到停住飞行器的目的。而轮胎因内部充有一定压力的气体，在着陆冲击下产生很大的压缩变形吸收了一部分垂直下沉功量，但大部分功量由起落架上的缓冲器吸收，达到减振效果。

　　机轮按有无刹车装置分为两大类：刹车机轮和无刹车机轮，如图 3-6 所示。通常，无刹车机轮多用在前起落架上，刹车机轮则多用在主起落架上。

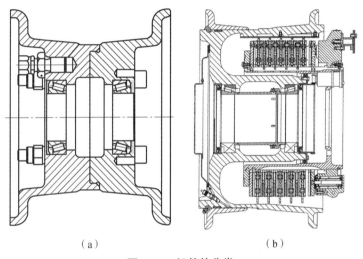

（a）　　　　　　　　　　　　　（b）

图 3-6　机轮的分类

（a）无刹车机轮；（b）刹车机轮

　　刹车机轮的刹车装置结构形式，无论是航天飞机、大型军民用飞机还是小型直升机几乎都采用了盘式。早期飞机还应用过弯块式、软管式刹车机轮，但在 20 世纪 60 年代之后都被盘式刹车机轮取代。

　　无刹车机轮的轮毂结构形式，主要有对开式、单辐板式、双辐板式以及组合式，如图 3-7 所示，其中对开式结构形式简单、轮胎便于拆装，应用非常广泛。双辐板式和组合式结构虽然受力形式好，但结构更复杂，较少采用。

　　刹车机轮全部采用偏置辐板结构布局，以容纳刹车装置和传递力学载荷，且便于轮胎的拆装。刹车机轮的轮毂结构形式，主要有偏置单辐板式和偏置对开式，如图 3-8 所示，偏置单辐板式有更大的刹车装置容积，但受力分布情况更恶劣。

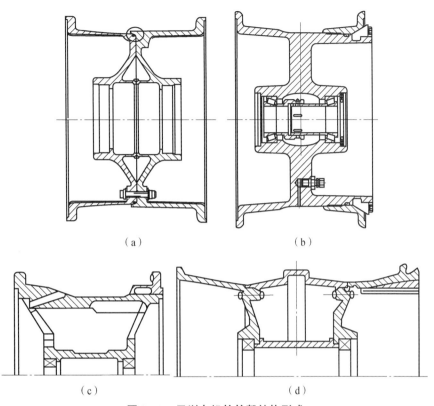

（a）　　　　　　　　　　　　（b）

（c）　　　　　　　　　　　　（d）

图 3 – 7　无刹车机轮轮毂结构形式

（a）对开式；（b）单辐板式；（c）双辐板式；（d）组合式

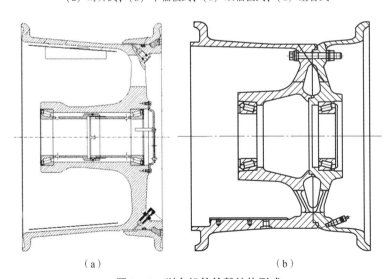

（a）　　　　　　　　　　　　（b）

图 3 – 8　刹车机轮轮毂结构形式

（a）偏置单辐板式；（b）偏置对开式

机轮结构材料常用锻铝合金、钛合金、玻璃钢等。锻铝合金（2A14）具有抗拉与疲劳极限较高、耐腐蚀性较好、工作温度较高等优点，但其裂纹扩展较快，用锻铝合金制造的机轮因承载能力大、使用寿命长等优势而在机轮上得到广泛的应用。钛合金（TC4）具有很高的抗拉与疲劳极限，并且密度也不太大，又有耐腐蚀、耐高温等优点，但价格高，在承载面尺寸较小时刚度不足，成形复杂，因此宜于用在高载、高性能的空天飞行器和水上飞机的机轮上。玻璃钢（玻璃纤维增强的环氧树脂材料）具有很好的耐海水腐蚀性，可用于水上飞机机轮上。

常见的盘式刹车装置主要由刹车气缸、刹车壳体、静盘、动盘和自动调隙回力机构等组成，如图3-9所示。

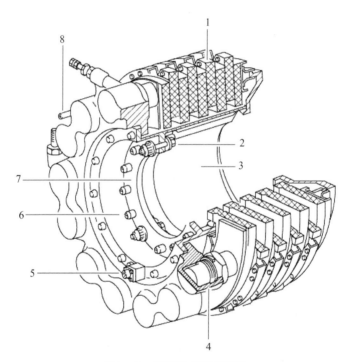

图3-9　典型盘式刹车装置

1—刹车盘；2—连接螺栓；3—壳体；4—活塞自动调隙组件；5—温度传感器；

6—传扭销；7—传扭法兰；8—磨损指示杆

刹车缸座一般为锻铝件，内部装有由液压（或气压）驱动的活塞，产生轴向力而压向动、静刹车盘，机轮转动时发生摩擦。刹车壳体常用钢锻件，承受拉伸和扭转载荷，并且在刹车时承受高温的作用。它主要用来支承动、静刹车盘并将刹车力矩传递到起落架轮轴法兰盘上。静盘和动盘结构形式较多，是刹车装置中的摩擦偶，产生刹车力矩并吸收能量转换来的刹车热，刹车装置的刹车性能就取决于摩擦偶的性能。自动调隙回力机构主要是当刹车盘磨损间隙增大时能调整拉杆伸出量，保证刹车间隙为一常值，并且当松刹时能在回力弹簧作用下很快地解除动、静盘的接触，能提高刹车系统的快速性、安全性和效率。

3.3.2　输入条件和要求

在确定机轮和刹车装置的技术方案时，需要以下设计输入条件，由着陆减速系统计算给出。

1）机轮载荷

机轮的载荷条件要求包括以下几个方面，机轮方案设计时进一步校核确认。

空天飞行器和各类飞机机轮的停机载荷、动载荷、径向载荷等额定载荷，都不应小于给出的设计载荷，一般参考相关规范（GJB 67.4，"地面载荷"）计算出的最大动、静载荷。

侧偏载荷为在最大设计总重下，机轮的垂直静载荷及其 25% 垂直静载荷的侧向载荷构成的径－侧向联合载荷。

刹车力和刹车力矩由减速策略和地面刹车状态确定。

2）刹车能量

刹车能量是刹车机轮的一个非常重要的指标，除了 2.2.2 节中已经考虑到的情况外，刹车机轮能量的确定还要进一步考虑以下因素：

（1）不同机轮上载荷和刹车能量的分配。

（2）总的刹车距离。

（3）发动机工作时，为保持刹住不动所需的静摩擦力。

（4）轮胎滚动摩擦吸收的能量。

在没有准确的刹车能量指标时，可参考相关标准进行估算，国军标 GJB 1184 的估算方法如表 3–1 所示。其他参考标准还有美军标 MIL–W–5013，美国联邦航空条例 FAR STO–C26C，中国 HB6550 等。

军用飞机刹车能量应满足 GJB 1184 的相关要求，如表 3–2 所示。

表 3 - 1　刹车能量估算方法

规范代号、名称	公式	公式中符号意义
GJB 1184 中国国家军用标准	$E_K = CMV^2$	E——全机刹车装置吸收的总能量，J； $C = 0.036\,8$，前三点式或自行车式起落架飞机及所有直升机； $C = 0.029\,9$，后三点式起落架飞机； M——所取装载状态下的飞机质量，kg； V——所取质量下发动机关闭后的飞机失速速度，km/h

表 3 - 2　GJB 1184 机轮刹车装置容量要求

飞机类别	惯性台刹车次数	平均减速率[①]/(m·s^{-1})	飞机质量状态	辅助制动装置[②]	
				反推	阻力伞
陆基和舰载 轰炸机、歼击机和截击机、强击机、侦察机、加油机	45[③] 5[③] 2[⑤] 2[⑥]	3.05 3.05 3.05 3.05	陆上飞机设计着陆总重 最大着陆总重 最大着陆总重（RTO） 最大设计总重（RTO）	有[④] 无 无 无	有[④] 有[④] 无 有[④]
陆基 巡逻机或反潜机、布雷机、货机或客运机、地面支援机、教练机、联络机	100 2[②⑥]	3.05 3.05	陆上飞机设计着陆总重 最大设计总重（RTO）	有[④] 无	有[④] 无

①如通过动力学计算得到的减速率和惯性台的减速率应与计算一致，并为所列的最小值。

②每一种情况，辅助制动装置的能量值须由订货方和承制方的技术协议规定。

③45 次、5 次动刹车力矩程序应分 5 个组合进行，每组包括 9 次陆上飞机设计着陆总重下的刹车，接着 1 次最大着陆总重下的刹车。

④当用于标准着陆程序。

⑤试验较危险的情况。

⑥用已完成 45 次、5 次或 100 次（取适用者）刹车的摩擦片来进行磨损的刹车装置的 RTO 刹车。在进行新刹车装置的 RTO 刹车时，允许在旧的刹车装置上换上新的摩擦片和更换上次 RTO 刹车中损坏的零件。如果磨损的刹车装置的 RTO 刹车满足表 3 - 3 的要求，就不需要进行新刹车装置的 RTO 刹车试验。磨损的刹车装置的 RTO 刹车试验如果不满足 RTO 要求，则仅供参考（RTO 为中止起飞的英文缩写）

表 3 - 3 HB6550 民用刹车能力要求

航空器类别	航空器适用规章	要求
正常类、实用类、特技类飞机及运输类飞机	CCAR - 23 及 CCAR - 25	按设计着陆动能，以制造方选定的，但不小于 3.05 m/s² 的负加速度进行 1 次中止起飞刹车试验
运输类飞机	CCAR - 25	按中止起飞动能，以制造方选定的，但不小于 1.83 m/s² 的负加速进行 1 次中止起飞刹车试验
正常类、运输类旋翼航空器	CCAR - 27 及 CCAR - 29	按设计着陆动能，以制造方选定的，但不小于 1.83 m/s² 的负加速度进行 20 次着陆刹车试验

3）使用寿命

使用寿命指刹车装置在正常刹车、中止起飞、阻力伞故障模式等情况下，能够安全可靠使用的次数，可单独提出或者按照 GJB 1184 的规定。

对于空天飞行器，使用寿命关系到刹车装置的质量和尺寸，以及起落架的布局空间；对于各种飞机，关系到使用经济性。

4）可靠性

（1）为保证安全，机轮要求设置热熔塞。

（2）除非订货方同意，限制采用镁合金轮毂材料。

（3）除非另有规定，飞机的机轮爆破压力由《航空机轮和刹车装置通用规范》（GJB 1184）确定。

（4）刹车装置必须具备或者支持有一个备份（或称应急）刹车系统，一般采用正常刹车和备份刹车两套单独的作动器或活塞。液压或气压刹车系统必须是主、备份完全隔离和独立的，至少安装在机轮刹车装置上转换阀的上游管路应完全独立。

（5）在任一连接或传动元件失效，或丧失任一驱动能源情况下，刹车装置仍能刹停，此时允许其平均制动减速率为正常刹车时的50%以上。

（6）有起飞过程的空天飞行器和飞机的刹车装置和刹车系统必须具有停机刹车能力，保证发动机在起飞工作状态下，能刹住机轮而不会在跑道上滚动。

3.3.3　刹车装置的材料及性能

刹车装置的刹车能力在通常情况下取决于刹车盘摩擦材料的性能。研究表明，刹车温度、摩擦面的线速度、比压等对摩擦性能有明显的影响。因此，应慎重选择摩擦偶及参数，使设计的刹车装置能满足预定的性能要求。

刹车摩擦材料已经发展了四代：第一代采用石棉塑料 – 铸铁摩擦材料，主要用于弯块式刹车装置；第二代采用半金属材料或少金属材料，主要用于软管式刹车装置；第三代采用粉末冶金 – 钢摩擦材料；第四代采用碳 – 碳复合摩擦材料，目前正在发展和使用碳 – 陶复合摩擦材料。

常用刹车摩擦材料的性能情况如表3 – 4所示。粉末冶金刹车材料在不同温度、载荷速度下具有足够的摩擦系数和稳定性、较高的热导率，但存在密度大、高温容易黏结、摩擦性能易衰退、剥落掉块、高温强度下降显著、抗热冲击能力差、使用寿命短等缺点。

表3 – 4　常用刹车摩擦材料的性能情况

项目	单位	钢	粉末冶金	碳	碳陶	期望特性
密度	g/cm³	7.85	6.5 ~ 7.0	1.70 ~ 1.75	1.9 ~ 2.0	高
比热（260 ℃）	J/(kg·K)	550	550 ~ 780	1 300 ~ 2 000	800	高
传热系数（260 ℃）	kW/(cm²·K)	176.37	85 ~ 130	734.88	100 ~ 260	高
热胀系数（260 ℃）	10^{-6}/K	8.4	11 ~ 15	1.5	1.8	低
抗热冲击指数	10^5	3.5	—	141	—	高
温度极限	℃	1 150		2 200	1 650	高

碳刹车材料具有密度小、比热大、比强度高、热变形小，抗热冲击能力强、刹车寿命长、刹车平稳等优点，具有刹车装置的热库和摩擦偶的理想性能，是目

前应用最广泛的刹车材料。但也有热库体积大、抗拉强度低、易受潮、价格昂贵等缺点。

碳陶刹车材料具有密度低、耐高温、高强度、热稳定性高、无热振动、耐磨损性能高、制动衰减降低、使用寿命长等优点，缺点是工艺不成熟、价格昂贵。

3.3.4　机轮的主要性能

3.3.4.1　刹车装置质量估算

《航空机轮设计指南》推荐的估算方法：

当已知轮胎结合径 D_j，且为钢刹车装置时，则刹车盘的外径 D_s 按下列公式估出：

$$D_j \leqslant 370 \text{ mm 时}, D_s = (D_j - 56) \text{ mm}$$

$$D_j > 370 \text{ mm 且 } D_j < 508 \text{ mm 时}：D_s = D_j - 76$$

当已知轮轴直径 d，则刹车盘内径 d_s 按式（3-9）~式（3-11）估出：

$$d = 35 \sim 45 \text{ mm}, d_s = (d + 64) \text{ mm} \tag{3-9}$$

$$d = 50 \sim 80 \text{ mm}, d_s = (d + 80) \text{ mm} \tag{3-10}$$

$$d = 90 \sim 110 \text{ mm}, d_s = (d + 96) \text{ mm} \tag{3-11}$$

当已知轮胎宽度 B，则刹车容腔最大宽度 B_y 按式（3-12）估出：

$$B_y = (B - 91) \text{ mm} \tag{3-12}$$

刹车装置质量 G_s 按式（3-13）估出：

$$G_s = \frac{A_s}{U_g} \tag{3-13}$$

式中：A_s——正常刹车能量，kJ；

U_g——统计的单位质量刹车能量值，kJ/kg，一般为 200 左右，甚至可达到 300。在选用该值时，应考虑到参考样机的使用条件（如使用温度，可否允许刹车装置外落等）和国内外的差别。

对除钢刹车装置外的其他材料的刹车装置，上述估算方法不适用，但可以参照表 3-5 有关数据进行修正。

表3-5 刹车材料数据（以百分数表示相对值）

刹车结构形式		散热片容量	刹车组件质量
动盘	静盘		
拼合钢片	钢 + 衬片	1.00	1.00
拼合碳片	钢 + 衬片	1.60	0.86
碳结构	碳结构	1.80	0.65
拼合铍片	拼合铍片	1.50	0.69

3.3.4.2 无刹车机轮质量

在系统方案设计时，往往需要估算机轮组件（不含刹车装置组件）的质量，可以按式（3-14）估算：

$$W_L = \frac{P_{TO}}{\overline{P}} \qquad (3-14)$$

式中：W_L——机轮组件质量，kg；

P_{TO}——机轮在正常起飞质量下的额定静载荷，N；

$\overline{P}$——统计得到的机轮组件单位质量下承载值，N/kg。

主机轮单位质量承载值通常达到 2 000 ~ 3 000 N/kg，军机可能达到 3 600 N/kg 以上。随着技术的进步，承载值也越来越高。军机机轮高于民机机轮的承载值，这与民用飞机机轮要求长的寿命和更加可靠与安全有关。

3.3.4.3 刹车力矩

1. 计算刹车力矩

计算刹车力矩也称设计刹车力矩。

（1）美国 Goodrich 公司推荐的方法：

$$M_{s.c} = PR_{rol}\frac{a}{g} \qquad (3-15)$$

式中：$M_{s,c}$——计算刹车力矩，N·m；

P——机轮停机载荷，N；

R_{rol}——在 P 载荷下机轮轮胎的滚动半径，m；

a——刹车时要求的负加速度，m/s^2；

g——重力加速度，其值为 9.81 m/s^2。

（2）《航空机轮设计指南》推荐的方法：

$$M_{s,c} = \mu R_L R_{rol} \qquad (3-16)$$

式中：μ——随机种不同推荐的摩擦系数，见表 3-6；

P_L——机轮在设计着陆质量下的停机载荷，N。

表 3-6　推荐的摩擦系数

飞行器类型	歼击机/轰炸机/空天飞行器	客机/运输机/教练机	直升机/水上飞机
μ	0.35 ~ 0.50	0.3 ~ 0.5	0.2 ~ 0.3

2. 静刹车力矩估算方法

在起飞发动机推力下即能刹住不动。据此条件，按图 3-10 所示的参数可求出停机状态下的静刹车力矩。分以下两种情况。

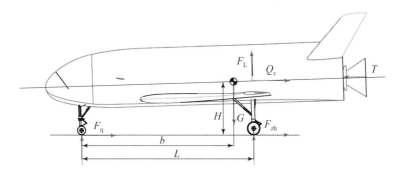

图 3-10　起飞刹车受力图

（1）前、主轮同时刹车时：

（2）仅主轮刹车时：

$$M_{b,s,m} = \frac{1}{n_m} \cdot \mu_s \left(\frac{b}{a+b} \cdot W_{TO} \cdot g - \frac{H+H_T}{a+b} \cdot T_e \right) R_{rol,m} \qquad (3-17)$$

主轮静刹车力矩：

$$M_{b,s,n} = \frac{1}{n_n} \cdot \mu_s \left(\frac{a}{a+b} \cdot W_{TO} \cdot g + \frac{H+H_T}{a+b} T_e \right) \cdot R_{rol} \cdot q \qquad (3-18)$$

前轮静刹车力矩：

$$M_{b,s,m} = \frac{1}{n_m} \left[T_e - \mu_{rol} \left(\frac{a}{a+b} \cdot W_{TO} \cdot g + \frac{H+H_T}{a+b} \cdot T_e \right) \right] R_{rol,m} \qquad (3-19)$$

式中：n_m——刹车主轮的个数；

$\quad\quad n_n$——刹车前轮的个数；

$\quad\quad \mu_{rol}$——机轮地面滚动摩擦系数；

$\quad\quad \mu_s$——机轮地面静摩擦系数。

利用该状态时的平衡方程式，当前、主轮同时刹车时，刹停必须满足下列条件：

$$T_e \leqslant \mu_s \cdot W_{TO} \cdot g \qquad (3-20)$$

当仅为主轮刹车时，要刹停的条件则为

$$T_e \leqslant \frac{(b\mu_s + a\mu_{rol})}{(a+b) + (\mu_s - \mu_{rol})(H+H_T)} W_{TO} \cdot g \qquad (3-21)$$

因此，当发动机推力大到一定的程度，即发动机推力与飞机质量之比接近 μ_s（一般干混凝土跑道时，其最大值约为 0.8）时，尽管机轮这时能刹住不转动，但在推力作用下会向前平动。这种情况容易拖爆轮胎，是很危险的。从发动机推力发展趋势看，推重比不断增大，今后会给机轮的静力矩不足带来困难。

3.3.4.4 刹车温度估算方法

刹车装置的平均工作温度也称为体容温度，它对刹车性能和刹车机轮有影响，因此也是刹车装置设计中必须考虑的一个问题。

刹车装置的体容温度可按式（3-22）估算：

$$t_b = t_0 + \frac{KA}{\sum\limits_{i=1}^{n} m_i c_i} \qquad (3-22)$$

式中：t_b——刹车装置体容温度，℃；

$\quad\quad t_0$——环境温度，常取 +70 ℃；

　　　　K——经验系数，一般取为 0.9；

　　　　A——不同刹车状态下的刹车能量，J；

　　　　m_i——组成热库的不同材料的质量，kg；

　　　　c_i——与组成热库的不同材料相应的材料比热，J/(kg·℃)。值得注意的是，材料的比热值在不同温度下一般是不同的。

3.3.4.5　性能提升方法

　　刹车装置在很短的刹车时间（一般不超过 30 s）内要吸收大量动能而发热，从而使刹车装置形成温度很高的高温区。这一方面表现在刹车装置的体容温度越来越高，由原来石棉塑料 – 铸铁对偶的 200～250 ℃发展到粉末冶金 – 钢对偶的 300～400 ℃，进而发展到碳 – 碳对偶的 700 ℃左右，对摩擦材料的性能要求也就高了；另一方面则由于刹车热引发的高温，对刹车装置本身的结构，如刹车壳体采用的耐热钢、刹车骨架用的合金结构钢等都有热损害问题，常常出现严重的结构变形、卡死、翘曲以及骨架断裂事故；对刹车性能也存在恶化的趋向。另外，还对刹车气缸座液压油易出现高温氧化变质、轮毂强度降低、轮胎易热爆等。

　　提升性能的措施包括：设计隔热屏，阻止刹车热对轮毂的辐射与对流；设置热熔塞，防止高温使轮胎热爆；装活塞隔热垫，隔离热传导到液压油腔免去油变质。还有当刹车热很严重，一般措施不足以防止热损害时，通常的做法则是给机轮装冷却装置，一般为风扇冷却。图 3 – 11 （a） 所示为某飞机装有冷却风扇的机轮结构示意图。图 3 – 11 （b） 和图 3 – 12 分别表示美国波音 727 飞机和英法的 "协和" 飞机机轮冷却风扇的效果。

　　现代有些民航飞机出于安全使用和方便驾驶员正确操作，要求刹车装置具有温度监控能力，即设置刹车温度监控系统。该系统在刹车装置部分装有温度传感器，并以电信号方式传输到飞行仪表板的温度显示器上，指出刹车装置的温度，从而可以断定刹车装置是否具有充分的在起飞时出现的中止起飞刹车能力，避免出现灾难性的热损害。

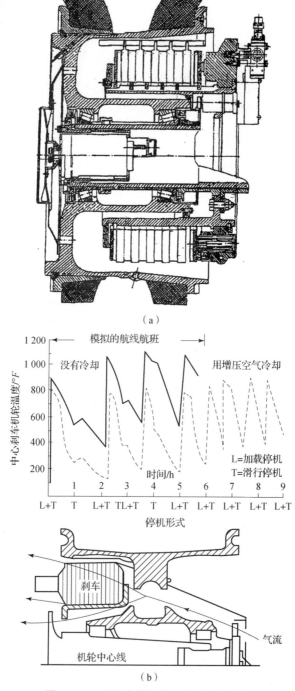

（a）

（b）

图 3－11 风扇冷却机轮机构及冷却效果

（a）装有冷却风扇的机轮结构；（b）波音 727 机轮冷却效果

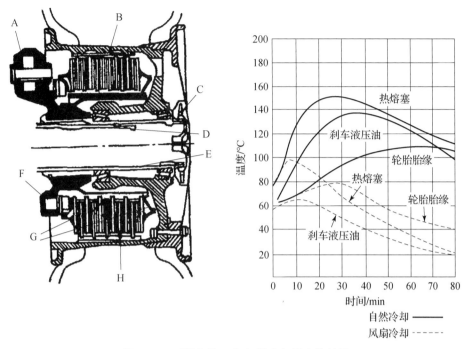

图 3 - 12　"协和"飞机机轮冷却风扇的效果

A—各类刹车通用的扭力盘；B—适用于各类刹车和轮轴的机轮；C—风扇选用件；D—套筒式轮轴；

E—固定轴；F—活塞/气缸调整器；G—各类刹车通用的扭力臂、压紧盘、承压盘；

H—可供选择的热材料组件：钢的或碳的

▨ 3.4　防滑刹车控制

机轮刹车装置提供了刹车制动和吸能的机构对象，但是要达到既定刹车性能，就要对刹车装置进行高动态性能的控制，即刹车控制系统。

3.4.1　刹车控制系统的分类

3.4.1.1　任务和功能

刹车控制系统按其功能作用分为 5 种：

1）正常（或主）刹车功能

在正常刹车过程中，能够保持一定的滑动量来得到预期或最大的地面摩擦力，而不会出现拖胎甚至爆胎；在有水或冰覆盖的跑道上，也有较好的刹车效果和方向控制能力。

2）应急（或备份）刹车功能

当正常刹车系统故障时，备份刹车系统能够完成其所有功能和性能。一般飞行器都会设置一个备份刹车系统，可靠性要求高的甚至设置多个。

3）起飞停机刹车功能

其常与正常刹车系统共用，仅刹车压力增大，以保证在发动机起飞推力状态下刹住飞行器而不滑动。

4）停放刹车功能

能保证长时间低压刹停而不会被风吹动或推动。

5）收上刹停功能

一般靠收上作动筒推动一个刹车减压阀而刹停机轮，以免飞胎打坏轮舱的管路或线路，或者机轮转动不平衡而引起的振动。也有靠收上的轮舱门安装的制动垫块与轮胎摩擦而刹停的。

现代民航机多设有停放刹车功能和收上机轮刹停功能。

3.4.1.2　发展历程及趋势

刹车控制系统的技术发展趋向可概括为下面几点：

（1）无论是军用飞机还是民用飞机，刹车控制系统都越来越复杂，一般配有主、备份两套（或多套）相互独立的刹车控制系统，提高了使用的安全性和可靠性。

（2）刹车系统的防滑控制技术已由模拟式发展为数字式，设计更加简单方便，如设置余度、实现保护、设置机内检测等，刹车效果更好、可靠性和维修性更好，现已广泛应用。

（3）电传刹车操纵方式取代了脚蹬－刹车减压阀的机械式操纵方式，克服了机械式的脚蹬力敏感问题，避免了刹车压力过猛升高。电传刹车操纵方式响应快、迟滞小、刹车平稳、质量轻。

（4）自动刹车控制系统已广泛应用于民用飞机，即在着陆或起飞滑跑过程中，系统根据飞行器的状态和规定的减速率挡位自动施加刹车压力和防滑控制，能够缩短地面刹车距离、减少驾驶员的工作负担、刹车平稳性等。波音737、空客 A320 及以后的飞机均配置了自动刹车控制系统。

（5）综合化"先进的刹车控制系统"正在发展中。综合了前起落架转弯操纵、方向舵操纵和刹车控制三项功能，能够提供完善的地面操纵自动控制，可解决在大侧风和湿滑道面上地面操纵问题。高速滑跑时方向舵操纵与低速时前起落架转弯操纵控制协同工作，达到安全使用的目的。

飞行器刹车控制技术向双路、数字、电传、自动和综合技术方向发展。此外，模糊控制理论、人工智能技术也已经开始应用到该技术领域。

3.4.1.3　刹车控制系统分类

刹车控制系统按能源传递的工作介质可分为气压、液压、全电刹车三类。

气压式刹车控制系统的能源取自独立的高压气瓶，系统由气瓶、若干个气阀、传感器及控制电路等组成，因系统简单，在早期的军用飞机上有一定应用。但每次任务需要补气，维护不太方便。

液压式刹车控制系统的能源取自飞行器的液压能源系统，系统由若干个液压阀、传感器及控制电路等器件组成，有人机一般还配有刹车操纵踏板或手柄等。这类系统是最常见、技术发展最成熟的。由此，发展了一种集成电液式刹车控制系统，即由电机驱动液压泵，在局部形成一个微型液压源。

图 3-13 所示为波音 707 防滑刹车控制系统，采用电子-液压方式，设置正常刹车模块、应急刹车模块、收上机轮刹停模块和停放刹车模块，并设有接地保护、交叉保护等功能。由于采用小车式起落架，防滑控制系统为单独控制每个刹车机轮。

正常刹车系统和停放刹车系统的供压有两路，即主液压系统和辅助液压系统。应急刹车系统则由机上储气瓶供压。

正常刹车系统由刹车减压阀、蓄压器、双式防滑阀、锁流限压阀、防滑控制盒、机轮速度传感器、换向阀和机轮刹车装置组成。应急刹车系统由气压控制阀、储气瓶等组成。

全电式刹车是直接采用机载电源的一种数字化集成电传操纵技术，不采用飞行器集中式液压源或气压源，省去了复杂的管路连接和气液压元件。主要包括两种类型：机电刹车（EMA）和电液刹车（EHA），EMA 刹车系统如图 3-14 所示。

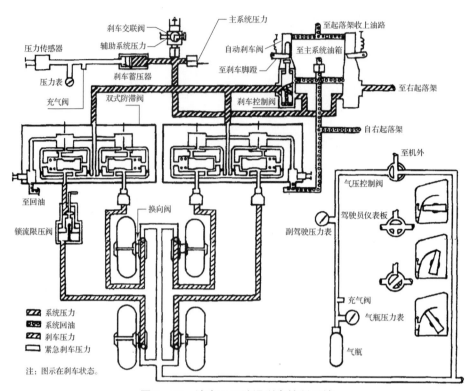

图 3 – 13　波音 707 防滑刹车控制系统

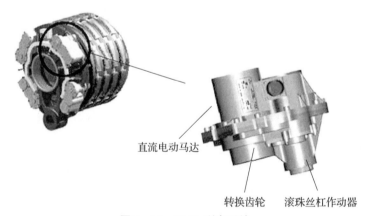

图 3 – 14　EMA 刹车系统

全电式刹车控制系统即采用电机驱动，将电能转化为动能，再通过齿轮或丝杠等机构传动，或者集成封闭的微型电液模块，作用于刹车装置上，实现刹车功能，具有响应速度快、效率高、可靠性高等优点，如图 3 – 15 所示。

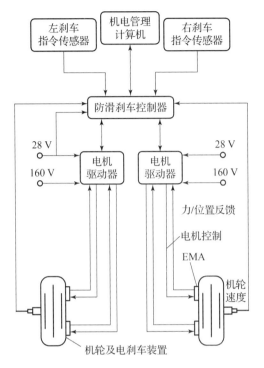

图 3 – 15　全电式刹车控制系统原理

3.4.2　防滑刹车控制技术

3.4.2.1　刹车效率

刹车效率是表征刹车效果的度量，用试验时刹车压力包络线和实际防滑工作时压力变化曲线与横坐标（时间或速度）之间的面积比来表示，即

$$\eta = \frac{A}{A_0} \times 100\%　\qquad (3-23)$$

式中：η——刹车效率；

　　　A——刹车压力变化迹线与横坐标之间所围面积；

　　　A_0——刹车压力变化迹线的包络线与横坐标之间所围面积。

图 3 – 16 所示为刹车系统工作过程中刹车压力变化曲线，阴影部分代表面积 A。

一般刹车效率在 80% ~ 90%，甚至高于 90%。

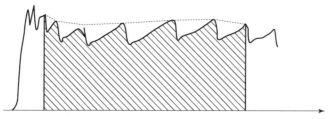

图 3 - 16　防滑工作时刹车压力变化曲线

相对滑移量是指机轮的线速度与飞行器的对地速度之差。

相对滑移率是相对滑移量与飞行器的对地速度的比值。相对滑移率为 0，表示没有拖胎，而相对滑移率为 1 时，处于完全拖胎状态。

轮胎与道面摩擦系数不但与轮胎胎面特性有关，还与滑跑速度、跑道基体材料、湿滑、雨、雪、冰等有关，差异很大，如图 3 - 17 所示。

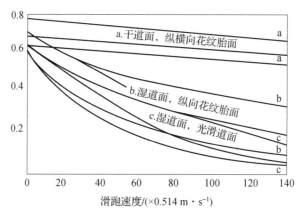

图 3 - 17　不同轮胎在不同道面上的最大摩擦系数与速度关系

实践表明，不论轮胎与跑道条件如何，当机轮的轮胎相对滑移率在 0.15 ~ 0.25 的某一值时，轮胎与跑道间能达到最大摩擦系数，从而使刹车效率最高，如图 3 - 18 所示。这种特性利于防滑刹车控制的设计。

3.4.2.2　控制方法分类

刹车防滑控制技术的基本任务是，通

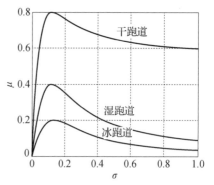

图 3 - 18　结合系数与滑移率的关系

过控制和调节机轮刹车时的刹车压力使轮胎不刹死而达到安全滑跑，从而具有最佳的刹车效果。经历了机械 – 液压式、机械 – 电子 – 液压式和数字机电式等不断发展的历程，目前飞机仍以机械 – 电子 – 液压刹车为主，数字机电式正在逐步应用。

按防滑控制原理分为：惯性开关式防滑控制系统、相对滑移量防滑控制系统以及参考速率 – 速度差防滑控制系统。

1）惯性开关式防滑控制系统

惯性开关式防滑控制系统是早期的一种典型系统，主要通过一个惯性传感器和一个电液阀（电磁活门）来控制系统的通断，达到防滑的目的。

如图 3 – 19 所示，通常在每个主刹车机轮轴或刹车盘上装有一个惯性传感器（或直接作用式传感器），刹车控制系统对刹车装置供压时，刹车装置启动使机轮转动减慢。当发生拖胎时，惯性传感器将感知一个较大的减速率（负角加速度），传感器内的惯性飞轮将推动一微动电门，输出电信号来控制关闭刹车电液阀，使刹车控制系统回油路泄压；当拖胎解除后，因刹车装置松刹而机轮角加速度

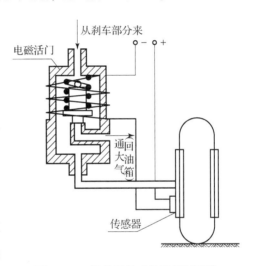

图 3 – 19　惯性开关式防滑控制系统

减小，传感器中的飞轮将复位，从而电门断电，刹车控制系统又对刹车装置供压。如此反复，就实现了防滑控制。

这种防滑控制系统对于气压式刹车系统同样适用，曾应用在国产歼 6、歼 7、歼 8、强 5、英国"子爵"号等飞机上。美国 Mark I 型防滑系统也属于这种控制系统。

2）相对滑移量防滑控制系统

相对滑移量防滑控制系统主要由轮速传感器、防滑控制器、防滞阀（刹车阀）组成，如图 3 – 20 所示。在每个主刹车机轮上装有一个机轮速度传感器来获取机轮的速度，在不刹车的机轮上（通常在前机轮）装一个机轮速度传感器来

得到机轮的速度（滑行速度），同时输入防滑控制器，进行处理、比较，当实际打滑量超过设定值时，则控制器输出一信号给防滑阀，释放部分刹车压力，机轮就又恢复加速转动，同时又给机轮加刹车压力。如此反复，就实现了防滑控制。

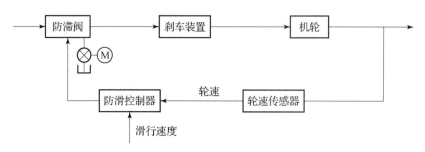

图 3 – 20　相对滑移量防滑控制系统

防滑阀为典型电液伺服阀，如图 3 – 21 所示，可根据控制器输入信号调节供向刹车装置的刹车压力。防滑阀有两级控制，一级活门控制压力与来自防滑控制器的输入电流成正比，二级活门保持供向刹车装置的压力等于一级活门的控制压力。

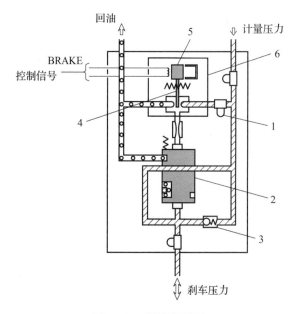

图 3 – 21　防滑阀原理

1—油滤；2—二级活门；3—回油单向活门；4—挡板转轴；5—挡板；6——级活门

这种防滑控制系统应用在波音 707、A300、"幻影" 2000 等飞机上，美国 MarkⅡ型就属于这种防滑控制系统。波音 707 防滑控制系统由于采用了电子防滑控制盒，使系统控制趋于简便，有利于系统参数的调整，并且对参数的控制精度、响应速度都有很大的提高，在电路上就很方便地实现了多种功能的保护以及功能增多。

对于全电式刹车控制系统的控制，防滑刹车控制器除了接收轮速传感器信号，还可能接收 EMA 力矩信号或 EHA 的压力信号，并作出相应的计算和处理，输出给机电控制单元，驱动电作动器作动，如图 3 – 22 所示。

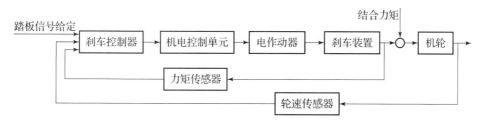

图 3 – 22　全电式刹车控制系统原理

3）参考速率 – 速度差防滑控制系统

参考速率 – 速度差防滑控制系统是现代飞机广泛采用的一种系统。其原理是在控制系统中设置一个可存储参考速率数据的单元，系统工作时接收刹车机轮瞬时速度数据，并与参考速率比较，当速度差达到某一值时，控制系统产生一个与速度差成比例的放压信号，即松开刹车使机轮滑动达到最佳为止。参考速率一般是实际接收的理想刹车过程的机轮速度数据，按一定的且与刹车压力有关的规律衰减。参考速率单元代替了不刹车机轮上的轮速传感器，提高了可靠性。

参考速率 – 速度差防滑控制系统可以与相对滑移量防滑控制系统采用相同的硬件组成，如图 3 – 23 所示，通过更新软件来实现。这种控制系统已应用在波音 737 到 787、F – 16 等飞机上。美国的 Mark Ⅲ、Mark Ⅳ就属于这种防滑控制系统。

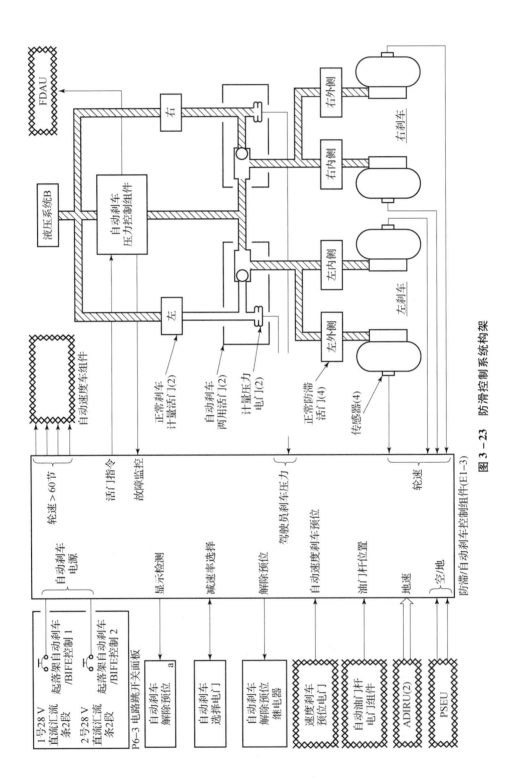

图 3 - 23　防滑控制系统构架

■ 参考文献

［1］《飞机设计手册》总编委会编．飞机设计手册——第 14 分册［M］．北京：
航空工业出版社，2002.

［2］航空航天工业部科学技术委员会．飞机起落架强度设计指南［M］．成都：
四川科学技术出版社，1989.

［3］蔡靖，李岳，宗一鸣．湿滑道面飞机轮胎临界滑水速度计算方法比较研究
［J］．航空学报，2017，38：220789.

［4］Robert C. D. , Sidney A. B. Coefficients of frication and wear characteristics for
skids made of various metals on concrete, asphalt, and lakebed surfaces, NASA
TN D-999［R］. NASA TN, 1962.

［5］GJB 67.6《军用飞机强度和刚度规范 可靠性要求和疲劳载荷》．

［6］GJB 1184《航空机轮和刹车装置设计规范》．

［7］HB/Z 126《航空机轮设计指南》．

［8］李艳军．飞机液压传动与控制［M］．北京：科学出版社，2009.

［9］李化良．飞机全电刹车控制系统的研究与设计［D］．西安：西北工业大
学，2006.

［10］刘泽华，徐鹏国，李振水，等．飞机自动刹车系统标准研究［J］．航空标
准化与质量，2016，(3)：6-9，29.

［11］傅博．民用飞机全电刹车技术的应用与发展［C］．上海市航空学会 2012
学术年会，2012.

［12］谢彦，苏静，王红玲，等．飞机全电刹车系统的发展与关键技术研究
［J］．航空工程进展，2019，10(6)：846-852.

［13］赵鹏涛，马晓平．无人机全电刹车系统的关键技术研究［J］．计算机测量
与控制，2007，15(8)：1008-1011.

［14］常顺宏，田广来，李玉忍，等．飞机全电刹车系统机电作动器的研究与设
计［J］．航空精密制造技术，2005，41(6)：18-20.

［15］刘劲松，刘长伟，范淑芳．基于 EMA 的飞机全电刹车系统研究［J］．航

空精密制造技术, 2012, 48 (6): 18 - 20.

[16] 李晖晖, 林辉, 谢利理. 飞机全电刹车系统电作动机构研究 [J]. 测控技术, 2003, 22 (9): 51 - 55.

[17] 田广来, 徐永东, 范尚武, 等. 高性能 C/SiC 刹车材料及其优化设计 [J]. 复合材料学报, 2008, 25 (2): 101 - 108.

[18] 韩娟, 熊翔. 航空摩擦材料的发展 [C]. 第五届海峡两岸粉末冶金技术研讨会论文集, 2004.

[19] 焦健, 杨金华, 李宝伟. 熔渗法制备陶瓷基复合材料的研究进展 [J]. 航空制造技术, 2015.

[20] 王宏儒, 张艺, 何永乐. 我国航空机轮材料应用发展研究 [J]. 航空精密制造技术, 2020, 56 (4): 42 - 46.

[21] 杨尊社, 娄金涛, 张洁, 等. 国外飞机机轮刹车系统的发展 [J]. 航空精密制造技术, 2016, 52 (4): 40 - 44.

第 4 章
缓冲器设计

■ 4.1 缓冲器的功能和类型

4.1.1 缓冲器功用和要求

缓冲器（缓冲支柱）是所有空天飞行器的重要部件，其功用是降低和减缓空天飞行器着陆和滑行过程的冲击能，达到飞行器结构、乘员能够接受的水平。

缓冲的实质就是把飞行的着陆撞击动能消散在缓冲系统（缓冲器、轮胎、飞行器结构等）的变形上，而缓冲器是缓冲系统的主要组成，耗散绝大部分冲击能量。

缓冲系统应能吸收由重复冲击引起的振动，并防止反行程剧烈反弹引起机轮跳离地面的情况，越过障碍物（如小丘）时，过载不超过着陆时的最大值。

4.1.2 缓冲器的类型

可重复使用的缓冲器按照实现吸能的介质不同，主要有三种类型：

（1）弹性材料或结构，主要包括由钢或橡皮等制成的固体弹簧缓冲器或缓冲结构，以及气体弹簧缓冲器等。

（2）油液阻尼，由油液组成的流体弹簧阻尼缓冲器。

（3）混合式，由以上两种类型混合成的缓冲器，如现代飞机起落架常用的油气式缓冲器，气体一般为干燥空气或氮气。

单次使用的缓冲器主要采用功能缓冲材料、超材料、特种机构等，如铝蜂窝、点阵结构、胀环结构、切刀机构等，在航天器上应用较为常见。

图4-1比较了各类缓冲器的效率和单位质量的效率。

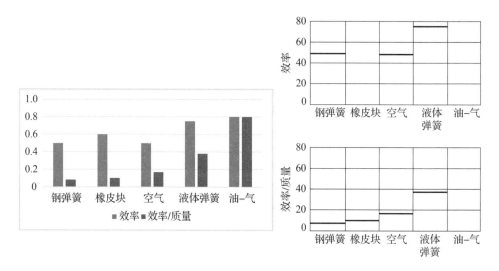

图4-1　各类缓冲器的效率比较

使用何种缓冲器不仅要考虑缓冲性能，还应考虑经费、维护性、使用成本、使用环境、使用寿命等多个方面要求。大多数军用飞机、客机采用油气式缓冲器。小型公务机也可采用钢片弹簧缓冲器，具有简易、可靠、经济、维护方便的优点。

4.1.2.1　油气缓冲器

大多数现代飞机都采用油气缓冲器，如图4-2所示。它具有较高的缓冲效率和较好的功量吸收能力，利用其腔内气体存储能量，通过油液以一定的控制速度流经节流孔产生节流阻尼而耗散能量，不像弹簧和橡皮缓冲器那样，只能存储能量尔后又突然释放出来。

油气缓冲器的缓冲特性可通过落振试验获得，其中载荷-行程曲线最重要（图4-3），曲线以下包络的面积与最大载荷和最大行程组成矩形面积的比值，称为缓冲器效率。油气缓冲器的效率通常在70%~80%，很少能够达到90%。

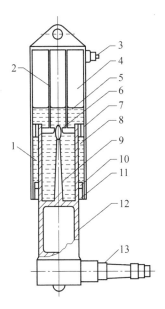

图 4 – 2　油气缓冲器

1—环腔；2—柱塞；3—充气阀；4—上腔（空气）；5—油液；6—通油孔；7—上轴套；

8—回弹阀；9—油针；10—密封组件；11—下轴套；12—活塞杆；13—轮轴

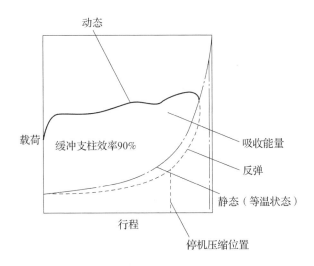

图 4 – 3　高效率缓冲支柱载荷行程曲线

4.1.2.2　钢片弹簧缓冲器

　　钢片弹簧缓冲器尽管质量比较大，但其具有简易、可靠、造价低廉、维护方便的优点，早期在小型公务飞机、轻型飞机上应用广泛，在近代飞机设计已很少采用。

为满足预期的过载，钢片起落架的设计分析是一个反复迭代设计过程。设计中，必须反复调整扁簧的尺寸，一直到变形和强度都满足使用要求为止。

4.1.2.3　橡皮弹簧缓冲器

橡皮弹簧缓冲器最初用在"双水獭"飞机上，如图 4-4 所示。缓冲器效率取决于缓冲器介质均匀受压程度，为了获得满意的缓冲效率，橡皮设计成盘形并堆叠起来，这样得到的载荷-行程曲线接近于线性，如图 4-5 所示。

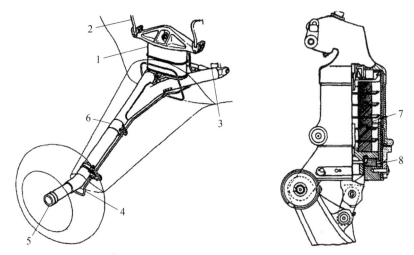

图 4-4　橡皮弹簧缓冲器

1—橡皮缓冲器；2—机身上连接接头；3—机身下连接接头；4—液压刹车管；

5—轮轴；6—千斤顶座支持箍；7—压缩橡皮盘；8—反弹橡皮盘

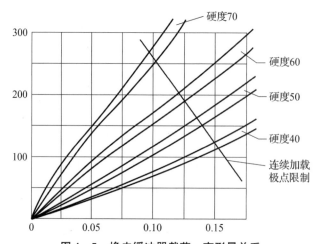

图 4-5　橡皮缓冲器载荷-变形量关系

4.1.2.4 全油液缓冲器

全油液缓冲器多用于摇臂式起落架，缓冲效率可达 75% ~ 90%，但为适应高的油液压力，结构坚固，使得质量较大、高压密封难度大、机械摩擦大，低温时油液组织的变化影响缓冲器性能，而且维护不方便，只能在飞行器被顶起后（即起落架全伸长状态）才能充气。

■ 4.2 油气缓冲器设计

4.2.1 设计输入条件

4.2.1.1 轮胎规格和特性

轮胎是缓冲系统的重要组成部分，为获得最佳的缓冲系统性能，缓冲器设计应结合轮胎的特性。着陆减速系统总体方案设计应明确轮胎的布局和规格等。

轮胎承载时是可以被压缩的，在压缩时吸收能量，但在载荷去掉后又几乎全部放出，所以轮胎实际上几乎没有耗散能量的作用。

轮胎自由断面高指轮胎外径和轮缘外径差的一半，记作 H。轮胎在承载时，轮轴产生向下的位移为下沉量，记作 δ。轮胎下沉量与自由断面高 H 之比为下沉率。高压轮胎的全压缩（压缩到内表面相接触）下沉率为 70% ~ 75%，停机时下沉率为 28% ~ 35%；低压轮胎全压缩下沉率为 75% ~ 90%，停机时为 31% ~ 36%。

轮胎在着陆时的动压缩和静（慢）压缩差别与压缩速度有关，而压缩速度又取决于缓冲器和轮胎特性。轮胎的承载特性可以用载荷 – 压缩量曲线来表示，如图 4 – 6 所示，其承载能力随压缩量的增大而增加，但不能超出允许的压缩量，否则伤及机轮导致载荷急剧增加。试验表明，动态压缩载荷比静载荷大 7% ~ 10%。当压缩速度较小时，所得到的轮胎载荷 – 压缩量曲线就是轮胎的静压曲线。

若没有试验得出的轮胎压缩曲线，则可利用近似公式找到轮胎 P – δ 函数关系：

$$P = P_{max}\left(\frac{\delta}{\delta_{max}}\right)^{1.11} \tag{4-1}$$

式中：P_{max}——轮胎全压缩时载荷；

δ_{max}——全压缩量，一般在轮胎的技术条件中规定，且最大许用压缩量通常为 $0.90 \sim 0.95\delta_{max}$，而最大许用载荷为 $0.9P_{max}$。

式（4-1）也可以近似写成二次多项式的形式，数值仿真时使用较为方便。

$$P \approx k_1\delta + k_2\delta^2 \tag{4-2}$$

式中：k_1 和 k_2——系数，通过数值拟合得出。

通过载荷对压缩量进行积分，可以得出轮胎压缩过程中吸收的能量：

$$W = \int_0^\delta P\mathrm{d}\delta \tag{4-3}$$

当轮胎压缩到最大压缩量时，利用工程经验，计算出吸收能量：

$$W = \int_0^{\delta_{max}} P\mathrm{d}\delta \approx 0.455P_{max}\delta_{max} \tag{4-4}$$

式（4-4）也可以应用于最大许用压缩量的情况。

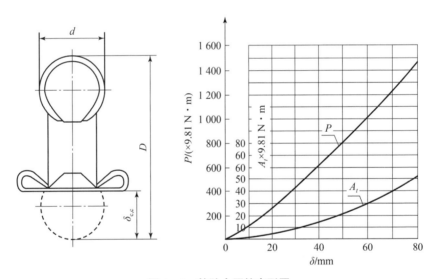

图 4-6 轮胎全压缩变形图

4.2.1.2 缓冲器长度和行程

缓冲器结构长度指缓冲器与机身连接轴到缓冲器轮轴沿缓冲器轴线的距离，结构长度基本决定了缓冲行程的最大值，如图 4-7 所示。

着陆减速系统总体设计时，根据机身外形、起飞和着陆时的姿态、滑跑稳定性等方面要求，已确定了站位布局，缓冲器结构长度主要取决于飞行器总体结构

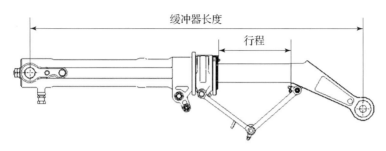

图 4 – 7   缓冲器长度及行程

的具体连接位置。小型飞行器、航模飞机等偏向于寻求低冲击载荷，则缓冲器与飞行器结构的连接位置应选择高一些，以最大限度地增加缓冲器结构长度，从而增加缓冲行程，降低冲击载荷；大型飞行器偏向于更轻的质量，则缓冲器与飞行器结构的连接位置应选择低一些。

在概念设计阶段，缓冲器的行程为缓冲器长度的 22% ~ 30% 。

4.2.1.3 下沉速度和过载

下沉速度通常由着陆减速系统设计给出，或根据订货方认可的相关规范确定。

下沉速度取决于飞行器的低速气动特性、飞行控制水平、气象条件等多种因素。GJB67 规定在一定置信度时下沉速度：各类陆基飞机及歼击机为 3.0 m/s，教练机为 3.6 ~ 4.0 m/s，舰载机为 6 ~ 7 m/s（考虑海浪上抛甲板影响），短距起落飞机为 4.5 m/s。而一些试验机、航模飞机的下沉速度通常较大，一般超出GJB67 的规定。

缓冲过载（起落架过载）是指作用在缓冲器（起落架）上的冲击载荷与其停机载荷的比值。缓冲过载与飞行器过载概念不同，后者是由飞行器机动或大气扰动引起的。通过对缓冲器行程的估算，可以得到近似的过载，并用于整个结构分析中。经过反复设计迭代，由结构设计部门确定过载。除与缓冲器相邻的局部外，飞行器结构一般不按着陆过载载荷情况设计。

缓冲器过载与下沉速度和飞行器尺寸（影响缓冲行程）有直接关系。下沉速度一定时，飞行器尺寸越大，过载越小。当下沉速度满足军机或民航相关规范时，一般陆基战斗机为 3 ~ 5，小型公务飞机为 2 ~ 3，运输机为 0.7 ~ 1.5。空天飞行器的下沉速度可能会超出军机和民航规范，过载也会增大。航模飞机因尺寸小，通常过载比较大。

4.2.1.4 着陆当量质量

当量质量是缓冲器的设计和验证使用的重要指标，由着陆减速系统通过设计确定，但缓冲器设计师了解这些参数的计算过程，对其详细设计也是有益的。当量质量与飞行器着陆质量和起落架的布局有关。

主起落架的当量质量为飞行器着陆质量的一半，即

$$W_{\text{m}} = W_{\text{L}}/2 \qquad\qquad (4-5)$$

前起落架的当量质量由停机承载质量和地面摩擦引起的附加质量两部分组成：

$$W_{\text{n}} = \frac{b + \mu h}{a + b} \qquad\qquad (4-6)$$

式中：W_{L}——着陆设计质量；

μ——刹车制动平均滑动摩擦系数；

h——缓冲支柱全伸展时，重心至主轮轮轴的垂直高度；

a——重心至前轮接地点水平距离；

b——重心至主轮接地点水平距离。

刹车制动平均滑动摩擦系数 μ 在 GJB 67.4 中取 0.4。但据资料表明，对于运输机 μ 取 0.25 ~ 0.33 仍然是足够的，对于高压轮胎和超高压轮胎的军机，μ 值应更低，国外有取 0.2 也能满足要求的。

4.2.1.5 停机载荷和停机位置

停机载荷由着陆减速系统明确给出，用于缓冲器的设计和验证，包括最大停机载荷和最小停机载荷。

停机位置用停机压缩量来描述，是指从停机位置到全压缩位置的距离或行程。停机位置的选取非常重要，不仅影响缓冲器的性能，还与整个飞行器的着陆性能、滑跑与控制稳定性、维护维修、操作等有很大关系，需要尽早参与着陆减速系统与飞行器总体的协商，必要时还应与用户沟通，最终由着陆减速系统明确在停机载荷下的停机位置。国内外一些飞机的缓冲器停机位置如表4-1所示。

表 4 - 1　国内外一些飞机的缓冲器停机位置

飞机	类型	停机到全压缩距离/mm	总行程/mm	占比	备注
DC - 9	客机	22.2	406.4	6%	
DC - 10	客机	63.5	660.4	10%	
F - 4	战斗机	38.6	403.4	14%	
C - 141	运输机	76.2	711	11%	
伊莱克特拉	客机	55.9	508	11%	
L - 1011	客机	88.9	660.4	13%	
波音 707 - 320	客机	76.2	558.8	14%	
波音 720B	客机	76.2	508	15%	
波音 737 - 200	客机	53.3	355.6	15%	
波音 727 - 200	客机	63.5	355.6	18%	
喷气星	运输机	88.9	393.7	23%	
C - 130	运输机	76.2	266.7	29%	
比奇 U - 21A	公务机	83.8	274	31%	
派珀"涡轮那伐鹤人"	公务机	71.12	203.2	35%	
派珀"阿兹台克人"	公务机	78.74	203.2	39%	
比奇 99	公务机	121.2	303.5	40%	
"空中指挥官"	公务机	88.9	222.3	40%	
F - 104G	战斗机	142.2	350.5	41%	
派珀"康曼什"	公务机	69.6	153.9	45%	
歼 7	战斗机	140	280	50%	主起
		54.5	90	61%	前起
歼 8	战斗机	120	360	33%	主起
		150	350	43%	前起
歼 7 Ⅲ	战斗机	150	230	65%	主起
		56	86	65%	前起

飞机	类型	停机到全压缩距离/mm	总行程/mm	占比	备注
运7	运输机	60～120	360	17%～34%	主起
		35～80	160	22%～50%	前起
运8	运输机	100～240	410	24%～59%	前起
轰6	轰炸机	70～120	350	20%～34%	主起
		110～170	450	24%～38%	前起
某型战斗机	战斗机	72	250	29%	主起
		96	240	40%	前起

停机压缩量一般设计为 1/3～1/2 行程较为理想。一些运输机会采用较大的停机压缩量,这样停机位置处于缓冲支柱载荷－变形曲线的靠后位置,对飞行器的质量变化不敏感,有利于使用和维护。初始停机位置可参照相似飞行器或经验,并在设计过程中不断修改。对飞行器的最大质量和最小质量两种极限情况,都应进行缓冲性能分析和检查,并寻找在各种质量情况下的最佳充填压力,最后标识在产品外筒的标牌上供地勤人员使用。

4.2.1.6 地面载荷

地面载荷由着陆减速系统设计给出,一般比较关注起转载荷、回弹载荷、单点着陆和地面机动侧向载荷,详见 2.3 节。

4.2.1.7 收放机构支撑位置

包括主支撑、收放机构的支撑、上位锁等的位置和接口,由收放布局设计确定。一般收放机构的支撑设置在缓冲器外筒的下部附近。

4.2.2 单腔油气缓冲器设计

油气缓冲器从原理上可分为单腔式或双腔式两大类型。在满足技术指标要求的条件下,优先选择结构简单的单腔缓冲器。只有当过载与缓冲行程存在较大矛盾(即缓冲效率要求)时,才会采用更复杂的双腔缓冲器。

4.2.2.1　一般要求和设计原则

在满足功能和技术指标要求的条件下，优先选择结构形式简单的缓冲器。

不管是航空器还是空天飞行器，质量指标都是非常宝贵的，在满足性能指标的前提下，缓冲器的质量要做到尽量轻。

缓冲系统（缓冲器和轮胎）在保证能够吸收给定过载下的使用功量的条件下，一般保留一定行程余量，防止结构硬碰撞。例如缓冲器行程余量可取为使用行程的10%。

缓冲系统应能吸收由重复冲击引起的振动，并防止反行程剧烈反弹引起机轮跳离地面的情况，或者飞行器的反复剧烈俯仰。

缓冲系统应保证飞行器越过障碍物（如小丘）时，过载也不超过着陆时的最大值。

4.2.2.2　构型与承力结构设计

1. 构型选用

在给定的缓冲器结构长度和空间内，通过选用合适的缓冲器构型，满足缓冲过载等各项指标要求，以及对中机构、防扭摆、转向操纵等其他设计要求。

缓冲器的构型主要有支柱式、摇臂式和小车式。

支柱式缓冲器的缓冲功能组件在其内部，活塞杆、轮轴等沿缓冲器轴线运动。缓冲器承受起转载荷、回弹载荷和地面机动载荷，主起落架缓冲器还承受刹车载荷，这些载荷都最终形成较大弯矩，作用在缓冲器上，故内外筒的摩擦力较大，支柱的密封装置容易磨损，且滑跑减振效果较差。

摇臂式起落架的主要特点是活塞杆仅受轴向载荷，不承受弯曲和扭转载荷。垂直和水平方向载荷都能引起缓冲器压缩，因此减少了水平力引起的动载，这一点比支柱式起落架优越。摇臂式起落架又细分为缓冲器在支柱外、缓冲器在支柱内、无支柱等几种形式。

缓冲器在支柱外的起落架轮轴处的位移与缓冲器不同步，轮轴位移与缓冲器行程存在一个传递系数；轮轴处水平力及垂直力与缓冲器载荷之间也各有一个传力系数，这些系数随缓冲器行程而变。

缓冲器在支柱内的摇臂式起落架，外筒承受旋转臂、减摆器、活塞杆传来的载荷，通过安装接头和作动筒将载荷传至机体，内筒仅承受轴力和缓冲器压力。

无支柱的起落架结构没有支柱，收放起落架的折叠撑杆是缓冲器的延长。缓冲器-撑杆仅承受垂直平面机轮载荷传来的力，侧向力对缓冲器不产生载荷。

半摇臂式起落架介于支柱式和摇臂式之间，作用在机轮上的水平载荷和垂直载荷均引起缓冲器的压缩，减少了水平力引起的动载，这一点比支柱式起落架优越。其缓冲器在支柱内，活塞杆承受弯曲、轴力、剪力、内压，不承受扭矩，与摇臂式起落架相比，内筒受力要复杂。

2. 轮轴连接

缓冲器连接机轮的结构形式主要有如图 4-8 所示的 4 种。

半轴式连接可将整个支柱都做成缓冲器，获得更大的缓冲行程，但在垂直载荷下，会使支柱受到侧向弯矩，在水平载荷下，支柱承受扭矩。半轮叉式和轮叉式连接可克服这一缺点，但由于轮叉是弯曲的，不能作为缓冲器的内筒，因而缓冲器较长。轴式连接继承了半轴式连接的优点，克服了其缺点。

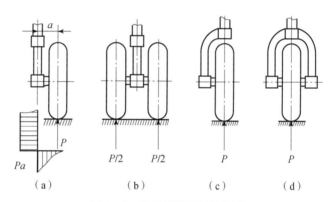

图 4-8　轮轴及连接结构形式

(a) 半轴式；(b) 轴式；(c) 半轮叉式；(d) 轮叉式

3. 缓冲器材料

缓冲器在着陆时，承受和传递非常大的力学冲击载荷，为降低其质量，广泛采用高强度钢材料。缓冲器所用材料已经经历三个发展阶段：

(1) 早期根据静强度设计采用抗拉强度高的 30CrMnSiA、4130 等低合金钢材料，能够采用焊接工艺，但相继出现了疲劳破坏事故。

(2) 根据安全寿命设计，采用高强度耐疲劳可焊接的 30CrMnSiNi2A、4340 等，以及整体锻造的 300M 钢等低合金超高强度钢材料。

（3）根据安全寿命与损伤容限设计，采用高断裂韧度高合金超高强度钢AerMet100、23Co14Ni12Cr3MoE（A-100）等材料，采用整体锻造方法制造。目前缓冲器材料向超高强度、耐腐蚀不锈钢、低成本钢方向发展。常用高强度钢材料机械性能如表 4-2 所示。

表 4-2　常用高强度钢材料机械性能

材料牌号	最小横向机械特性				
	$\sigma_{0.2}$/MPa	σ_b/MPa	δ/%	ψ/%	K_{IC}/（MPa·m$^{1/2}$）
23Co14Ni12Cr3MoE（A-100）	1 620	1 930	10	55	110
AerMet100	1 720	1 960	14	62	126
40CrNi2Si2MoVA（300M）	1 550	1 900	5	20	55
40CrMnSiMoVA（GC-4）	1 471	1 765	8	35	/
30CrMnSiNi2A	1 205	1 600	9	45	47
4340	1 497	1 794	5	20	/
4330V	1 280	1 520	10	30	/

我国根据双真空 300M 钢特性，开发了起落架外筒和活塞杆锻件整体锻造、真空淬火、大长细比深孔加工、孔挤压强化、低氢脆镀镉钛表面处理等完整的抗疲劳制造技术体系，实现了安全使用寿命与机体相同。国内外大量飞机起落架采用 300M 钢。

我国现已突破 A-100 钢研制技术，综合性能与美国 AerMet100 相当。并根据 A-100 钢损伤容限特性，突破了大型复杂模锻件成形、大型复杂零件精密热处理、超声速火焰喷涂、复合喷丸强化、低氢脆镀镉钛、低应力无烧蚀磨削等关键技术，形成了起落架用高合金超高强度钢的抗疲劳制造技术体系。

4.2.2.3　油气缓冲器原理

缓冲器的工作原理是，缓冲器内筒（活塞杆）挤压油腔的油液流向干燥空气或氮气气室内，压缩气体和油液同时吸收能量。油液在外力作用下，流经一个或多个小孔产生阻尼消散起落架冲击能。该过程称为正行程。缓冲器经初始冲击后由受压的空气压力迫使油液反向流经一个或多个反弹的油孔到回油腔，该过程称为反行程。

如果油液反流速度太快，飞行器将会迅速向上弹起，甚至使轮胎离开地面，容易造成危险；如果油液返流速度太慢，支柱自身不能足够快地恢复到原停机状态，将不能提供足够的阻尼，越过短波长道面小丘（在滑行段出现），吸收滑行中的反复冲击能，增加滑行过载。缓冲器结构形式如图 4 - 9 所示。

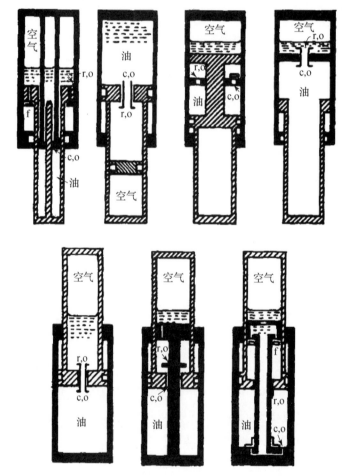

图 4 - 9　缓冲器结构形式

c, o—压缩油孔；r, o—反弹油孔；f—舌形阀

油气缓冲器的气腔内充满一定压力的气体，缓冲支柱的活塞杆在不同的位置，气腔内的压力也随之变化。不妨设缓冲器全伸展的气体压力为 P_0，对应载

荷为 F_0；缓冲器在停机位置的气体压力为 P_1，对应载荷为 F_1；缓冲器在全压缩状态的气体压力为 P_2，对应载荷为 F_2。典型的单腔缓冲器静压曲线如图 4–10 所示。

压缩比定义为缓冲器支柱在某一位置的压力（载荷）与另一位置压力（载荷）的比值。于是得到以下两种常用的压缩比，即

全压缩对停机压缩比：$Q_1 = P_2/P_1 = F_2/F_1$；

停机对全伸展压缩比：$Q_2 = P_1/P_0 = F_1/F_0$。

全压缩对停机压缩比 Q_1：缓冲器设计时，停机载荷是已经确定的，为实现较小的过载，就需要尽可能地提高缓冲器效率。缓冲器工作过程中，当缓冲器压缩到全压缩状态时，缓冲器外筒和内筒间的相对速度为 0，也就意味着阻尼是 0，则全压缩对停机压缩比应接近过载值。符合 GJB 67 规定的中小型军机，一般下沉速度不高于 3 m/s，过载在 3 左右，Q_1 可接近 3；载客小飞机、公务机等偏于舒适要求，Q_1 取 2 左右，与过载值相当；而运输机的质量变化范围较大（接近 2 倍），且地面高度变化作为主要性能指标，压缩比 Q_1 设计也较大，一般取 4。

在各种地面载荷、冲击过载、疲劳寿命等约束条件下，缓冲器首先完成承力结构设计，外筒（活塞）直径、内筒（活塞杆）直径、缓冲器在停机位置的气体压力 P_2 等也就随之确定。缓冲器一般设计在停机状态下充气，因此 P_2 的最终确定可结合地面维护所

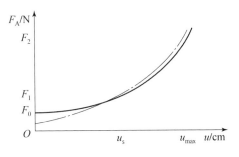

图 4–10　典型的单腔缓冲器静压曲线

使用标准供压体系，以便于维护维修。注意，地面维护供压一般指压力计的表压，充到缓冲器气腔里面的绝对压力值应再加上一个标准大气压值，即 0.1 MPa。

缓冲器全压缩的气体压力 P_3，在缓冲器正常使用工况下不会出现，只有在缓冲器全压到底或进行理论分析时才会出现。

停机对全伸展压缩比 Q_2 和缓冲器全伸展的气体压力 P_0 取决于总体对缓冲器的停机位置要求。缓冲器的停机位置一般不能随意选定，而是作为设计输入条件。P_0 值的下限必须满足以下两个条件：

（1）内筒（活塞杆）能够克服密封圈摩擦力实现全伸展。

（2）在地面滑跑过程中，内筒（活塞杆）能够及时反弹，避免前起落架机轮离地。前起落架缓冲器更容易发生这种情况。为使缓冲器能够在滑行情况下伸出和及时复位，全伸展压力 P_0 必须能够克服缓冲器在受载情况下的摩擦力。可在机轮的轮轴上加合适的地面载荷（可取 10% 停机载荷），此时上下轴承（支承）均产生径向载荷，再乘以摩擦系数 0.10（保守值），算得滑动摩擦力，作为确定缓冲器全伸展压力 P_0 的负载。

当缓冲器的活塞杆直径 d、活塞直径 D 和使用行程 H 确定后，根据前面得出的压缩比和压力，能够确定出排气量（体积变化量）为

$$V = \begin{cases} \dfrac{\pi d^2}{4}H & \text{有环腔缓冲器} \\[2mm] \dfrac{\pi D^2}{4}H & \text{无环腔缓冲器} \end{cases} \qquad (4-7)$$

按照等温气体状态变化，存在如下关系：

$$V_0 = V_2 + V \qquad (4-8)$$

$$P_0 V_0 = P_1 V_1 = P_2 V_2 \qquad (4-9)$$

式中：V_0——缓冲器全伸展的气体体积；

　　　V_1——缓冲器停机位置的气体体积；

　　　V_2——缓冲器压缩位置的气体体积。

不管是设计为停机位置充气的缓冲器，还是设计为全伸展状态充气的缓冲器，只要给出全压缩位置的气体体积 V_2，就能够得到其他各气体体积。

4.2.2.4　缓冲器参数设计

单腔式缓冲器是结构形式最简单，也是最常用的一种缓冲器。油气式缓冲器的缓冲力主要包含三部分：气体弹簧力、油液阻尼力和滑动摩擦力。如何协调分配气体弹簧力和油液阻尼力，达到最佳的减小冲击载荷及耗散能量的效果，是缓冲器设计的研究重点和关键所在。最后，再通过设计油气缓冲器的结构形式及里面特征，达到所需的气体弹簧力和油液阻尼力，变油孔缓冲器和双腔缓冲器就是在此背景下产生的。

1）气体弹簧力

缓冲器工作时，气体的压缩－膨胀过程可以是等温、绝热和多变的。

对于油气隔离式缓冲器，即缓冲器气腔内的气体和油液通过活塞等结构隔离，气体压缩的物理过程中将按绝热规律（空气多变指数 $k = 1.4$）而被压缩，无论是在缓冲器第一次受压或是重复受压时，流经油孔的油液不会有气泡存在。若为避免形成气泡，只将空气分开，但保留其被吸收的影响，则多变指数将接近 1.3。

对于油气混合式缓冲器，在缓冲过程中，腔内气体压缩过程很快（10^2 ms级），压缩过程中释放出的热量来不及传到缓冲器结构件上，压缩过程应当是绝热的。但实际上，由于油液在受压时喷溅到气腔中，与气体发生强烈热交换，同时气体在高压下进入油液，所以空气在缓冲气腔里的压缩过程成了多变过程，多变指数在全行程的平均值（对起始的气体质量而言）取 $k = 1.05 \sim 1.30$。在设计的初期，可取多变指数 $k = 1.05 \sim 1.10$，详细设计由试验确定。

缓冲器气腔内气体压缩过程中，多变方程式为

$$P_0 V_0^k = P_a V_a^k \tag{4-10}$$

式中：P_0——初始气体压力，可取全伸展状态；

$\quad\quad P_a$——压缩/伸展过程中瞬时气体压力；

$\quad\quad V_0$——初始气腔气体体积，可取全伸展状态；

$\quad\quad V_a$——为压缩/伸展过程中瞬时气腔气体体积。

容易推导出压缩/伸展一段行程后，空气弹簧力为

$$F_a = \frac{\pi D^2}{4} p_0 \left(\frac{V_0}{V_0 - LS} \right)^k \tag{4-11}$$

式中：L——活塞杆的行程变化，取压缩时行程为正；

$\quad\quad D$——缓冲器外筒的内径；

$\quad\quad S$——单位行程的气体体积变化量，对于大多数起落架的油气缓冲器，油液是能够自由进入活塞杆与外筒间的环腔的，如图 4-11（a）所示，因此有

$$S = \frac{\pi d^2}{4} \tag{4-12}$$

则此时，空气弹簧力

$$F_a = \frac{\pi D^2 p_0}{4} \left(\frac{4V_0}{4V_0 - \pi d^2 L} \right)^k \tag{4-13}$$

注意，根据缓冲器结构形式，也有油液不能进入活塞杆与外筒环腔的情况，此时油液变化面积应取外筒的内径，如图4-11（b）所示，设计时应注意分析辨别。

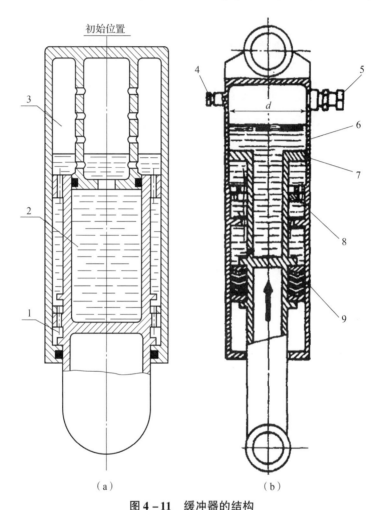

图 4 - 11　缓冲器的结构

1—环室；2—高压室；3—气室；4—放油嘴；5—充填嘴；6—外筒；

7—活塞；8—铸铁胀圈；9—密封装置

于是，就能够绘制缓冲器载荷随缓冲行程的静压缩曲线，如图4-12所示。

图4-12中，等温曲线对应正常地面操纵的气体工作状态，气态方程为 $pV =$ 常数。多变曲线对应于缓冲器动力压缩状态，如着陆冲击、越过道面小丘缓冲器受冲击的气体工作状态，常见气体方程 $pV^{1.1} =$ 常数或 $pV^{1.35} =$ 常数，前者用于油气混合的情况，后者用于油气分离的情况。

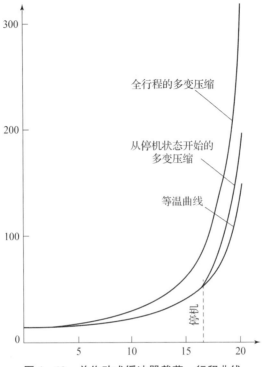

图 4 - 12　单作动式缓冲器载荷 - 行程曲线

2）油液阻尼力

缓冲器的油液阻尼力产生的原理是油液经过微小空隙时产生能量损失。因此，缓冲器内的油液在工作温度范围内应具有足够的黏性，且黏性随温度变化尽量小，并对于缓冲器中所用的金属结构、非金属元件等不产生有害影响。

根据流体力学中的伯努利方程（忽略流体高度影响），可得

$$p_A + \frac{\rho u^2}{2} = p_B + \frac{\rho u_h^2}{2} + H_\gamma \qquad (4-14)$$

式中：u——缓冲器的相对速度，m/s；

　　　u_h——油液流过油孔的速度，m/s；

　　　ρ——油液密度，kg/m³；

　　　H_γ——油液流过小孔时单位质量上的（沿程与局部）能量损失，一般可以表示为

$$H_\gamma = \xi \frac{\rho u_h^2}{2} \qquad (4-15)$$

ξ——流体阻尼系数。

从而得到

$$p_A - p_B = \rho\left[(1+\xi)\frac{u_h^2}{2} - \frac{u^2}{2}\right] \tag{4-16}$$

由流体的连续方程，得到

$$uA_h = u_h A_d \tag{4-17}$$

式中：A_h——压油面积，m^2；

A_d——通油孔面积，m^2；

$$p_A - p_B = \frac{\rho u^2}{2}\left[(1+\xi)\frac{A_h^2}{A_d^2} - 1\right] \tag{4-18}$$

由于 $A_d \gg A_h$，故

$$p_A - p_B = \frac{\rho(1+\xi)A_h^2 u^2}{2A_d^2} \tag{4-19}$$

一般 $1+\xi$ 由试验得到的修正系数 K 来代替，令 $1+\xi = K$，则油液阻尼力

$$F_h = (p_A - p_B)A_h = K\frac{\rho A_h^3 u^2}{2A_d^2} \tag{4-20}$$

油液阻尼力的影响因素有：油液黏性、油孔长度与油孔面积之比、活塞运动速度，以及油孔的形状、油孔进口的圆角大小等。在计算缓冲性能时，如果缺乏油道具体构造的试验数据，对油道进口有尖边的油孔可取 $\xi = 2.0 \sim 2.5$，对通道进口有圆角的油孔可取 $\xi = 1.2$。

工作条件、温度环境、油液等确定后，油液黏性、活塞运动速度是不能再设计的，最大的可控因素是通油孔面积，必须精准设计，并在制造过程中严格控制质量。工程经验表明，对于定截面的油孔以及变截面油孔平均面积，通常 $A_d/A_h \approx 0.01 \sim 0.02$，当 $A_d/A_h > 0.05$ 时，油液的阻尼作用就非常小了。

通油孔最直观的设计是环形，但这种油孔的环缝隙太小，不仅油针可能偏心，就连公差范围以内的偏差都会显著地改变油液阻尼值，特别是大阻尼缓冲器（如摇臂式），应该避免采用环形通油孔（图 4-13）。对于定油孔结构，多用带缺口的特殊横推力环（如铸铁胀圈）控制油孔尺寸，以使油孔面积保持一定。

反行程的通油孔面积（在制动阀上），通常为正行程油孔面积的 $30\% \sim 50\%$。

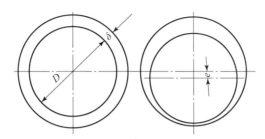

图 4 – 13　油针偏心对环形通油孔液压阻尼系数的影响

3）滑动摩擦力

缓冲器正反行程干摩擦阻尼应尽可能小，目前广泛使用橡胶圈密封的缓冲器，正反行程干摩擦力一般不超过缓冲器总轴向力的 5% 。

缓冲器的滑动摩擦力与缓冲器内气压有关，气体压力越大，滑动摩擦力也越大，但变化幅度不大，设计初期可按常值处理。

4.2.3　提高缓冲性能的方法

早期飞机通常使用简单的定油孔，缓冲器效率可达到 70% 。但在行程前段就出现大的过载，降低使用寿命，希望缓冲器能够控制和配制在全行程范围内油液瞬时阻尼，使缓冲力更加平缓。

一些飞机要求在粗糙的跑道上仍具有较好越过小丘的能力，减小对飞机的反复冲击，以降低滑行载荷及累计损伤。此外，还有一些飞机（如短距起降飞机、舰载机、试验机）着陆时下沉速度较大，希望提高缓冲效率，降低冲击过载。

对于普通油汽式缓冲器，当主要参数（压缩比、预压缩系数、过载系数、行程、充气初压力）确定之后在工作过程中就无法改变了。从缓冲器的缓冲力构成来分析，上述问题可以通过调节油液阻尼力和气腔内的气体特性来解决，于是就出现了变油孔和多腔式缓冲器。

4.2.3.1　变油孔缓冲器

随着对飞机缓冲器过载疲劳寿命要求的提高，缓冲器常常需要使用变油孔来控制和配制在全行程范围内油液瞬时阻尼，使缓冲力在全行程范围内呈递增趋势。缓冲器效率也并非越高越好，因为效率高往往较早出现峰值过载，加重疲劳载荷谱，降低使用寿命。

在设计中，为合理配制缓冲阻尼，如压缩行程的初始段，活塞运动瞬时速度较大，可选用较大的油孔来减小阻尼以降低冲击，通常称为"自由行程"；当活塞运动速度较小时，如在停机位置附近，为防止阻尼力不足，可选择小的油孔。优选油孔对设计师来说是一个创造性劳动，需借助计算机反复迭代，最终满足对缓冲性能的多方面要求。

1）推荐的变油孔设计方案

油孔的变化可以通过装置液压阀或限油针实现。阀能感受压力变化而开闭以增大或减小油液流经油孔的流量。采用限油针杆的方法比较简单，而且更可靠，维护工作量小，且与液压阀一样，限油针杆可以通过全尺寸起落架落振试验，改变油针杆断面尺寸获得优化。变油孔、限油针杆断面形状不推荐圆截面，而一般推荐选用圆截面四边切平（沿轴向有不同切平深度）的油针，其与可横向移动的油孔垫圈组成的可变油孔设计方案，如图 4 – 14 所示，其优点如下。

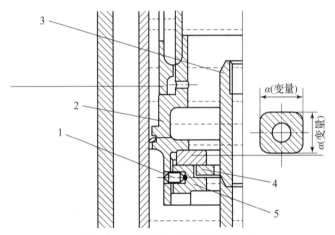

图 4 – 14　推荐的变油孔设计方案

1—保险螺钉；2—油孔支承筒；3—限油针杆；4—油孔垫圈；5—支持螺母

（1）油针外直径与油孔垫圈之间为动配合，不会因支柱变形引起油孔尺寸的变化，阻尼力稳定可控。

（2）油孔垫圈可横向移动，不会因支柱变形卡在油针上，减小油针磨损，油液阻尼性能稳定。

（3）油针结构简单，修形和加工方便。油针磨损小，使用寿命长。

2）反弹阻尼定油孔

具有反弹阻尼作用的定油孔设计方案如图 4 – 15 所示，结构简单，工作可靠,其油液在流经油孔后有侧向偏斜,使引起的油泡沫最小。

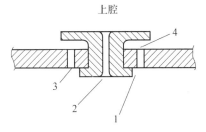

图 4 – 15　具有反弹阻尼作用的定油孔

1—下腔;2—反弹阀孔;3—关闭孔;4—油液偏流孔

3)使用释压阀

相配油针使用弹簧释压阀,也可以提高缓冲支柱的使用范围。采用长行程并在缓冲器油针内配置弹簧释压阀的缓冲器,如图 4 – 16 所示,在越过道面小丘引起载荷突然增高时,高压油室油压压缩卸载阀弹簧,它能使部分油液通过限油针杆中的孔道,沿过载释放油路流入上腔,防止超载。

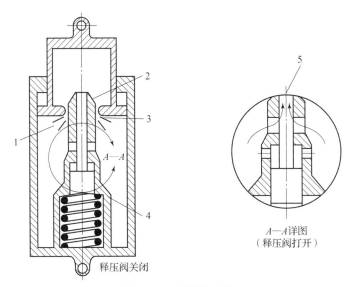

图 4 – 16　释压油孔阀

1—基本油液流向;2—限油针杆;3—油孔;4—变截面油针;5—过载释放油液通道

4.2.3.2　多腔式缓冲器

多腔式缓冲器是指具有两个或两个以上气腔,通常双腔式缓冲器就能满足使用要求。

1. 常规双腔式缓冲器

图 4-17 所示为常规双腔式缓冲器原理。缓冲器有两个气腔，低压气腔（初始气腔）可以与常规油气缓冲器相似（图 4-17（a）），或布置在内筒的下端（图 4-17（b）），而高压气腔可布置在内筒的下端，通过浮动活塞与油液隔离。

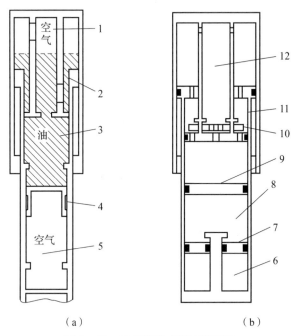

（a）   （b）

图 4-17　常规双腔式缓冲器原理

（a）初始气腔布置在上端；（b）初始气腔布置在下端

1—初始气室；2—初始活塞；3—限油孔；4—第二活塞；5—第二气室；6—高压气室；

7，9—隔离活塞；8—低压气室；10—阻尼控制板；11—反弹阻尼腔；12—压缩阻尼腔

图 4-18 所示为常规长行程缓冲器和双腔式缓冲器的载荷-行程静曲线比较。C 为常规长行程缓冲器曲线，A、B 为两个气腔联合工作的曲线，其中 AA' 为短行程曲线，对应图 4-17 第二活塞（隔离活塞）不动。A、B 两曲线交点 Q 为高压腔开始工作的转折点。

2. 多腔式缓冲器的性能优势

相比单腔式缓冲器，多腔式缓冲器的载荷-行程曲线更接近如图 4-19 所示的线性弹簧曲线 JJ，这就使得停机位置相比单腔式缓冲器更靠前，任意点的气体弹簧刚度更低，尤其是在行程的后段更加明显，这些特性有以下好处：

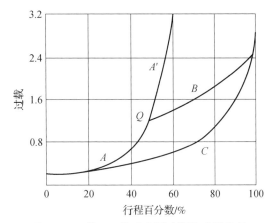

图 4 - 18　单、双作动式缓冲器静曲线比较

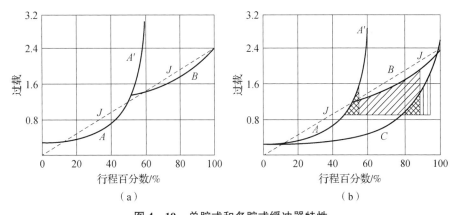

（a）　　　　　　　　　　　（b）

图 4 - 19　单腔式和多腔式缓冲器特性

（a）双腔式缓冲器静压曲线；（b）单、双腔式缓冲器吸收能量比较

1）越过小丘性能好

一般单腔式缓冲器停机压缩比大（可达80%左右），停机位置靠近最大使用行程，而双腔式缓冲器的停机压缩比小（50%～70%），备用行程比单腔式缓冲器大。

飞行器在地面高速滑跑时，缓冲器工作在停机位置附近，双腔式缓冲器的气体弹簧刚度比单腔式缓冲器低，越过长波长小丘时，缓冲器相对运动速度不大，阻尼力小，冲击载荷与静压曲线接近，很明显双腔式缓冲器的载荷峰值更小，越过长波长小丘性能更优。

飞行器在高速滑跑越过高幅、短波长连续小丘时，轮胎突然受到压缩，其储存的能量迅速产生一个高脉冲载荷，迫使缓冲器快速压缩，对于单腔式缓冲器，会导致不可压缩油液高速流经小孔，形成很大的阻尼力，会导致起落架超载。而对于双腔式缓冲器，则该高脉冲载荷通过高压气腔活塞作动而被降低，并使油液流经阻尼孔的速度大大减小而使阻尼力减小；当机轮越过道面障碍物后，轮胎和缓冲器载荷减小，高压气腔和低压气腔都备有小丘反弹控制，这对快速滑行越过连续大幅度小丘的道面是有利的。

2）着陆冲击和承载性能好

相同缓冲行程时，高下沉速度（硬着陆）往往会导致大的过载系数，全压缩对停机的压缩比较大，单腔式缓冲器的静压曲线后段非常陡峭，气动弹簧刚度很高。而双腔式缓冲器气动弹簧刚度更接近线性，更容易调节阻尼，从而提高缓冲效率，降低过载系数。

单腔式缓冲器，在设计使用下沉速度下着陆，假设对应设计着陆过载为1.5，其载荷－行程曲线如图4－20（a）曲线D所示。如果将下沉速度增大50%，则该缓冲器应具有2.25倍的能量吸收能力，此时对应的载荷－行程曲线为E，其过载值增加一倍左右。

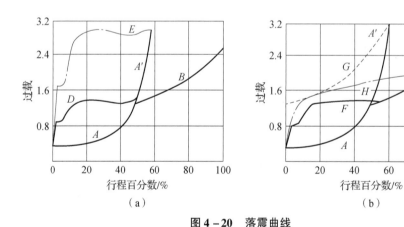

图4－20　落震曲线

（a）单腔式缓冲器；（b）双腔式缓冲器

如果采用双腔式缓冲器，在同样的设计使用下沉速度下，由于图4－20（a）中D曲线的载荷略大于第二气室的预压载荷，第二活塞将有小量下移，载荷－行程曲线为图4－20（b）中F曲线，缓冲器过载略有降低。若将下沉速度增加50%，缓冲器快速压缩，使浮动活塞上端油压迅速增加，迫使高压气室工作，油液流过小孔速度减慢，降低了油液阻尼力，最后缓冲器沿 H 曲线工作，可以降低缓冲器过载约 1/3。但由于下沉速度已增加 50%，H 曲线显然在 F 曲线之上。

实际使用表明，高下沉速度承载能力的缓冲器可以在粗糙度较高的道面上使用。

3）前轮刹车动载小

飞行器在地面滑行时，前起落架缓冲器处于停机位置附近，当突然使用刹车时，机头形成较大的垂直下沉速度，压缩前起落架缓冲器。单腔式缓冲器由于在停机位置处气体弹簧刚度大，可能产生较大的附加过载，而双腔式缓冲器只产生较小的附加过载。如图 4 – 21 所示，单腔式缓冲器峰值载荷位于 C 点，比双腔式缓冲峰值载荷点 D 高得多。

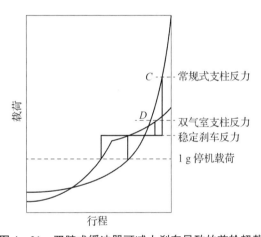

图 4 – 21　双腔式缓冲器可减小刹车导致的前轮超载

此外，双腔式前起落架缓冲器还能够承受正常滑行时引起前轮小的下沉速度，对于这种形式的俯仰振动抑制比单腔式缓冲器好。

3. 改进双腔式缓冲器

为了能够在粗糙机场仍具有良好的缓冲性能，要求低压腔与高压腔工作交接点 Q 处有一个载荷跳跃，如图 4 – 22 所示的曲线 EH 段。这种特性在双腔式缓冲器的基础上做如下结构改进就可以实现：在浮动活塞的上端伸出一个圆环，如图 4 – 23 所示。当活塞杆作动一段行程后，浮动活塞的圆环段上端面与外筒柱塞的下端面机械接触，从而强制高压腔压缩。

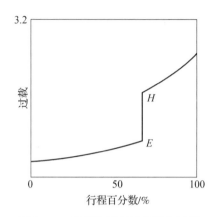

图 4 - 22   改进双腔缓冲器静压曲线

改进型双腔式缓冲器主要优点如下：

（1）通过选择 *EH* 段合适的位置，缓冲器具有足够的备用行程，能够在粗糙道面使用。

（2）在不同停机装载情况下，缓冲器压缩量不变，有利于地面维护。

（3）由于前、主起落架起飞滑行期间，缓冲器压缩量基本保持不变，从而使起飞、着陆过程攻角稳定，能够减少外伸支柱式主起落架轮胎的侧向滑动，减少轮胎的磨损。

4.2.4   其他功能机构设计

4.2.4.1   防卡滞设计

HB 6176 - 88《飞机油 - 气缓冲器起落架设计》中，明确提出应合理选择缓冲器上下支承轴承的间距、材料、应力，对可能出现的黏结卡滞等问题进行考核，并考虑油液温度影响，给活塞和支承轴套之间留有足够的间隙。标准还规定上下支承距离与活塞直径比值，对摇臂式缓冲器不小于 1.25 倍，对支柱式不小于 2.75 倍，满足这些要求的缓冲器一般不会出现黏结卡滞现象，而且设计上也比较容易实现。

机身起落架由于机身切面尺寸的限制，要想保证有足够的横向稳定性，满足起落架防侧翻角要求，一般常布置成外八字腿构型。布置成摇臂式或类摇臂式三角撑形式的缓冲器因只承受轴向力，卡滞问题不是设计的主要矛盾。布置成八字

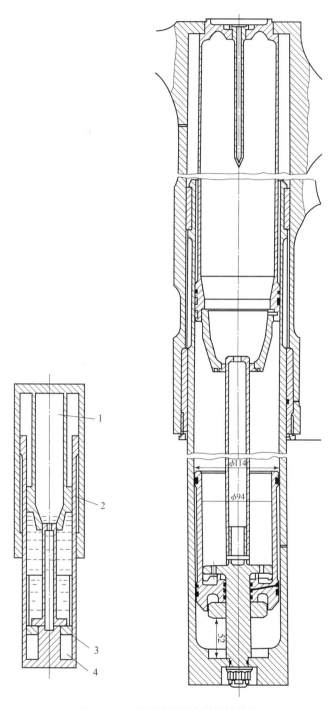

图 4 - 23　改进型双腔式缓冲器结构

1—初始气室；2—密封；3—浮动活塞；4—第二气室

机身支柱式的缓冲器具有结构紧凑、质量轻的优点，但同时也需要特别注意防卡滞设计。这类缓冲器可采用改进双腔式缓冲器，使滑行中轮胎基本没有横向移动，减少轮胎磨损。

1. 缓冲器卡滞（自锁）产生的原因及临界摩擦系数

缓冲器卡滞的直接原因是上下支承与活塞杆之间摩擦力过大，缓冲器防卡滞设计的核心就是计算上下支承反力。通过支柱结构优化设计，可减小上下支承反力，从而降低摩擦力而避免卡滞。一简单的外八字刚性机轮 – 缓冲器轴线共面的缓冲器受力图如图 4 – 24 所示。

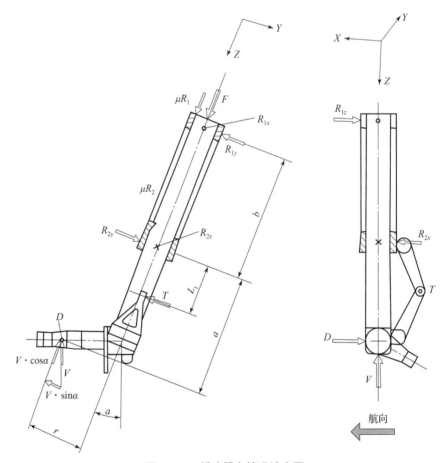

图 4 – 24　缓冲器自锁设计力图

作用在机轮上的地面载荷容易分成两部分：平行缓冲器轴向载荷 V 和垂直缓冲器轴向载荷 D。下面用理论力学知识来推导这两部分载荷产生的上下支承载荷，进而比较容易得到摩擦力。

先考虑由平行缓冲器轴向载荷 V 引起的上下支承反力。记 F 为作用在缓冲器内活塞杆上除摩擦力的载荷，则沿缓冲器轴线方向力平衡方程为

$$V\cos\alpha = F + \mu(R_1 + R_2) \tag{4-21}$$

令 $F = 0$ 时的摩擦系数定义为临界摩擦系数，即

$$\mu_c = \frac{V\cos\alpha}{R_1 + R_2} \tag{4-22}$$

平行缓冲器轴向载荷 V 在支柱轴线方向和垂直轴向分量方向的作用力分别为

$$rV\cos\alpha = R'_{2y}b = R'_{1y}b \tag{4-23}$$

$$\begin{cases} (a+b)V\sin\alpha = R''_{2y}b \\ aV\sin\alpha = R''_{1y}b \end{cases} \tag{4-24}$$

则最终得到上下支承反力为

$$\begin{cases} R_{1yV} = R'_{1y} + R''_{2y} = V\left(\frac{r}{b}\cos\alpha + \frac{a}{b}\sin\alpha\right) \\ R_{1yV} = R'_{1y} + R''_{2y} = V\left(\frac{r}{b}\cos\alpha + \frac{a+b}{b}\sin\alpha\right) \end{cases} \tag{4-25}$$

再考虑垂直缓冲器轴线载荷 D 引起的上下支承反力。

X 方向支承反力为

$$\begin{cases} R_{1xD} = \frac{a}{b}D \\ R_{2xD} = \frac{a+b}{b}D \end{cases} \tag{4-26}$$

水平力引起的扭力臂反力为

$$T = \frac{Dr}{r_t} \tag{4-27}$$

T 引起的上下支承 Y 方向反力为

$$\begin{cases} R_{1yT} = \frac{TL_t}{b} = \frac{rL_t}{br_t}D \\ R_{2yT} = \frac{T(L_t + b)}{b} = \frac{(L_t + b)r}{br_t}D \end{cases} \tag{4-28}$$

则上下支承反力合力为

$$\begin{cases} R_1 = \sqrt{R_{1x}^2 + R_{1y}^2} \\ R_2 = \sqrt{R_{2x}^2 + R_{2y}^2} \end{cases} \qquad (4-29)$$

至此，根据临界摩擦系数定义式，就可以计算临界摩擦系数了。

2. 缓冲器卡滞特性分析

缓冲器卡滞特性应按静态和动态两种情况分别进行校核。其求解实际都应归结为上下支承反力和临界摩擦系数的求解。静态是指支柱压缩起始瞬间由静到动的状态，分析时轴向反力只含气体弹簧力和摩擦力；动态是指支柱着陆冲击后的压缩状态，分析时轴向反力除气体弹簧力和摩擦力，还要考虑油液阻尼力。

地面机动（如转弯情况）时，缓冲器在停机压缩后的压缩过程是缓慢压缩过程，油液阻尼力很小，可以略去不计，因此地面机动的卡滞性能分析属于静态分析。着陆冲击时缓冲器的油液流经小孔的阻尼很大，此时缓冲器卡滞特性分析属于动态分析。

按着陆冲击情况校核缓冲器自锁特性是可信的。由于缓冲器上下支承静摩擦系数比动摩擦系数大，特别是常用自润滑支承轴承的 PTFE（聚四氟乙烯）材料，静摩擦系数约为动摩擦系数的 2 倍。可以认为，在机轮接地缓冲器开始压缩的瞬时，静摩擦力较大，如果这时缓冲器没有自锁，则可以继续压缩缓冲器。所以初步设计阶段，只分析着陆冲击的静态卡滞特性是足够的。

缓冲器的卡滞现象可能出现在着陆时机轮起转阶段（包括水平起转和机尾下沉起转）和地面操纵过程中（包括两点刹车、反向刹车和转弯）。研究表明，影响缓冲器卡滞特性的设计参数主要有上下支承摩擦系数、侧伸角和前/后伸角、扭力臂位置、支柱上下支承间距。

（1）上下支承摩擦系数：为了防止缓冲器自锁，设计上应尽量选用摩擦系数较低的支承材料，并尽量提供好的润滑条件。若不能保证好的润滑条件，不得不使用干摩擦情况，建议上下支承表面选用自润滑 PTFE（聚四氟乙烯）材料。

（2）侧伸角和前/后伸角：在支柱各种受载情况下，缓冲器的临界摩擦系数随支柱侧伸角的增大而减小，应尽量减小支柱侧伸角，但机身起落架的站位布局要求往往又无法做到。

（3）扭力臂位置：在起转情况下，扭力臂位置对缓冲器的卡滞特性影响比较大，两点刹车情况和反向刹车情况次之，而在转弯（内侧）情况时，扭力臂位置对缓冲器的自锁特性影响较小。因此在设计扭力臂位置时，应对扭力臂位置进行优化设计。

（4）支柱上下支承间距：临界摩擦系数随着轴套间距的增大而增大，特别是在起转情况下，增大轴套间距对缓冲器防卡滞特性的改善是很显著的。如果缓冲器卡滞问题比较突出，就需要适当付出一些质量代价，增大上下支承的间距，以缓解或消除卡滞现象。一般调整上下支承间距是容易实现的。

（5）内外筒结构刚度差异：外筒和内筒在支承区的结构变形曲率不一致可能导致卡滞现象，因此设计时应尽量减小刚度的不一致性。

3. 缓冲器上下支承滑动摩擦力对自锁特性影响图解分析

支柱自锁特性的好坏取决于上下支承摩擦力大小，上下支承摩擦力对支柱自锁的综合影响可用摩擦三角形图解描述。

从摩擦角的观点来看，要想实现缓冲器压缩运动，则作用于飞行器地面的垂直力和水平力的合力必须通过摩擦三角形，如图 4 – 25 所示，其力学原理如下：

取活塞杆为分离体，如忽略缓冲器充填压力影响，活塞杆受地面传给的外力及外套上下轴套处支反力的作用。上下轴套支反力组成图示摩擦三角形，三角形的两边，摩擦角 $\phi = \arctan\mu$。如对摩擦三角形形成的合力与外力的合力进行比较分析后会发现，其各自水平分量应大小相等、方向相反，而垂直分量则方向相反、大小不等。若外力的合力线落在摩擦三角形内，则说明外力的垂直分量大于反力的垂直分量，缓冲器有向上运动的力，不会发生卡滞现象。反之，外力合力线不通过摩擦三角形，则缓冲器发生卡滞现象。所以图 4 – 25 给出了判断缓冲器卡滞的图解法，在工程上有一定的实用价值。

4.2.4.2　密封设计

1. 密封的种类

密封设计是缓冲器设计的重要环节之一，它不仅涉及一般液压系统的静密封、动密封，还要承受巨大的径向载荷，并且对使用寿命要求极高。目前已经发展的密封技术包括 O 形密封、V 形密封、Y 形密封、三角密封、山形密封、格莱圈密封、VL 圈密封等多种密封技术。

O 形密封是一种比较常用的密封形式，如图 4 – 26 所示，其密封原理是依靠

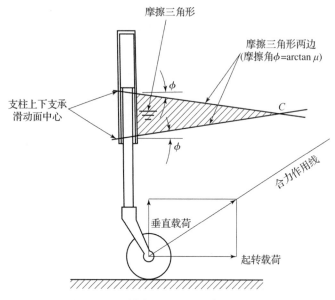

图 4 – 25　缓冲器上下支承摩擦三角形

预压缩消除间隙实现密封，能随着压力 P 的增大而自动提高密封件与密封表面的接触应力，能在磨损后自动补偿。O 形密封的特点是结构简单、密封性好、价格低廉、应用范围广，高低压条件下均可使用，但在高压条件下需设置金属密封挡圈。

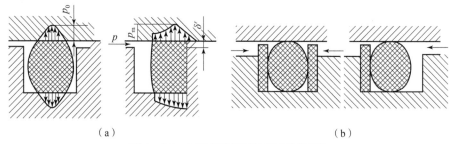

（a）　　　　　　　　　　　　　　　　　（b）

图 4 – 26　O 形圈密封原理及挡圈设置

（a）O 形密封圈的密封原理；（b）挡圈的设置

V 形密封是一种相对传统的密封形式，V 形密封圈由多层涂胶织物压制而成，具有自密封作用，它依靠唇缘嵌入密封件表面的凹凸不平处达到密封的效果，由支承环、V 形密封圈、压环三个部件组成。起密封作用的 V 形密封圈标准夹角为 90°，特殊场合也用 60°。支承环的作用是保持 V 形密封圈的形状，使密封圈安放稳定。压环的作用是挤压 V 形密封圈，使密封面充分接触，产生足够的接触应力，在 V 形密封圈磨损接触应力降低时，还可调整该零件的位置来提高接触应力。当压力大于 10 MPa 时，可以适当增加中间密封环的个数来满足密封要求，其密封面较长，密封性能好，适宜在 50 MPa 以下工作，但耐磨性差。老式的皮碗密封属于 V 形密封，在运 -8 飞机中等有应用（图 4 -27），现已极少采用。

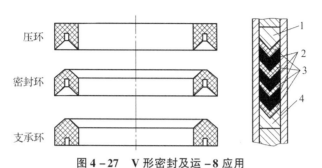

图 4 -27　V 形密封及运 -8 应用

1—上支承环；2—胶腕；3—皮碗；4—下支承环

Y 形密封圈是一种典型的唇形密封圈，具有密封性能可靠、摩擦阻力小、运动平稳、耐压性好、适用压力范围广、结构简单及价格低廉等特点。在密封的情况下，与密封介质接触的每一点上均有与介质压力相等的法向压力，所以唇形圈底部将受到轴向压缩，唇部受到周向压缩，与密封面接触变宽，同时接触应力增加。当内压再升高时，接触压力的分布形式和大小进一步改变，唇部与密封面配合更紧密，所以密封性更好，这就是 Y 形圈的"自封作用"。Y 形密封圈安装时，唇口要对着压力高的一侧才能发挥作用，所以 Y 形密封圈只能单向起作用（图 4 -28）。Y 形密封圈广泛应用于往复动密封装置中，其使用寿命高于 O 形密封圈。Y 形密封圈的适用工作压力不大于 40 MPa。

三角密封是在 O 形密封的基础上改进的，如图 4 -29 所示。三角密封圈的特点是摩擦接触面积小，相比 O 形密封圈使用寿命长，能提供良好的沟槽内接触面积，稳定性好。但是在受压力而变形时，尖峰部分比较单薄，容易被挤出，因此一般与挡圈同时使用。

山形密封是在三角密封基础上的一种改进，由一个山形橡胶弹性体和两个 J 形合成树脂支承环组成，在密封面相对滑动时，山形密封圈唇部发生偏移，在本身弹性和流体作用下，形成密封。山形密封的耐磨性能优于 O 形密封和 V 形密封。外层支承环不仅可以限制密封圈发生挤出，还可存储一定油液，在间隙处形成润滑膜，提高了密封圈的耐磨性。

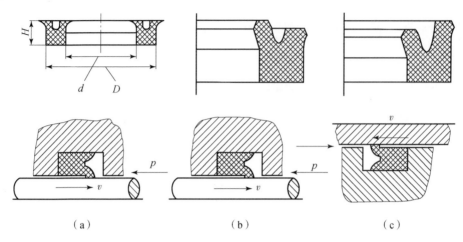

图 4 – 28   Y 形密封

(a) 等高唇通用型；(b) 轴用型；(c) 孔用型

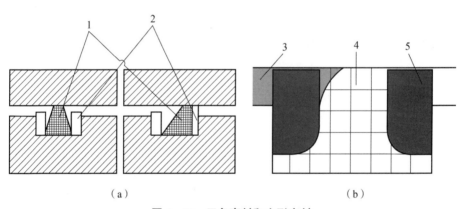

图 4 – 29   三角密封和山形密封

(a) 三角密封；(b) 山形密封

1—三角形断面密封圈；2—挡圈；3—油液；4—山形密封圈；5—支承环

　　格莱圈与斯特封都是组合密封，都由一个润滑性能好、摩擦因数小的滑环和一个弹性橡胶密封圈组合而成，滑环一般采用摩擦因数低的聚四氟乙烯材料，弹性体为 O 形橡胶圈。利用 O 形密封圈的弹性变形产生压紧力，使滑环紧贴在密封面上起到密封作用。格莱圈可以实现双向密封，而斯特封用于单向密封，如图 4 –30 所示，具有摩擦力低、无爬行、启动力小、耐高压等特点。目前这种组合密封应用已非常广泛，并发展了很多变种。

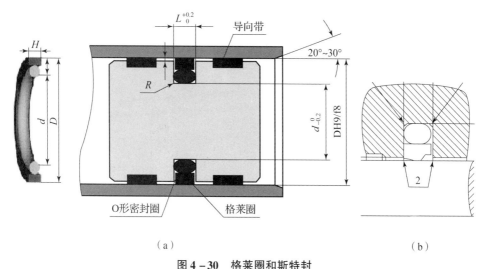

图 4 – 30 格莱圈和斯特封

(a) 格莱圈；(b) 斯特封

导向带是由 PTFE + 铜粉、酚醛夹布、木柏等材料制作成的辅助密封元件，截面一般为矩形，起支承、耐磨和导向作用，具有极耐磨、低摩擦、耐热、耐化学腐蚀性能，允许任何异物嵌进导向耐磨环内，防止颗粒对油缸及密封件造成损失，具有吸收振动性能，并有极好的耐磨性能和良好的干动特性。氟碳树脂的弹性和韧性使之成为优异的密封材料，特别是当它被进一步通过种种填充改性以及与某些芳香族树脂复合成塑料合金后，可以获得更高的承载能力、热机械稳定性、耐磨性以及 PV 极限值等。

2. 缓冲器密封结构

密封的主要目的是防止油液泄漏，为此要考虑密封装置可能要承受非圆变形（例如，在转弯期间，缓冲支柱受到侧向载荷的情况）、不适当的配置（如压扁）、材料的变质和污染，以及在寒冷天气时性能退化的影响。

为了解决这些问题，结构设计上应采取下述措施：采用高精度的加工、选择能满足所需（或特定）温度要求的密封装置、选择满足在邻近部件变形时能阻止油液泄漏的密封装置、确保密封件安装时不会引起压扁以及在适当的地方使用擦净圈，以尽量减小外界对密封装置的污染。刮油环/擦净圈装于缓冲器外筒下端，防止污染物进入缓冲器内，其材料采用青铜或聚四氟乙烯树脂（PTFE）等。部分刮油环使用开口环，允许少量污染物通过缝隙进入；也有用不开口封严盖的，能有效克服这一缺点。

在缓冲支柱外筒下端一个指定的腔里安装备用密封，保证了能在最短时间内更换失效的密封装置。图 4 - 31 所示为装入备用密封的典型设计。

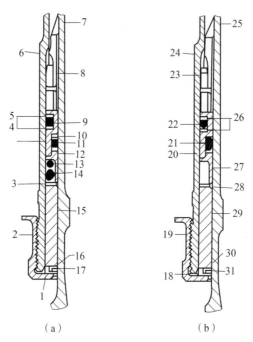

图 4 - 31　缓冲支柱下支承结构细节

(a) 备份胶圈未被代用前；(b) 备份胶圈（O 形或 D 形）被代用后人

1，18—刮油圈接合器；2，19—缓冲支柱封盖螺母；3，16，28，30—垫圈；4，20—接合套；

5，26—支承圈；6，24—外筒；7，25—活塞杆；8，23—对中凸轮组件；9，11—O 形密封圈；

10—导槽密封；12，27—环形护圈；13，22—备份 O 形圈；14，21—备份 D 形圈；

15，29—下轴套；17，31—擦净/刮油圈

图 4 - 32 所示的一种密封能有效地防止密封装置被压扁，曾被广泛应用。

图 4 - 32 (a) 所示为零压或低压情况：在有径向压缩条件下安装到位，使在零压力或低压下能有效地密封。非接触支承圈，通常每侧一个，密封圈凸缘与活塞杆或外筒臂之间留有间隙。这些间隙保证在低压下，密封装置的摩擦力保持最小。

图 4 - 32 (b) 所示为加压情况：弹性密封圈的作用与黏性流体相似，具有"顺流"趋势。"顺流"凸缘由于挤入外加物质而膨胀，并压向非接触支承圈使

与其密封面完全接触，这样就防止了较软的密封元件挤压。流体压力引起活塞密封部位非接触支承圈径向膨胀，此外还引起活塞杆的另侧密封支承圈经受径向收缩。此时非接触支承圈上的切槽允许其径向位移。

图 4 - 32 (c) 所示为增加保护的支承圈：必要时，为适应更大间隙、不寻常高压或高温情况，在密封圈每侧采用两个或多个非接触支承圈。靠近密封圈的支承圈由较软材料（如聚四氟乙烯树脂（PTFE））制成，不会刮伤和磨损密封，外层的顺流支承圈采用高强度材料制成，以提供避免密封挤入间隙的附加刚度。针对不同情形可能有不同的设计。

图 4 - 32 (d) 所示为卡住圈：密封圈放置于稳定平整的密封槽内，非接触支承圈卡住密封元件，使其不能绕自身圆周轴转动。

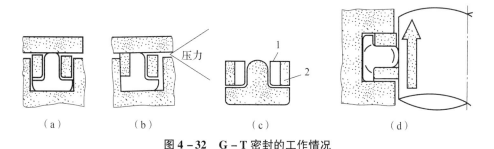

图 4 - 32　G - T 密封的工作情况

1—聚四氟乙烯树脂（PTFE）；2—耐磨尼龙

4.2.4.3　对中机构设计

在飞行器起飞离地后或着陆接地前，必须使前轮保持中立位置，以便顺利地收入起落架舱或使前轮保持正常接地状态，为此通常采用一种"前轮对中机构"。

凸轮式对中机构是其中常用的一种，如图 4 - 33 所示。凸轮式对中机构安装在前起落架缓冲器里面，由上下凸轮组成。下凸轮与外筒固定连接，上凸轮与缓冲内筒连成一体，上下运动。在停机或滑跑状态下，由于缓冲器承载，上凸轮和下凸轮分开，当前轮偏转时，上凸轮就与缓冲器内筒、轮叉和前轮一起绕支柱轴线转动。而在起飞离地后或者着陆之前，缓冲器内压能够迫使上下凸轮吻合，保持前轮处于中立位置。在地面滑行时，缓冲器稍有压缩，上下凸轮应能够彼此脱开，便于前轮左右偏转。

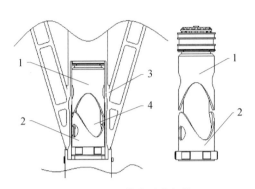

图 4 - 33 凸轮式对中机构

1—上凸轮；2—下凸轮；3—缓冲器外筒；4—缓冲器内筒

4.2.4.4 防扭摆和设计

前起落架的摆振特性受多种因素影响，其稳定距是一个关键设计特征。通过地面机动性能和滑跑稳定性分析，给出前起落架稳定距要求，作为缓冲器的设计输入。

4.2.4.5 转弯操纵机构布局

前起落架转弯操纵机构一般采用直线作动器，安装在前起落架缓冲器外筒和操纵机构连接件之间，如图 4 - 34 所示，设计时应考虑转弯操纵机构的布局，并确定接口。

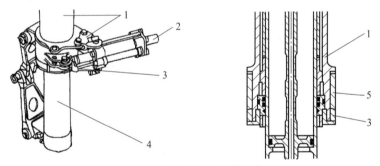

图 4 - 34 转弯操纵机构布局位置

1—缓冲器外筒；2—转弯操纵装置；3—操纵机构连接件；4—缓冲器内筒；5—操纵套筒

4.2.4.6 充气、充油阀布置

充气、充油阀的布置位置有多种形式，包括停机液面位置、缓冲器上部、缓冲器顶端等，如图 4 - 35 所示。布置时要考虑以下因素：

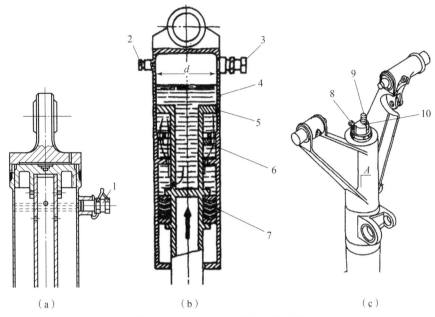

图 4–35　充气、充油阀布局位置

（a）停机液面；（b）缓冲器上部；（c）缓冲器顶端

1—填充阀；2—放油嘴；3—充填嘴；4—外筒；5—活塞；6—铸铁胀圈；

7—密封装置；8—低压填充阀；9—高压填充阀；10—柱塞杆

（1）充气、充油的地面操作和状态检查是否有利于操作方便，操作空间要足够。

（2）对充气、充油量的实际操作确认是否可检可测和方便，选择方便检测的方案。

（3）是否需要借助大型或复杂的设备才能够完成充气、充油操作，对保障条件要求越低越好。

4.2.4.7　维护维修接口设计

起落架在设计之初就考虑后期的总装、测试、地面操作和维护维修问题，对产品的开发是有益的，应当考虑以下接口：

（1）维护维修时，需要采用千斤顶将机身顶起，各起落架缓冲器应设计相应的位置和操作机械接口。

（2）地面机动时，需要牵引飞行器地面滑行，前起落架应设计相应的接口位置，并满足强度要求。

（3）起落架各转动位置需要定期注油润滑、补气、补油等操作，应保证通用的操作设备、维护设备和人员操作可达。

（4）应考虑维护维修时的安全性问题，通过设计安全销等防误操作措施，确保人员和机身安全。

4.2.4.8　可缩短缓冲器设计

起落架缩腿一般通过机构或液压传动方法实现，已使用的方法有三种。

1）安装缓冲器充气放气阀

RF - 101A 装置了充气和放气阀可以轻松地实现缩腿目的，该阀安装在支柱上部，直接与缓冲器冷气瓶和上气室相通，阀有两个气嘴，一个气嘴接冷气瓶（10.1 MPa），另一个气嘴通气室，阀通过机械机构控制；当起落架收起时，缓冲器上气室放气实现缩腿；当起落架放下时，对缓冲器上气室充气实现伸腿。这种方案的缺点在于系统结构复杂，可靠性差。

2）借用缩腿机构

缓冲器布置成带有一段竖直段的双气室缓冲器。由于低压气室充填压力很低，缩腿力较小，直接通过收放作动筒提供的力和简易的缩腿机构实现缩腿。F - 4B 很成功地实现了该设计方案。

3）充压收缩

充压收缩支柱缩腿在一些舰载飞机及大型运输机上使用过。缓冲器在外加油泵压力作用下，压缩活塞杆支柱，同时向支柱外补偿器内排油实现缩腿。伸腿时通过补偿器，在压力作用下向支柱缓冲器内注油实现，如图 4 - 36 所示。

4.2.5　缓冲性能评估

4.2.5.1　缓冲性能的评估方法

通过使用先进的仿真分析方法和合理的计算参数确定地面载荷，代替传统的经验估算 - 试凑方法，可以实现结构优化设计，降低地面载荷，减轻结构质量的目的。

根据 GJB 67.4，优化结构设计应遵循以下几条原则：

（1）通过合理的分析方法，确定着陆冲击载荷及各种情况的缓冲系统压缩量。

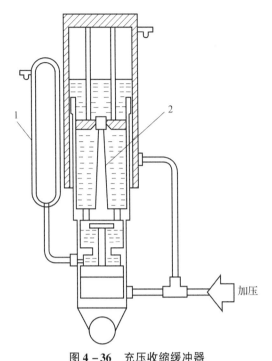

图 4 - 36　充压收缩缓冲器

1—补偿器；2—具有变油孔的限油针杆

（2）严格按规范给定的最大滑动摩擦系数（0.55 或低于 0.55 的最严重情况的摩擦系数）计算起转载荷，前起落架当量质量按平均摩擦系数计算。

（3）考虑现代飞行器使用了高压轮胎，其滑动摩擦系数偏小的因素，对规范中给定水平载荷，应取其允许的最小值。

（4）应通过先进的落震仿真分析，确定缓冲器充填容差对着陆冲击载荷的影响。

针对缓冲性能的仿真评估方法，大致经历了三个阶段：一是结合简单估算的经验试凑法；二是随着计算机的发展和普及，通过动力学推导建模和编程计算仿真方法；三是 21 世纪初，随着商业 CAE 软件的发展，多体动力学分析软件以及专用程序包或模块等，能够实现对虚拟样机的准确快速建模和仿真分析。

1）基于建模编程的着陆冲击仿真

主起落架设计成机身外八字式，加上起落架的前倾角，形成所谓的三维机身起落架系统是最为复杂的系统，如图 4 - 37 所示。建立这种三维模型起落架力学模型，可精确地确定起落架静强度和疲劳强度所需要的载荷，补救工程估算的不足，能够为起落架优化设计、强度和疲劳分析提供强有力的手段，具有工程应用价值。

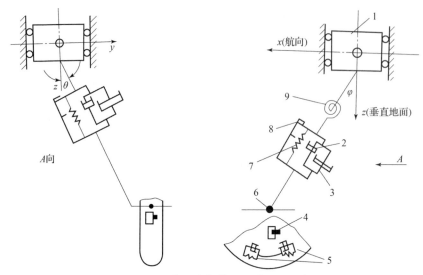

图 4 – 37　三维机身起落架系统位移示意图

1—弹性质量；2—摩擦阻尼；3—液压阻尼；4—轮胎垂直弹簧与阻尼；5—轮胎的航向弹簧与阻尼；

6—非弹性质量；7—空气弹簧；8—缓冲器伸展压缩限制器；9—支柱航向弯曲弹簧

早期的起落架力学模型，大多基于刚性支柱简化假设，无疑是不真实的。随着计算机技术的发展，国外先进起落架设计大多采用柔性支柱模型，考虑支柱的弯曲变形和轮胎垂直及水平方向变形。基本假设如下：

（1）柔性支柱仅考虑支柱的航向弯曲变形。

（2）缓冲系统具有 4 个方向的变形和位移，即缓冲支柱的轴向位移、缓冲支柱航向的弯曲变形、轮胎的垂直变形、轮胎的航向变形。

（3）落震试验的弹性质量经过理想化假设，作为刚体集中作用在起落架转轴处。

（4）非弹性体质量和转动部分质量，被认为集中作用在轮轴上。非弹性质量，包括缓冲支柱内筒（活塞杆）、刹车组合件、机轮、轮胎和摇臂式起落架的轮叉质量。

以下基于上述假设进行建模。

（1）动力学方程。弹性质量在垂直方向动力学方程为

$$\ddot{z}_j m_j = W_j - L - F_s \cos\varphi\cos\theta + N_s \sin\varphi\sin\theta \tag{4-30}$$

式中：m_j——弹性质量（落震试验吊篮质量）；

W_j——弹性质量的重力；

L——空气动力；

F_s——缓冲器内力；

N_s——轮轴－内筒径向力。

非弹性质量在垂直方向的动力学方程为

$$\ddot{z}_w m_w = W_w - V + N_s \sin\varphi\sin\theta + F_s\cos\varphi\cos\theta \qquad (4-31)$$

式中：m_w——非弹性质量；

V——轮胎垂直力。

非弹性质量在航向的动力学方程为

$$\ddot{x}_w m_w = F_s\sin\varphi\sin\theta - N_s\cos\varphi\cos\theta \qquad (4-32)$$

转动质量的动力学方程为

$$\dot{\omega} I_w = (R_0 - \delta)D \qquad (4-33)$$

式中：I_w——转动质量的转动惯量，转动质量包括机轮组件的转动部分；

R_0——轮胎未压缩滚动半径；

δ——轮胎受压变形量；

D——地面作用在轮胎上的水平反力。

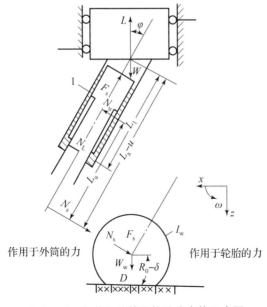

图 4－38　起落架外筒及轮胎分离体示意图

1—外筒

（2）运动学方程。缓冲器行程 u 和运动速度：

$$u = \left[u_0 + (z_j - z_w) \right] / (\cos\varphi\cos\theta) \qquad (4-34)$$

$$\dot{u} = (\dot{z}_j - \dot{z}_w) / (\cos\varphi\cos\theta) \qquad (4-35)$$

非弹性质量的弯曲变形：

$$x_f = x_w - u\sin\varphi\sin\theta \qquad (4-36)$$

式中：x_w——轮轴对起落架连接点的航向位移。

轮胎压缩量 δ 及压缩速度为

$$\delta = \begin{cases} z_w, & z_w > 0 \\ 0, & z \leqslant 0 \end{cases}$$

$$\dot{\delta} = \begin{cases} \dot{z}_w, & z_w > 0 \\ 0, & z_w \leqslant 0 \end{cases} \qquad (4-37)$$

式中：z_w——非弹性质量相对初始接触点的垂直位移。

轮胎的垂直压缩为轮胎阻力分量及垂直载荷分量之和，即

$$\delta = \delta_0 + \delta_x \qquad (4-38)$$

$$\delta_x = C_\delta \lambda_x$$

式中：C_δ——待定常数；

　　　λ_x——轮胎的航向变形。

轮胎滑动速度为

$$\dot{\varepsilon}_x = \dot{x}_w - (R_0 - \delta)\omega + V_{x0} \qquad (4-39)$$

式中：ω——旋转质量的转速；

　　　V_{x0}——飞行器向前速度。

（3）作用在起落架系统上的力。作用在起落架系统上的力，包括空气动力、缓冲支柱内力及轮胎力。

空气动力为

$$L = n_L(W_j + W_w), \ 0 < n_L \leqslant 1 \qquad (4-40)$$

式中：n_L——飞行器升重比；

　　　W_w——非弹性质量。

缓冲器的内力为

$$F_s = F_a + F_h + F_f + F_L$$

$$F_a = (p - p_{atm}) A_a \tag{4-41}$$

式中：F_a——缓冲器气体弹簧力；

F_h——缓冲器油液阻尼力；

F_f——缓冲器摩擦力；

F_L——缓冲器伸展限制力。

考虑到空气和液压流动的状态方程为

$$V_{air} = V_{air0} (p_0/p)^{1/n}$$

$$V_{oil} = V_{oil0} e^{-(p-p_0)/\beta} \tag{4-42}$$

式中：p——瞬时压力；

p_0——初始压力；

n——气体多变指数；

β——油液压缩指数。

可知瞬时缓冲支柱的空气 – 油液体积为缓冲器行程的函数：

$$V_{oil} + V_{air} = V_{oil0} + V_{air0} + uA_a \tag{4-43}$$

得到

$$u = \{ V_{oil0} [1 - e^{-(p-p_0)/\beta}] + V_{air0} [1 - (p_0 - p)^{1/n}] \}/A_a \tag{4-44}$$

考虑式中的指数项可近似地用部分级数表示如下：

$$e^{-(p-p_0)/\beta} = 1 - (p - p_0)/\beta \tag{4-45}$$

则缓冲器行程可用下式表示：

$$u = \{ [V_{oil0} (p - p_0)/\beta] + V_{air} [1 - (p_0 - p)^{1/n}] \}/A_a \tag{4-46}$$

缓冲器油液阻尼力 F_h 为

$$F_h = [\rho_h A_h^3 / 2 (c_d A_n)^2] \dot{u} / | \dot{u} | \tag{4-47}$$

式中：A_h——压油面积；

A_n——通油孔面积；

c_d——通油孔缩流系数。

缓冲器摩擦阻尼力 F_f 为

$$F_f = \begin{Bmatrix} 0, & \dot{u} = 0 \\ \mu_b (N_u + N_L) \dot{u} / | \dot{u} |, & \dot{u} \neq 0 \end{Bmatrix} \tag{4-48}$$

式中：N_u——缓冲器上支承垂直力；

$\quad\quad N_L$——缓冲器下支承垂直力；

$\quad\quad \mu_b$——缓冲器滑动摩擦系数。

参见图 4-38，取外筒作分离体可知式中

$$N_L = N_u L_u / (L_a - u - L_1)$$

$$N_L = N_u + N_s \quad\quad\quad\quad (4-49)$$

$$N_s = -K_f u x_f / (\cos\varphi\cos\theta)$$

缓冲支柱伸展和压缩止动点的限制力 F_L 为

$$F_L = \begin{cases} K_1 u, & u < 0 \\ 0, & 0 \leq u \leq u_{max} \\ K_1(u - u_{max}), & u > u_{max} \end{cases} \quad\quad (4-50)$$

式中：K_1——结构限制刚度。

轮胎垂直力 V 由轮胎弹簧力和阻尼力组合而成：

$$V = \Phi_s \delta_0 + C_\delta \dot{\delta} \quad\quad\quad\quad (4-51)$$

式中：Φ_s——轮胎载荷-变形斜率；

$\quad\quad C_\delta$——轮胎垂直方向的阻尼系数。

轮胎阻力由轮胎弹簧力和阻尼力组成：

$$D = K_x \lambda_x + C_{\lambda_x} \dot{\lambda}_x \quad\quad\quad\quad (4-52)$$

式中，轮胎的航向位移 λ_x 可由滑动速度对时间积分获得，其极值受轮胎摩擦系数的限制，或表示为

$$\lambda_x = \begin{cases} \int\int \dot{\varepsilon}\,\mathrm{d}t, & 极值为 \mu_x V / K_x, \quad \delta > 0 \\ 0, & \delta \leq 0 \end{cases} \quad\quad (4-53)$$

Ⅶ类轮胎总刚度 K_x 根据文献可近似取为

$$K_x = 1.2 N_t R_0 (p_t + 4 p_{rt}) \sqrt{\delta / 2R_0} \quad\quad (4-54)$$

式中：p_t——轮胎实际压力。

（4）初始条件。求解动力方程时，规定 3 个独立初始条件值（弹性质量的高度、速度、机轮转动角速度）；弹性质量和非弹性质量的垂直运动的初始条件

是相同的；非弹性质量航向运动的初始条件总为零；缓冲器初始行程在输入的初始条件中是独立量，初始条件可用式（4-55）表示：

$$z_j = z_{j0} \quad z_w = z_{j0} \quad x_w = 0 \quad \omega = \omega_0 \atop \dot{z}_j = \dot{z}_{j0} \quad \dot{z}_w = z_{j0} \quad \dot{z}_w = 0 \quad u = u_0 \Bigg\} \qquad (4-55)$$

起落架在触地瞬时，起落架弹性与非弹性质量的垂直加速度相等，即

$$\ddot{z}_j = \ddot{z}_w \qquad (4-56)$$

根据方程（4-31）和方程（4-32）可知

$$(W_j - L - F_{s0}\cos\varphi\cos\theta)/m_j = W_w + F_{s0}\cos\varphi\cos\theta/m_w$$

$$F_{s0} = [m_w(W_j - L) - m_j W_w]/[(m_w + m_j)\cos\varphi\cos\theta] \qquad (4-57)$$

而

$$F_{s0} = F_{a0} + F_{h0} + F_{f0} + F_{L0}$$

$$F_{h0} = F_{f0} = 0$$

$$F_{a0} = (p_{a0} - p_{atm})A_a \qquad (4-58)$$

联合解方程得到

$$F_{L0} = -n_L W_w/(\cos\varphi\cos\theta) - (p_{a0} - p_{atm})A_a \qquad (4-59)$$

由式（4-50）得

$$u_0 = F_{L0}/K_1 \qquad (4-60)$$

当飞机升力等于起落架弹性质量力及非弹性质量力之和时，式（4-59）可简化为

$$F_{L0} = -W/(\cos\varphi\cos\theta) - (p_{a0} - p_{atm})A_a \qquad (4-61)$$

此时限制器的力等于起落架非弹性质量与缓冲器伸展的气体弹簧力之和。

2）基于多体动力学软件快速分析

目前，商业软件如 ADAMS、Simpack、Virtual. Lab Motion、Recurdyn 及专用程序包或模块等多体动力学分析软件，都能够实现对虚拟样机的准确快速建模和仿真分析。在建模方面，重点处理好以下问题：

（1）缓冲器的内力相对比较复杂，可以通过对软件进行二次开发（动态链接库）的技术途径来解决，建立参数化的程序非常有效，其中结构限制力可以采用碰撞来建模。

（2）轮胎的力学模型是比较复杂的，对于落震仿真研究，由于仅涉及垂直力，故可以简化为线性或非线性弹性模型，使仿真问题简化。轮胎力学模型仍然可以采用前面所给出的模型。部分软件带有航空轮胎的力学模型。

4.2.5.2 缓冲性能的影响因素

工程研制中，采用经验 - 试凑的办法确定着陆冲击使用过载，随后按 GJB 67.4 计算对称着陆载荷，所得地面载荷一般偏大。在考虑了柔性支柱航向和侧向结构弹性、结构阻尼、支柱拉伸和压缩刚度、缓冲系统油液阻尼、空气弹簧和轮胎力学特性后，通过落震模拟油孔优化设计，可精确地确定着陆冲击垂直、带转（起转）载荷、回弹载荷、飞机重心下沉、缓冲器压缩、轮胎压缩的时间历程、缓冲系统功量等缓冲性能特性，可以具有足够的可信度。图 4 - 39 所示为国内某歼击机落震模拟的缓冲系统功量图。

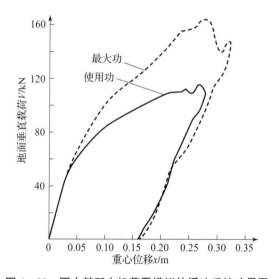

图 4 - 39　国内某歼击机落震模拟的缓冲系统功量图

1. 缓冲器充填容差对着陆冲击载荷的影响

GJB 67.4 规定，缓冲器充气压力偏差应在装配和维护手册规定值的 ±10% 范围内。注入油液体积偏差也应在规定值的 ±10% 范围内。若达不到 +10% ，则可取所能达到的最大值。

以具体某型号起落架为例，经研究得到以下趋势性结论，仅表示载荷增加的趋势和量级，具体型号起落架确切数值可通过仿真或试验方法获得。

（1）缓冲器充填容差对着陆冲击载荷有较大影响，但充气容差与充油容差对载荷的影响不同时存在，不累加。

（2）充气容差会使缓冲器气体弹簧发生较大变化，但着陆冲击总载荷并不同样增加，因为缓冲器静态载荷只占总冲击载荷的一部分，并且不影响油液阻尼力。充气容差引起使用功工况下的垂直载荷影响仅为 3.5%，最大功为 3%。

（3）对于一般油气缓冲器，充油容差对冲击载荷的影响大于充气容差的影响，充油容差引起使用功工况下的垂直载荷影响为 5.3%，最大功为 3.8%。

（4）最大功情况的影响不如使用情况严重，这是因为大功量油峰较高，虽然气峰因充填容差影响有上升趋势，但其差值比不如使用功情况大，所以总的载荷增加比相对较小。

（5）本算例取用动态多变指数 1.2，这是保守的数字，所以本计算的结果是偏安全的。

（6）考虑充填容差影响，充油、充气容差影响不叠加，则垂直载荷增加仅为 3.8%（较大者），而不是 20% 的增加值。

考虑充填容差影响的功量曲线如图 4 - 40 所示。

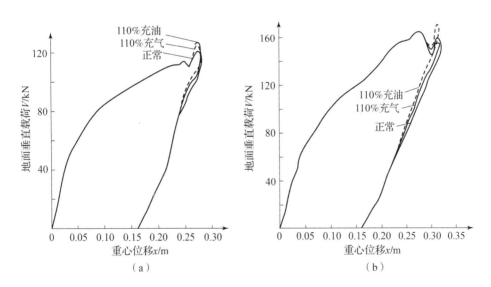

图 4 - 40　考虑充填容差影响的功量曲线

（a）使用功情况；（b）最大功情况

2. 起转载荷最大滑动摩擦系数的取值

滑动摩擦系数是滑动速度、道面状态、轮胎花纹、轮胎压力的函数。该摩擦系数直接关系到着陆起转（带转）水平载荷的大小，应严格按新规范规定取为 0.55。对于当前采用高压和超高压轮胎的歼击机等作战飞机及运输机而言，取 $\mu_{max} \leq 0.55$ 属偏安全，而且符合国际统一的要求。

1）英国工程索引 71026

这是一份权威的轮胎滑动摩擦实测数据资料，具有工程实用价值，如图 4 - 41 所示。当轮胎压力增至 1.1 MPa 以上时，最大滑动摩擦系数都在 0.55 以下或更小一点。最大摩擦系数取为 0.55 是对应滑行速度为零的情况，实际飞机着陆起转速度至少在 200 km/h 以上，其真正的滑动摩擦系数远小于 0.55。所以，对目前新研制的歼击机、运输机或国际上新型歼击机或舰载机而言，无疑最大滑动摩擦系数取 0.55 是很安全的。

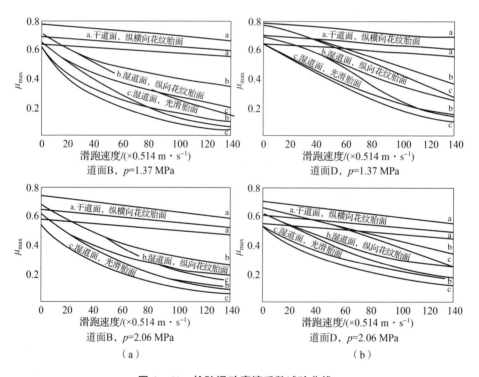

图 4 - 41 轮胎滑动摩擦系数试验曲线

(a) 道面 B；(b) 道面 D

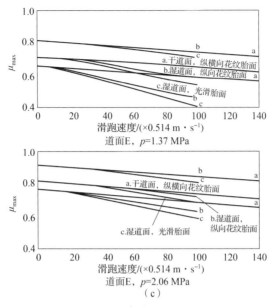

图 4 - 41 轮胎滑动摩擦系数试验曲线（续）

（c）道面 E

道面 B：较光滑水泥道面和少量沥青混凝土道面；道面 D：浅纹道面刻痕和少量沥青混凝土道面；道面 E：深刻痕多孔碎石道面。

2）NACA TN - 4008 数据

图 4 - 42 所示为其提供的几种飞机实测的滑动摩擦系数曲线。这些飞机在机轮起转速度附近，最大滑动摩擦系数小于 0.55。

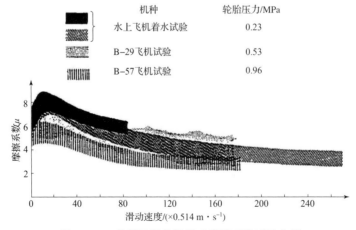

图 4 - 42 几种飞机轮胎滑动摩擦系数试验曲线

3. 与对称着陆最大垂直载荷 P_{ymax} 同时发生的起转载荷 P_x

机轮起转载荷（最大）并不是在最大垂直载荷出现时发生，最大垂直载荷一般在机轮接地后 0.25 ~ 0.30 s 才出现，此时机轮早已完成起转动作，滑动摩擦系数已大大降低。

GJB 67.4 规定最大垂直载荷对应的起转载荷 $P_x \not< 0.25 P_{yamx}$。但在使用说明中规定 $P_x = 0.4 P_y$，这对于目前轮胎胎压广泛采用 1 MPa 左右或更高的军民机而言是过严要求。国外先进作战飞机设计中取 0.2 的摩擦系数是符合标准要求的。如果取为 0.4，则与最大垂直载荷同时出现的水平载荷增加 0.4/0.25 = 1.6 倍。

4. 前轮当量质量

在 2.3 节中，前起落架取由于地面摩擦引起的附加力矩后的质量：

$$W_n = \frac{b + \mu H}{a + b} = \frac{b + \mu H}{L} \qquad (4 - 62)$$

据资料表明，一些运输机保守的算法，μ 取 0.25 ~ 0.33，对于高压轮胎和超高压轮胎的作战飞机而言，应不高于上述数值。

5. 刹车摩擦系数的选取

对于中低压轮胎，刹车摩擦系数 $\mu = 0.8$。对于压力超过 1.1 MPa 的轮胎，应取较低的数值，反向刹车取 $\mu = 0.55$ 更符合实际使用情况。

6. 油液压缩性及外筒膨胀的影响

这是单独的一个影响因素。油液在给定压力下，体积压缩变化量近似为

$$\Delta V = (1 - k) \times 常态油液体积$$

式中，k 表示压缩性系数，在零压强时，$k = 1$；在 7 MPa 时，$k = 0.995\ 5$；在 14 MPa 时，$k = 0.991\ 7$。即对于一般缓冲器，油液体积变化不到 0.5%。

外筒膨胀的体积变化根据结构变形求得，具体算法不再展开。由外筒膨胀的体积变化仅为油液压缩性体积变化的 25% 左右。

■ 4.3 缓冲器的试验验证

4.3.1 试验目的和类型

缓冲器落震试验是模拟着陆撞击的一种动力特性试验。在着陆撞击过程中为

了使结构元件不超载，起落架必须有效地吸收着陆撞击产生的能量。落震试验的目的就是要验证起落架缓冲系统在满足吸收设计功量的同时，起落架过载，支柱、轮胎使用行程是否满足设计要求，设计参数是否达到设计要求，结构是否达到预期的强度和刚度，是否可提供装机使用，并满足相关的规范。

落震试验是在专门的试验设施上进行的，这种设施最少应模拟着陆质量、着陆迎角、着陆瞬时接地的下沉速度、前进速度（进场时的失速速度）及机翼产生的气动力。试验时需通过高速数据采集系统采集试验数据，然后进行数据处理分析，绘制各种组合曲线及功量图，根据各种判据参数进行判别，给出最终试验结论及更改意见，作为设计修改、参数优化的依据。

按照试验目的，落震试验可分为：

（1）理论研究性落震试验：为新研的起落架提供机理分析数据。

（2）研究性调参落震试验：指在起落架载荷及结构行程尺寸设计完后，通过调节充填参数和油孔结构参数来提高吸能效率，满足过载与使用行程的设计要求。

（3）起落架性能鉴定试验：指按有关规范的规定进行起落架落震试验，对于新机研制、老机改型和批生产件均需进行该试验验证。

（4）其他研究性试验：这里主要指为研究起落架缓冲系统某些性能参数而进行的试验。如确定空气压缩多变指数，确定油液阻尼系数及确定起转回弹载荷而进行的一些试验等。

4.3.1.1　起落架原始参数

落震试验中有的参数要通过起落架原始设计数据计算得到，这些参数在编写落震试验任务书时给出。

（1）起落架缓冲系统吸收的使用功 A 与最大功 A_{max} 及对应的过载 n_y、n_{ymax}。

（2）飞行器着陆质量 W_L 或者作用在一个起落架上的静载荷 P_d。

（3）缓冲支柱的初始充填参数（包括充气压力 p_{am} 与充油量 C）。

（4）轮胎的充气压力 P_δ。

（5）缓冲支柱的使用行程及最大行程 S、S_{max}。

（6）轮轴的使用行程及最大行程 δ、δ_{max}。

（7）飞行器着陆速度 V_L。

（8）机轮半径 R。

（9）机轮转动惯量 I（必要时给出）。

（10）起落架传力系数 Φ_k（对于摇臂式起落架更为重要）。

（11）机翼升力系数，按现行规范一般取 $L = 1$。

（12）飞行器着陆姿态及支柱偏转角 α、β（航向 α，侧向 β）。

（13）高压腔充气压力 P_{sv}。

4.3.1.2　落震试验中有关参数的确定

落震试验中参数的确定依据起落架原始参数和有关规范的规定，起落架参数如上述给出的参数。规范规定参数：机轮触台速度等于 1.2 倍的进场失速速度，容差试验中支柱充气为额定缓冲支柱充气压力的 ±10%，油液为额定支柱充油量的 ±10%，飞行器增重试验中对应下沉速度要求的质量系数等。

1）起落架安装姿态

根据试验任务书要求的 α、β，非标准设备设计人员根据飞行器有关起落架外形连接图样及起落架理论图、交点载荷，设计落震台吊篮与起落架的连接夹具，该夹具的安装要保证起落架在落震台上的安装与真实情况的符合性，满足角度要求及落震试验的强度、刚度要求。

2）确定落震试验投放高度

落震试验投放高度 H 指机轮下缘到模拟平台表面的距离，根据规范规定的下沉速度值进行计算：

$$H = V_y^2 / (2g) \tag{4-63}$$

式中：V_y——起落架接地下沉速度，m/s;

　　　g——重力加速度，m/s^2。

3）确定有效投放质量

落震试验的有效投放质量指吊篮、夹具、起落架、配重及其附加质量集合的总落体质量。计算公式为

$$W = P_{eq} \left[\frac{H + (1 - L) y_C}{H + y_C} \right] \tag{4-64}$$

式中：P_{eq}——起落架当量载荷（或起落架静载荷），N;

　　　H——由下沉速度决定的自由落震高度，m;

L——升力系数，根据 CCAR – 25 与 GJB 67. 9—85 的规定 $L = 1$；

y_C——上、下部质量总位移，m。

有效投放质量在落震试验中要根据 y_C 的实测值进行试凑。

4）确定机轮预转速度

根据下式进行计算：

$$N = \frac{V_L}{2\pi R} \qquad (4 - 65)$$

式中：N——机轮预转速度，r/min；

V_L——飞行器着陆速度，km/h；

R——机轮半径，m；

π——自然常数。

4. 3. 2　试验内容

4. 3. 2. 1　设计着陆试验

验证起落架缓冲系统在设计着陆条件下的撞击性能。

在与平台接触时，机轮应沿逆航向旋转，除非特别规定，否则按表 4 – 3 中的规定计算机轮触台速度。表中的 V_S 为飞行器在进场时，以零推力水平着陆时的速度。根据机轮触台速度计算机轮每分钟的转数，应取轮胎未变形时的机轮半径。

表 4 – 3　设计着陆试验

序号	着陆质量	下沉速度/(m·s⁻¹)	着陆姿态	机轮触台速度
1	着陆设计质量	3. 0 ~ 4. 0	水平	$1.2V_S$
2	着陆设计质量	3. 0 ~ 4. 0	机尾下沉	$1.0V_S$

4. 3. 2. 2　充填参数容差试验

完成设计着陆情况试验后，应进行充填参数容差试验，试验充填参数见表 4 – 4 中规定的数值。改变缓冲器充油量时要求：当取 90% 时，缓冲器行程不大于结构行程的 95%；当取 110% 时，最大垂直载荷不能大于使用载荷的 110%。

表 4 – 4　充填参数容差试验

序号	着陆质量	下沉速度/ (m·s⁻¹)	着陆 姿态	机轮触台 速度	缓冲器充气压力 （100%试验确定值）	缓冲器充油量 （100%试验确定值）
1	着陆设 计质量	3.0	水平	$1.2V_S$	90	100
2	着陆设 计质量	3.0	水平	$1.2V_S$	110	100
3	着陆设 计质量	3.0	水平	$1.2V_S$	100	90
4	着陆设 计质量	3.0	水平	$1.2V_S$	100	110①

注：①缓冲器充油量若达不到110%，则可取所能达到的最大值

4.3.2.3　增重试验

在完成表 4 – 4 规定的充填参数容差试验后，应进行表 4 – 5 中规定的试验。当这些试验完成后，缓冲系统功能应无削弱，结构不允许产生永久变形。

表 4 – 5　增重试验

序号	试验质量	下沉速度/ (m·s⁻¹)	着陆 姿态	机轮触台 速度	缓冲器充气 压力（100% 试验确定值）	缓冲器充油 量（100% 试验确定值）	注
1	0.825 的着 陆设计质量	3.3	水平	$1.2V_S$	100	100	①
2	1.234 6 倍 着陆设计质量	2.7	水平	$1.2V_S$	按产品设计 状态调节	100	①
3	1.5 倍着陆 设计质量	2.5	水平	$1.2V_S$	按产品设计 状态调节	100	

注：试验功量等于设计着陆质量时的功量

4.3.2.4　储备能量试验

在前面的各项试验完成后，用同一个起落架进行表 4-6 的试验。当这些试验完成后，起落架不允许产生失去功能的永久变形或破坏。

储备能量试验用于验证起落架缓冲系统吸收功量的极限能力。从使用下沉速度开始，按表 4-6 分三级增加到最大下沉速度。当下沉速度达到最大时，系统应吸收设计规定的能量，并且缓冲器的最大行程不得达到结构设计的极限值。最大垂直载荷一般不应超过设计载荷的 90%，要求起落架能够经受三次最大功试验。

表 4-6　储备能量试验

序号	着陆质量	下沉速度/ $(\mathrm{m} \cdot \mathrm{s}^{-1})$	着陆姿态	机轮触台速度	注
1	着陆设计质量	3.25	水平	$1.2V_S$	无功能损失
2	着陆设计质量	3.5	水平	$1.2V_S$	无功能损失
3	着陆设计质量	3.75	水平	$1.2V_S$	结构不产生失去功能的永久变形

4.3.2.5　耐久性落震试验

耐久性落震试验的目的是考核缓冲器密封装置和内部元件在起落架使用寿命期内的耐久性。如果缓冲器没有在专门的试验台上进行全行程循环试验，应进行本条所规定的试验（表 4-7）。本试验不属于起落架性能鉴定试验内容，不作为考核起落架结构疲劳寿命的依据。

表 4-7　耐久性落震试验

序号	着陆质量	下沉速度/ $(\mathrm{m} \cdot \mathrm{s}^{-1})$	着陆姿态	机轮触台速度
1	着陆设计质量	3.0	水平	$1.2V_S$

本试验是在起落架性能鉴定试验完成后，根据起落架具体情况选定的，试验前允许更换缓冲支柱内部密封装置。试验次数由双方协商，飞机最多不超过 6 000 次，试验过程应防止缓冲支柱内部密封装置的损坏及起落架的破坏，发现支柱漏油、渗油，应停止试验，进行分解，更换元件后可再次试验。

4.3.2.6 限制落震试验

限制落震试验按表 4-8 项目验证。

表 4-8 限制落震试验

序号	着陆质量	下沉速度/(m·s⁻¹)	着陆姿态	机轮触台速度
1	着陆设计质量	3.05	水平	$1.2V_S$
2	着陆设计质量	3.05	机尾下沉	$1.0V_S$

（1）如果用自由落震试验来满足起落架在吸收规定能量的情况下，过载与使用行程不超过设计值的要求，则应用合格的起落架或合格的机轮、轮胎及缓冲器组成的装置进行试验。自由落震的高度不小于下列值：

①在设计着陆质量情况下为 0.475 m。

②在设计起飞质量情况下为 0.170 m。

（2）如果用空气筒或别的机械手段模拟飞机升力，落震的重力应等于 P_{eq}，起落架、吊篮系统的有效质量应按任务书要求确定。

（3）起落架落震试验的姿态和试验时相应施加的阻力应模拟飞机的各种着陆情况，模拟方式要能产生合理的或保守的限制载荷系数。

（4）在计算有效投放质量时，吊篮重心位移值 y_C 不得超过落震试验实测值。

4.3.2.7 储备功吸收落震试验

储备功吸收落震试验按表 4-9 项目验证。

表 4-9 储备功吸收落震试验

序号	着陆质量	下沉速度/(m·s⁻¹)	着陆姿态	机轮触台速度
1	着陆设计质量	3.66	水平	$1.0V_S$

（1）如果用自由落震试验来满足起落架缓冲系统应吸收规定的储备功情况，则落震高度不得小于 0.686 m。

（2）如果用空气筒或其他机械手段模拟飞行器升力，则落震所用的重力应等于 P_{eq}，如果在自由落震试验中用一个等效减缩质量来代表升力效应，则起落架、吊篮系统有效重力应按下式计算：

$$G = P_{eq} \frac{H}{H + y_C} \qquad (4-66)$$

4.3.3　一般试验要求

4.3.3.1　测试设备及其要求

落震试验的测试设备由各种测试传感器、电桥、不间断电源、多通道高速采集器、微型计算机、打印机、扫描仪等设备组成。

测试传感器的分类与布置根据具体试验要求进行，一般包括冲击/加速度传感器、拉压力传感器、大位移传感器（量程范围 0 ~ 0.50 m，0 ~ 2.00 m 等）、应变传感器（重点测量轮轴根部、外筒等部位）。

采集系统的精度控制在 ±0.3% 以内，采集器采样速度要高，要求一定要同步采样。因为落震试验是瞬态信号，而且各曲线之间的关系又非常密切，曲线与曲线之间通过时间历程来绘制各种图形，按曲线对应时刻计算各种起落架要求参数，只有这样才能保证地面载荷合成的真实性，否则将造成载荷叠加失真。测试设备仪器要求零点温漂、滞后、非线性度要小、精度要高，但非常重要的一个环节是测试传感器首先要精度高，这样试验测试的最终结果会在误差要求的范围之内。

4.3.3.2　数据记录

1. 试验记录内容

每次试验都必须详细记录：试验时间、试验序号、试验项目（即使用功、容差试验等）、试验状态（即水平或机尾下沉，要注明支柱倾角）、试验环境温度。

系统计算记录数据包括缓冲支柱功量、缓冲系统功量、系统功量误差、起落架过载、飞行器重心限制过载、缓冲支柱上下腔最大压力、起落架缓冲系统吸收功量效率系数、缓冲支柱吸收功量效率系数、机轮起转载荷、缓冲支柱回弹载荷及对应的起转与回弹过载、对应的缓冲支柱压缩比等。

另外还要记录：计算机采集存盘序号、机轮触台时的下沉速度、缓冲支柱低压气腔初始压力、高压气腔初始压力、支柱静态压缩位移、支柱充油量、轮胎初始压力、油孔特性尺寸（包括正反行程油孔形状尺寸及孔边倒角）、投放高度、投放重量、机轮触台速度、吊篮重心位移、轮胎最大压缩量、支柱最大位移等参数。

2. 试验中应采集的信号随时间的变化历程

（1）地面垂直载荷随时间的变化历程。

（2）机轮起转与回弹载荷随时间的变化历程。

（3）机轮侧向载荷随时间的变化历程。

（4）缓冲支柱轴向载荷随时间的变化历程。

（5）吊篮重心加速度随时间的变化历程。

（6）地面撞击平台垂直、航向、侧向加速度随时间的变化历程。

（7）吊篮重心位移随时间的变化历程。

（8）轮胎位移（即轮轴行程）随时间的变化历程。

（9）缓冲支柱行程随时间的变化历程。

4.3.3.3　测量方法

载荷测量一般采用地面载荷测量方法，这种方法是目前载荷测量的一种通用测量方法，即垂直载荷、水平载荷、侧向载荷在地面平台上测量，同时考虑因变形而产生的平台惯性载荷（即测量平台航向与侧向加速度值），起落架缓冲支柱变形在起落架上测量。

上部质量加速度计垂直固定在大吊篮底板上，测量飞机重心惯性限制过载。水平测力计、侧向测力计，两端铰接在刚性支座和平台的中心线处测量航向与侧向载荷。考虑到平台惯性载荷的影响，水平加速度计、侧向加速度计安装在平台侧向与纵向紧靠测力计的位置，测量平台惯性载荷。起落架缓冲系统位移传感器安装在上部质量框架与地面专用支架上，测量重心位移。缓冲器活塞位移计安装在缓冲支柱上，测量缓冲支柱位移。地面垂直载荷测力计按杠杆原理安装在刚性台面下边，测量垂直载荷。缓冲支柱力用贴在支柱根部的应变片测量，上下腔压力传感器分别连接在上下气嘴上测量，油孔以上的应力变化是在外筒上贴片测量，轮轴力测量是在轮轴处贴片测量。

地面载荷为

$$\begin{cases} F_{y1} = F_{yg1} = M_1 \cdot a_{y1} \\ F_{H1} = F_{Hg1} + M_1 \cdot a_{H1} \\ F_{I1} = F_{Ig1} + M_1 \cdot a_{I1} \end{cases} \tag{4-67}$$

式中：F_{y1}——平台垂直载荷，N；

$\quad\quad F_{yg1}$——平台垂直测力计所测载荷，N；

$\quad\quad M_1$——平台质量，kg；

$\quad\quad a_{y1}$——平台垂直加速度，m/s^2；

$\quad\quad F_{H1}$——平台水平载荷，N；

$\quad\quad F_{Hg1}$——平台水平测力计所测载荷，N；

$\quad\quad a_{H1}$——平台水平加速度，m/s^2；

$\quad\quad F_{l1}$——平台侧向载荷，N；

$\quad\quad F_{lg1}$——平台侧向测力计所测载荷，N；

$\quad\quad a_{l1}$——平台侧向加速度，m/s^2。

如果机轮与平台表面沿侧向有滑动，产生侧向偏心，平台垂直载荷传感器应该改单点测试为三点测试，三个传感器的测试信号应按时间历程叠加，水平与侧向测力传感器均应改单点测试为两点测试，两点安装距离要包容水平与侧向因机轮滑动、滑移产生的水平与侧向偏心。

4.3.4　试验结果分析

4.3.4.1　直接物理量

1. 垂直载荷

根据计算机采集曲线与落震试验垂直载荷传感器在计算机中的预先标定值来计算垂直载荷曲线。

$$F_y(t) = K_{yg}C_{Fy}(t) + K_{ay}C_{ay}(t)M_1 \qquad (4-68)$$

式中：K_{yg}——垂直载荷传感器在计算机中的标定值，N/mV；

$\quad\quad C_{Fy}(t)$——计算机采集的垂直载荷传感器曲线，mV；

$\quad\quad K_{ay}$——平台垂直加速度在计算机中的标定值，$(m/s^2)/mV$；

$\quad\quad C_{ay}(t)$——平台垂直加速度的采集曲线，mV；

$\quad\quad F_y(t)$——地面垂直载荷曲线，N；

$\quad\quad F_y$——在 $F_y(t)$ 曲线上判出的最大值，N；

$\quad\quad M_1$——平台惯性质量，kg。

2. 缓冲支柱上腔压力

根据计算机采集曲线与上腔压力传感器在计算机中的预先标定值来计算缓冲支柱上腔压力曲线。

$$P_{sv}(t) = K_{sv}C_{sv}(t) \qquad (4-69)$$

式中：K_{sv}——缓冲支柱上腔压力在计算机中的标定值，Pa/mV；

$C_{sv}(t)$——上腔压力传感器在计算机中的采集曲线，mV；

$P_{sv}(t)$——上腔压力曲线，Pa；P_{sv}——在 $P_{sv}(t)$ 曲线中判出的最大压力值，Pa。

支柱下腔压力处理与上腔压力类似。

3. 航向阻力载荷

（1）水平载荷传感器连接在平台上，进行加载，采集标定。钢球滚动摩擦系数为 0.004，可忽略不计，但对传感器受载发生应变产生的惯性载荷应计入。

$$F_H(t) = K_{Hg}C_{Hg}(t) + K_{aH}M_1C_{aH}(t) \qquad (4-70)$$

式中：K_{Hg}——水平载荷传感器在计算机中的标定值，N/mV；

$C_{Hg}(t)$——计算机采集的水平载荷传感器曲线，mV；

K_{aH}——平台水平加速度在计算机中的标定值，$(m/s^2)/mV$；

$C_{aH}(t)$——计算机采集的水平加速度曲线，mV；

$F_H(t)$——水平载荷曲线，N；F_H——在 $F_H(t)$ 曲线上判出的最大水平载荷值，N。

（2）如果采用霍尔式角加速度传感器，则机轮水平载荷应为

$$F_H(t) = IK_\varepsilon C_\varepsilon(t)/R(t) \qquad (4-71)$$

式中：K_ε——机轮角加速度在计算机中的标定值，$(rad/s^2)/mV$；

$C_\varepsilon(t)$——计算机采集的机轮角加速度曲线，mV；

I——通过试验实测的机轮转动惯量值，$kg \cdot m^2$；

$R(t)$——机轮随时间变化的滚动半径，m；

$F_H(t)$——地面水平载荷曲线，N；F_H——$F_H(t)$ 曲线中判出的最大值，N（注：在一般情况下，平台最大水平载荷就等于机轮起转载荷 $F_{H,su}$）。

目前国内落震台上水平载荷的测试均采用第一种方法，如果有高精度的非接

触式角加速度传感器则可采用第二种方法测量。

4. 机轮侧向载荷

随着新机的研制起落架结构形式在不断变化，缓冲支柱沿侧向有一定的倾角，形成了外八字形起落架，所以落震试验必须测试平台侧向载荷，为了真实地模拟机轮侧向载荷，在试验中除了用测力计测量侧向载荷外，还应记及平台惯性载荷：

$$F_I(t) = K_{Ig}C_{Ig}(t) + K_{al}M_1C_{al}(t) \qquad (4-72)$$

式中：K_{Ig}——侧向载荷传感器在计算机中的标定值，N/mV；

$\quad\quad C_{Ig}(t)$——计算机采集侧向载荷传感器的曲线，mV；

$\quad\quad K_{al}$——侧向加速度传感器在计算机中的标定值，$(m/s^2)/mV$；

$\quad\quad M_1$——平台惯性质量，kg；

$\quad\quad C_{al}(t)$——侧向加速度计在计算机中的采集曲线，mV；

$\quad\quad F_I(t)$——平台侧向载荷曲线，N；F_I——侧向载荷曲线中判出的最大侧向力，N。

5. 重心位移

$$y_C(t) = K_{yC}C_{yC}(t) \qquad (4-73)$$

式中：K_{yC}——重心位移在计算机中的标定值，m/mV；

$\quad\quad C_{yC}(t)$——计算机中采集的重心位移曲线，mV；

$\quad\quad y_C(t)$——重心位移曲线，m；y_C——在 $y_C(t)$ 曲线上判出的最大重心位移值，m。

6. 缓冲支柱位移

$$S(t) = K_s C_s(t) \qquad (4-74)$$

式中：K_s——缓冲支柱位移在计算机中的标定值，m/mV；

$\quad\quad C_s(t)$——计算机采集的缓冲支柱位移曲线，mV；

$\quad\quad S(t)$——缓冲支柱位移曲线，m；S——在 $S(t)$ 曲线中判出的最大值，m。

7. 轮胎压缩位移

$$\delta(t) = K_\delta C_\delta(t) \qquad (4-75)$$

式中：K_δ——轮胎压缩位移在计算机中的标定值，m/mV；

$C_\delta(t)$——计算机采集的轮胎压缩位移曲线，mV；

$\delta(t)$——轮胎压缩位移曲线，m；δ——在 $\delta(t)$ 曲线中判出的最大值，m。

注：轮胎位移可采用非接触式传感器测量。

4.3.4.2　间接物理量

1. 起落架缓冲系统吸收能量

$$A = \int_0^{y_C} F_y(t)\,\mathrm{d}y_C(t) \tag{4-76}$$

2. 缓冲支柱吸收能量

$$A_{ss} = \int_0^S F_{sy}(t)\,\mathrm{d}S(t) \tag{4-77}$$

式中：A_{ss}——缓冲支柱吸收能量，J。

3. 缓冲器效率系数

$$\eta_{sy} = \frac{\int_0^S F_{sy}(t)\,\mathrm{d}S(t)}{F_{sy} \cdot S} \tag{4-78}$$

式中：S——缓冲器压缩位移，m；

η_{sy}——缓冲器吸收能量时的效率系数。

4. 起落架缓冲系统效率系数

$$\eta = \frac{\int_0^{y_C} F_y(t)\,\mathrm{d}y_C(t)}{F_y \cdot y_C} \tag{4-79}$$

式中：η——起落架缓冲系统吸收撞击能量时的效率系数。

5. 飞行器过载

$$n = n_i \frac{W}{P_{eq}} g + C_L \tag{4-80}$$

式中：n_i——落震试验质量重心处测得的吊篮过载；

W——落震试验中的吊篮系统有效落体质量，kg；

C_L——升力系数。

6. 前起落架载荷系数

$$n_{yq} = \frac{F_{fy}}{F_{f,cT}} \tag{4-81}$$

式中：n_{yq}——前起落架在撞击试验中的过载；

$\quad$ F_{fy}——前起落架承受的最大地面垂直载荷，N；

$\quad$ $F_{f,cT}$——前起落架承受的停机载荷，N。

7. 主起落架过载

$$n_{yz} = \frac{F_{my}}{F_{m,cT}} \qquad (4-82)$$

式中：n_{yz}——主起落架在撞击试验中的过载；

$\quad$ F_{my}——主起落架承受的最大地面垂直载荷，N；

$\quad$ $F_{m,cT}$——主起落架承受的停机载荷，N。

8. 机轮起转过载

$$\xi_1 = \frac{\text{起转载荷达到最大值时对应的垂直载荷}}{\text{最大垂直载荷}} \qquad (4-83)$$

9. 缓冲支柱回弹过载

$$\xi_2 = \frac{\text{回弹载荷达到最大值时对应的垂直载荷}}{\text{最大垂直载荷}} \qquad (4-84)$$

10. 机轮与跑道之间的摩擦系数

$$\mu = \frac{F_H}{F_{y,su}} \qquad (4-85)$$

式中：F_H——水平阻力载荷，N；

$\quad$ $F_{y,su}$——水平载荷对应的垂直载荷，N。

11. 起转压缩比

$$K_1 = \frac{\text{起转载荷达到最大值时对应的缓冲支柱行程}}{\text{缓冲支柱最大行程}} \qquad (4-86)$$

12. 回弹压缩比

$$K_2 = \frac{\text{回弹载荷达到最大值时对应的缓冲支柱行程}}{\text{缓冲支柱最大行程}} \qquad (4-87)$$

▦ 4.4 典型缓冲器案例

本节梳理了一些缓冲器设计案例，供缓冲器设计人员参考，吸取优秀设计元素。

4.4.1　单腔油气缓冲器

图 4 –43 所示为某机前起落架缓冲器支柱，其利用反行程制动阀实现反行程制动性能。缓冲器油液不能自由流入活塞杆外面的环腔，油液阻尼采用常油孔，但有一段自由行程段，以改善行程初期阻尼特性和支柱全伸状态的油液自由流动。

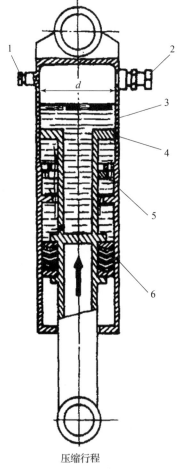

压缩行程

图 4 –43　某机前起落架缓冲器支柱

1—放油嘴；2—充填嘴；3—外筒；4—活塞；5—铸铁胀圈；6—密封装置

图 4 –44 所示为苏 –27 前起落架缓冲器支柱，装有油气分离的浮动活塞和缓冲支柱压缩量显示器。在活塞杆与外筒环腔内装有反行程制动装置。

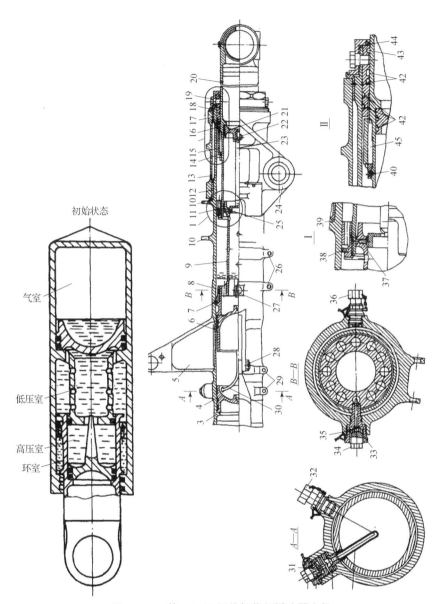

图 4 - 44 苏 - 27 飞机前起落架缓冲器支柱

1, 28—斜支柱固定螺帽；2—螺栓；3—缓冲支柱外筒；4—外筒帽盖；5—收放作动筒固定支座；6—浮动活塞；7—卡环；8—柱塞固定螺帽；9—柱塞；10—动力作动筒固定支架耳环；11—上部轴套活塞；12, 17—青铜套筒；13—转动套筒；14—凸轮固定螺帽；15—凸轮；16—下部青铜轴套活塞；18—轴套柱塞和转动套筒固定螺帽；19—定位销；20—缓冲支柱；21—活塞杆帽盖；22—注油嘴；23—油针；24—防扭力臂固定耳环；25—扩散器；26—分流阀固定耳环；27, 30—油标导管（溢流管）；29—着陆灯固定架耳环；31, 35—阀滚珠；32, 36—充填阀；33—溢流阀壳体；34—阀螺钉；37, 40—保险螺钉；38—调节垫圈；39—密封盖；41—密封圈；42—带保护垫圈密封环；43—密封装置；44—销

图4-45所示为运-8飞机前起落架缓冲器支柱及其缓冲器原理，其反行程制动通过铸铁胀圈上下移动实现，油液阻尼孔为定油孔，但运-8的密封仍为胶碗式。

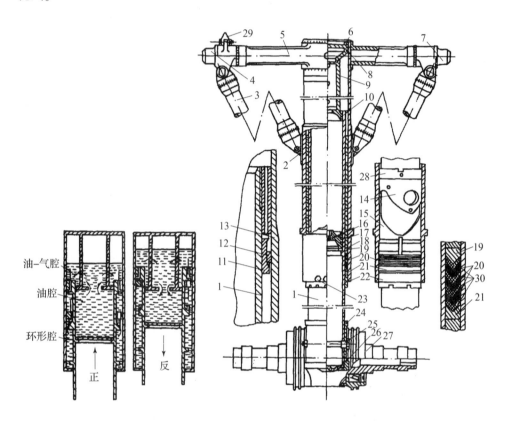

图4-45 运-8飞机前起落架缓冲支柱及其缓冲器原理

1—活塞杆；2—中部接头；3—侧支柱；4，7—轴颈；5—横梁；6，28—螺帽；8，17—密封圈；
9—柱塞；10，12—胀圈；11—上轴套；13—外筒；14—上凸轮；15—下凸轮；16—隔板；18—垫圈；
19—上承圈；20—胶碗；21—下承圈；22—下轴套；23，25—螺栓；24—杆头；26—底座；
27—轮轴；29—支臂；30—皮碗

图4-46和图4-47所示为MD-82前、主起落架缓冲器。其上轴套配有反行程阻尼装置，上轴套采用卡环连接，不用常规的螺纹连接，油针下端连接支持较长，刚度大，减小着陆冲击油针的晃动，油孔阻尼稳定。

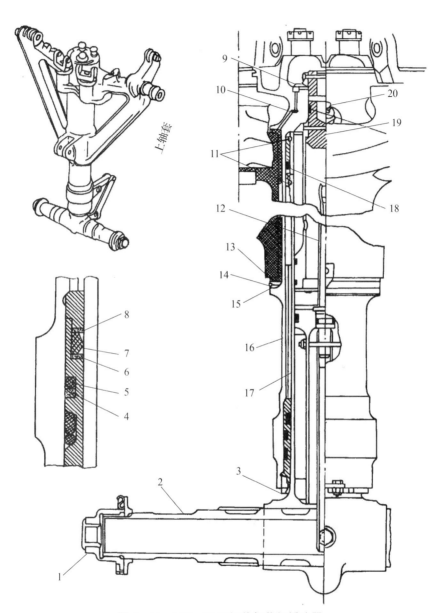

图 4 – 46　MD – 82 飞机前起落架缓冲器

1，3，9—螺母；2—轮轴；4，6，8—挡圈；5，7，19—密封件；10，15—垫圈；

11—卡环；12—油针；13—衬套；14—油嘴；16—外筒；

17—内筒；18—胀圈；20—充气嘴

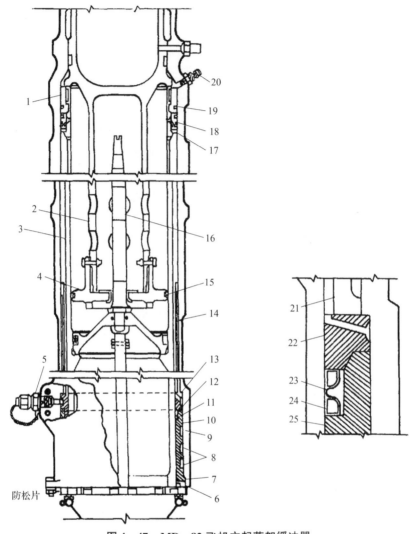

图 4 - 47   MD - 82 飞机主起落架缓冲器

1—上轴套；2—扩散管；3—内筒；4—油孔套；5—充油阀；6—螺母；7—防尘圈；8—备用密封件；

9—静密封件；10、25—下轴承；11、24—挡圈；12、23—动密封件；13、22—衬环；

14、21—隔套；15、17—胀圈；16—油针；18、19—卡环；20—充气嘴

4.4.2   常规双腔缓冲器

图 4 - 48 所示为一种常规双作动缓冲器的布置形式。主起落架双作动式的工作特点是初始气室达到某一压力后，两气室同时工作，而这以前只有初始气室工作，其静压曲线有转折的拐点，拐点前曲线较平缓，而拐点后曲线较陡直，这是

高压气室作用段，适于不平道面的机场使用。这种布置广泛用于西方的军、民机上。主起落架缓冲器布置的油－气状态更好一些，高压气室完全与油室隔离，但油孔配置是常油孔式。

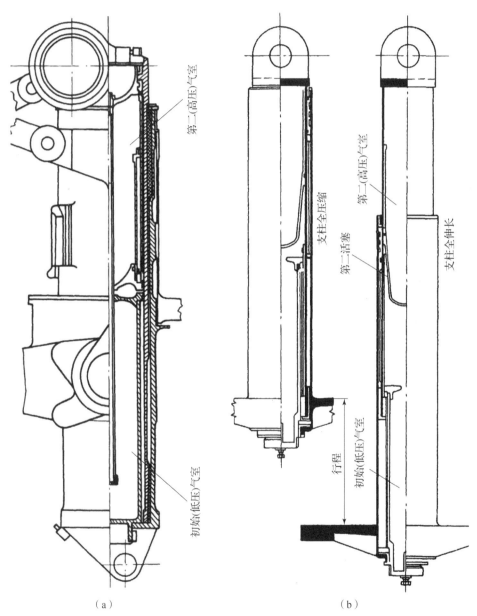

（a）　　　　　　　　　　　　　　　　（b）

图 4－48　国外某机前起落架、主起落架双作动缓冲支柱

（a）前起落架缓冲器；（b）主起落架缓冲器

4.4.3　改进双腔缓冲器

图4-49所示为某机前起落架改进型双作动缓冲支柱。其高压气室充气压力较高，用于承受大动能撞击及地面滑行响应载荷，由低压到高压气室工作转换靠活塞杆上端面机械顶靠浮动活塞实现。活塞杆内装有变截面油针杆。

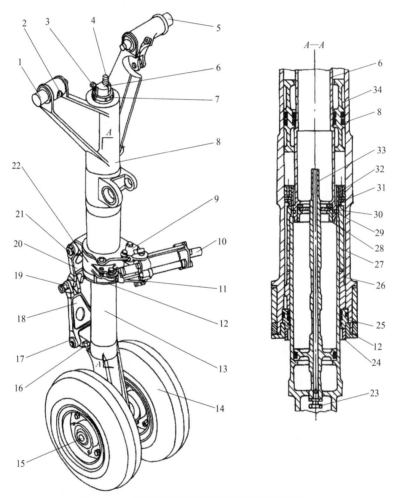

图4-49　某机前起落架改进型双作动缓冲支柱

1—左转轴；2—螺栓；3—低压充填嘴；4—高压充填嘴；5—右转轴；6—柱塞杆；7—上螺母；8—外筒；9—耳片；10—操纵作动器；11—支臂；12—下螺母；13—活塞杆；14—前机轮和轮胎；15—轮轴；16—千斤顶支座；17—下扭力臂轴；18—下扭力臂；19—扭力臂连接轴；20—上扭力臂；21—上扭力臂轴；22—下接头；23—堵塞；24—螺栓；25—下轴套；26—下凸轮；27—上凸轮；28—柱塞螺栓；29—胀圈；30—柱塞头；31—反向止动阀；32—上轴套；33—油针杆；34—活动活塞

图 4 – 50 所示为洛克希德 C – 130 油 – 气分离和油 – 气混合的起落架。图 4 – 50（a）为油 – 气混合式结构，图 4 – 50（b）为油 – 气分离的改进式结构。图 4 – 50（b）所提供的结构图是一个理想的油 – 气分离式缓冲器，浮动活塞安排在活塞内，反行程制动阀安排在活塞外端的环腔内，结构显得很紧凑。

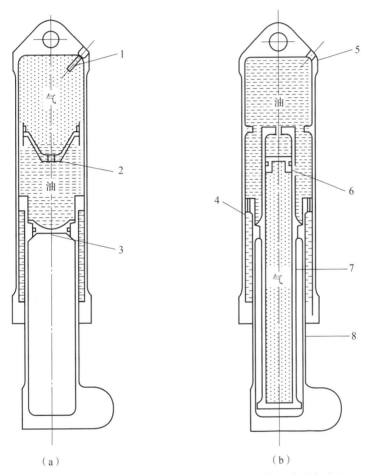

（a）　　　　　　　　（b）

图 4 – 50　洛克希德 C – 130 油 – 气分离和油 – 气混合的起落架

（a）油 – 气混合的原支柱；（b）油 – 气分离的改进支柱

1—标准管（删去）；2—油孔（删去）；3—隔板（删去）；4—舌形阀反弹腔（增加）；

5—外筒（相同）；6—隔离活塞（增加）；7—空气筒组件（增加）；8—活塞杆（相同）

图 4 – 51 所示为 DC – 10 飞机主起落架双作动缓冲支柱，其双作动式结构比较特殊，第二气室是全密闭的，并安排在油孔支承套筒内。初始气室在支柱下端，当初始气室压力增大到一定数值后，第二气室开始工作。

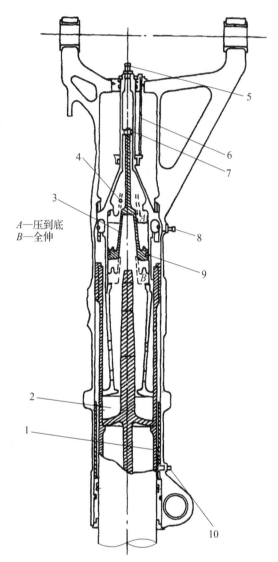

图 4 – 51 DC – 10 飞机主起落架双作动缓冲支柱

1—活塞杆；2—初始气室；3—浮动活塞；4—第二气室；5—第二气室充气阀；

6—量油尺；7—磁体；8—初始气室（低压）充气阀；9—动密封；10—注油嘴

图 4 – 52 所示为 F – 4B 飞机主起落架缓冲器，支柱上下有对置的两个气室，分别为低、高压气室。缓冲器受载时，高、低压气室协同工作。在活塞杆下端配置有专门的注油孔嘴作为高压气室密封的润滑，供维护时注油用，活塞杆上下支承采用夹布胶木衬套。

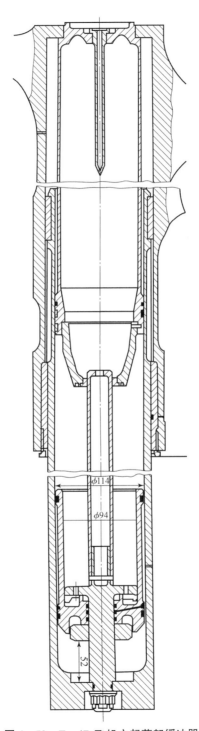

图 4 - 52　F - 4B 飞机主起落架缓冲器

■ 参考文献

［1］《飞机设计手册》总编委会编．飞机设计手册——第 14 分册［M］．北京：
航空工业出版社，2002．

［2］荣伟，王海涛．航天器回收着陆技术［M］．北京：中国宇航出版社，2019．

［3］航空航天工业部科学技术委员会．飞机起落架强度设计指南［M］．成都：
四川科学技术出版社，1989．

［4］聂宏，魏小辉．飞机起落架动力学设计与分析［M］．西安：西北工业大学
出版社，2013．

［5］赵博，许广兴，贺飞，等．飞机起落架用超高强度钢应用现状及展望［J］．
航空材料学报，2017，37（6）：1－6．

第 5 章
能源传动技术

空天飞行器着陆减速系统在工作过程中，需要采用某种能源方式和控制方法，通过执行部件来实现舱门、起落架的开闭锁和收放动作，实现刹车制动、转弯操纵、弹伞、解锁抛伞等动作。

本章针对空天飞行着陆减速系统操纵驱动技术，从能量传递介质的角度分类，介绍液压传动系统以及适应飞行器全电化趋势的机电传动系统，偏重于工程实践，对其理论基础不作详细介绍，最后对能源传动相关的试验进行介绍。

5.1 能源传动技术分类

按能量传递介质分类，能源传动方式可分为机械传动、电气传动、流体传动（液体传动和气体传动）及复合传动等类型。用于空天飞行器着陆系统的传动技术具体包括集中液压传动、高压冷气传动、集成电液传动、机电传动等方式，各方式的性能比较如表 5 – 1 所示。

表 5 – 1　几种传动方式的性能比较

性能	机电传动	集中液压传动	集成电液传动	高压冷气传动	火工燃气传动
输出力	较大	大	大	稍大	较小
速度	低	较高	较高	高	高
功率密度	较小	大	较大	中等	中等
重量比功率	小	较小	稍小	中等	大

性能	机电传动	集中液压传动	集成电液传动	高压冷气传动	火工燃气传动
响应性	中等	高	高	低	低
定位性	良好	较好	较好	差	差
直线运动	稍难	容易	容易	容易	容易
结构	中等	较复杂	复杂	较简单	简单
管线配置	中等	复杂	复杂	简单	简单
动力源失效	不能工作	可做少数动作	可做少数动作	不影响	不能工作
安全性	防漏电	注意防火	注意防火	防磕碰	防电
工作寿命	较短	一般	一般	长	一次
维护要求	较高	高	高	一般	不需要
价格	中等	稍高	高	低	低

飞机主要采用液压传动技术，已从有人操控的机械液压传动技术发展到电传液压传动技术，现已广泛应用。电传技术通过电气控制其机电设备，避免了复杂的管路连接，质量轻、可靠性高、战场存活率高，使得能源利用效率高，能够提高航程。空天飞行器和无人机与有人飞机不同，一般不采用集中液压能源，而采用电能源，因此正在向"多电"或"全电"技术发展，以适合空天飞行器的应用需求。分布式多电技术主要有两种技术方向，即集成电液传动和机电传动。

■ 5.2 液压传动技术

液体传动主要有两种形式：一种是以利用液体动能做功为主，称为液力传动；另一种是以液体压力能做功为主，称为液压传动。本书研究对象是利用液压传动方式工作，因此主要针对后者展开介绍。

液压传动的介质一般采用植物油、矿物油或合成酯等，称为液压油或油液。由于常用液压油的体积随压力的变化不明显，一般认为是不可压的，因此并不存储很多能量。各类飞行器上采用油液作为能源传递介质的液压系统主要有两类，即集中式液压传动系统和分布式集成电液传动系统。

集中式液压传动系统是有人驾驶的战斗机、民用飞机等较早采用的能量传递方式，具有能量密度高、功率大、响应快等优点，技术已经发展比较成熟，应用广泛，目前发展方向是高压高效。这类系统的驱动源（原动机）一般为飞机的发动机，液压泵与发动机相连接，为液压系统供压。

分布式集成电液传动系统是在集中式液压传动系统技术的基础上发展起来的，不但具有集中液压系统的技术优势，而且质量轻，节能高效。此类系统采用电机泵作为动力源，能够与执行机构模块化集成设计，实现就近安装和布局，不需要复杂的管路连接，可以独立控制设备运转，可靠性高，维护简单方便。

5.2.1　液压传动技术基础

5.2.1.1　分类和应用

液压系统可以按照多种方式分类，这里主要介绍常用的几种。

1）开式系统与闭式系统

开式系统液压泵从油箱吸油，执行器回油返回油箱，系统需要较大容积的油箱，在一般工业上应用最为普遍。

闭式系统中，执行器排出的油液返回到泵的进口。系统效率较高，需用补油泵补油，并用冲洗阀换油，进行热交换。

2）液压传动系统与液压控制系统

液压传动系统一般指不带反馈的开环系统，以传递动力为主，传递信息为次，追求传动特性的完善。系统的工作特性由各组成液压元件的特性和它们的相互作用来确定，其工作质量受工作条件影响较大。大多数工业设备液压系统属于此类。

液压控制系统多采用伺服阀等电液控制阀组成的带反馈的闭环系统，以传递信息为主，以传递动力为次，追求控制特性的完善。由于加入了检测反馈，故系统可用一般元件组成精确的控制系统，其控制质量受工作条件变化影响较小。在高精数控机床、冶金、航空、航天等领域应用广泛。

3）阀控系统、泵控系统及执行器控制系统

阀控系统通过改变阀的节流口开度控制流量，从而控制执行器的速度。由于存在节流和溢流损失，故通常能源效率较低。阀控系统几乎用于各种机械设备。

泵控系统通过改变变量泵的排量进行速度无级控制或通过多定量泵组合来控制流量，进行有级速度控制。由于无节流和溢流损失，故效率较高，主要用于压力加工机械等大功率液压设备。

执行器控制系统通过改变执行器的变量液压马达排量、多定量液压马达组合工作或复合液压缸作用面积来控制流量，从而控制速度。与泵控系统类似，此类系统由于无节流和溢流损失，故效率较高，主要用于行走机械、压力加工机械等设备。

4）中开式系统和中闭式系统

中开式系统的主换向阀在中位时，换向阀使液压泵卸荷，液体低压返回油箱（所以系统的主换向阀为 M 型、H 型等中位机能，常用的中位机能如图 5-1 所示）。这种系统一般采用定量泵为油源；换向阀在中位时，能量传递从基本为零的低值开始，换向后能量就上升，使压力液体进入执行器，去克服负载；换向阀在中间位置时，内泄漏极小。通常在能满足同一功能情况下，中开式回路能耗较低。中开式系统多用于需间歇运动或支撑负载而又不希望频繁启停原动机等工况类型。

中闭式系统的主换向阀在中位时，换向阀所有油口均封闭（O 型中位机能），如果采用定量泵供油，则液压泵的液体经溢流阀高压返回油箱。换向阀在中位时，能量传递从高值开始，即从系统的最大调压值开始，只要换向，其能量就可以为执行器所利用；换向阀在中间位置时，有时承受系统的全部压力，因此内泄漏量比中开式系统要大。通常在能满足同一功能情况下，中闭式回路能耗较高。

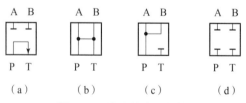

图 5-1　常用的中位机能

(a) M 型；(b) H 型；(c) P 型；(d) O 型

5.2.1.2　基本组成及表示

液压传动与控制的机械设备或装置中，其液压系统大部分使用具有连续流动性的液压油等工作介质，通过液压泵将机械能转换成液体的压力能，经过压力、流量、方向等各种控制阀，送至执行器（液压缸、液压马达或液压缸），转换为机械能而驱动负载。液压系统一般由动力源、执行器、控制阀、液压辅件及液压工作介质等几部分组成，各部分的功用见表 5 - 2。

表 5 - 2 液压系统的组成部分及功用

组成部分		功用
动力源	原动机（电动机或内燃机）和液压泵	将原动机产生的机械能转变为液体的压力能，输出具有一定压力的油液
执行器	液压缸、液压马达和液压缸	将液体的压力能转变为机械能，用以驱动工作机构的负载做功，实现往复直线运动、连续回转运动或摆动
控制阀	压力、流量、方向控制阀或其他控制元件	控制调节液压系统中从泵到执行器的油液压力、流量和方向，从而控制执行器输出的力（转矩）、速度（转速）和方向，以保证执行器驱动的主机工作机构完成预定的动作规律
液压辅件	油箱、管件、过滤器、热交换器、蓄能器及指示仪表等	用来存放、提供和回收液压介质，实现液压元件之间的连接及传输载能液压介质，滤除液压介质中的杂质，保持系统正常工作所需的介质清洁度，系统加热或散热，存储、释放液压能或吸收液压脉动和冲击，显示系统压力、油温等
液压工作介质	各类液压油（液）	作为系统的载能介质，在传递能量的同时起润滑冷却作用

一般而言，能够实现某种特定功能的液压元件的组合，称为液压回路。为了实现对某一机器或装置的工作要求，将若干特定的基本功能回路连接或复合而成的总体称为液压系统。

液压系统的组成、工作原理、功能、工作循环及控制方式等，通常是利用标准图形符号绘制成的液压系统原理图进行表示。但只表示功能、控制方法和接口关系，不表示元件结构、性能参数和安装位置。液压和气压系统的图形符号种类很多，可按照 GB/T 768.1—1993 的规定执行，这里仅简要介绍空天飞行器着陆减速系统常用的几种组成。常用液压器件表示符号如表 5 – 3 所示。

表 5 – 3　常用液压器件表示符号

序号	名称	符号	含义	备注
1	电机	(M)	带动泵，输出机械能	
2	液压泵		电机带动，为系统提供压力油液	
3	液压马达		液压执行元件，输入油液的流量和压力，输出转矩和角速度	
4	单向阀		又称逆止阀，控制油液只能沿一个方向流动，不能反向流动	
5	电磁阀		利用电磁铁的推力来实现阀芯换位的换向阀	
6	电液伺服阀		接收模拟电信号后，相应输出调制的流量和压力的液压控制阀	根据中位要求细分多种
7	蓄能器		一种存储压力液体的液压元件。既是液压传动系统的液压源，又是液压传动系统多余能量的吸收和存储装置	
8	油箱			

续表

序号	名称	符号	含义	备注
9	过滤器		液压系统中盛放油液、散发热量、逸出空气、沉淀杂质的重要组成设备	
10	限流阀		在一定的压差作用下，通过改变阀口的同流面积来调节流量的液压元件	

5.2.1.3　主要参数

液压系统的主要参数包括压力、流量和温度。

1. 压力级别

液压系统的压力级别是指系统主压力控制装置断开压力的公称值，是系统的最基本参数之一，是液压系统和附件设计的重要原始依据。合理地选取液压系统压力级别对系统性能、研制成本、研制周期都有重要意义。

飞机液压系统压力按表 5 - 4 分为 7 个级别。

表 5 - 4　飞机液压系统压力级别

级别	压力/MPa	级别	压力/MPa
A	4.00	E	28.00
B	10.50	F	40.00
C	16.00	G	50.00
D	21.00		

随着技术的发展，液压系统传递动力增加，对液压系统的质量和体积提出了更苛刻的要求，使液压系统向高压化方向发展。提高液压系统压力能够有效地减轻系统质量、减小体积、提高系统的响应，但也带来密封困难、系统温度增高等技术难题，以及工艺装备、试验设备、地面支持设备和综合后勤保障的重大变化。因此，液压系统压力级别的选取应根据型号特点和要求，以求系统的性能、

质量、成本、周期综合效能最佳。压力级别选取应综合权衡下列因素：

（1）对液压系统的功能、性能、质量、空间、安全性、可靠性、维修性等要求。

（2）研制经费、进度和周期条件。

（3）新材料、新原理、新工艺、新成品等技术风险。

（4）对制造厂及内外场设备变化的影响。

（5）对密封性能和泄漏的影响。

（6）对系统污染控制的影响。

（7）液压系统的功率和负载特性。

（8）主要液压附件如液压泵、伺服阀、密封件等技术储备情况。

应急液压系统压力等级确定一般与正常液压系统一样，有时稍有不同，主要依据应急状态下作动器载荷及其与正常状态的比值及作动器形式（单腔或双腔）等区分，尽可能减小应急液压泵的功率。但对于双腔作动器，并由两个独立的液压系统分别供压的系统中，如果采用只要有一个液压系统失效时就启动应急液压系统的方式，就有可能出现应急液压泵和主液压泵同时向作动器的一个腔提供功率的情况，为了避免出现这种现象，应设计成使应急液压泵虽然启动，但不输出有用功。

2. 系统流量

在系统压力级别确定后，流量问题实际上是功率问题。确定系统流量应注意如下问题：

（1）应在满足功率需求的条件下，留有10%～15%的余量，以避免计算误差和改进、改型对流量需求的增加。

（2）在确保安全和关键需求的前提下，合理均衡各执行作动器的流量需求，尽可能使各系统的功率接近，以减少成品规格和技术难度。

（3）全面考虑内部渗漏情况，特别是采用伺服控制的液压系统。

（4）转弯操纵和刹车等关键需求的系统功率计算应经仿真分析评估。

（5）工程实践证明：不考虑蓄能器瞬间能量补充作用的功率估算能满足方案设计要求并稍有余量。

（6）不同气动布局机型的液压系统功率的工程估算方法有所差别。

3. 温度型别

液压系统的温度型别是最基本的参数，是液压系统和元件设计的重要原始依据。合理地选取液压系统的温度型别对于系统的热设计具有重要意义。

液压系统温度型别由工作液的最低温度和最高温度确定。飞机温度型别按表5-5分为6个型别。

表 5-5　液压系统温度型别

型别	温度范围/℃	型别	温度范围/℃
I	-55 ~ +70	IV	-55 ~ +320
II	-55 ~ +135	V	-55 ~ +400
III	-55 ~ +200	VI	-55 ~ +650

随着技术的发展，液压系统的功率和额定压力呈增高趋势，电液伺服阀和零、负重叠量滑阀的伺服作动器的采用，使系统发热量增大，引起系统温度增高，加速油液劣化、密封件老化，加剧了系统污染，使系统故障增多。因此，应在满足要求的情况下，采用简单、可靠、有效的系统散热方案，最大限度地减少系统的发热量，提高系统的效率，使系统的温度型别尽可能降低。温度型别的选取应综合权衡下列因素：

（1）总体规定的功能、性能等要求。

（2）非发热状况，如泵效率、节流损失、伺服作动器的损失等。

（3）散热方案，如采用自然通风散热、强迫通风散热或燃油散热。

（4）在机体上的布局情况，应尽量远离高温区。

（5）液压油和密封材料的性能。

（6）功率和负载特性。

（7）对液压系统污染控制的影响。

（8）对液压系统的渗漏控制的影响。

（9）项目研制周期和研制经费。

一般来说，温度计算有两种方法：瞬态计算法和稳态计算法。

瞬态计算法用于计算液压系统工作状态变化时，系统温度的变化过程，考虑了液压同期和液压油的热容量对系统温度的影响，计算步长较小，适用于较短时间内系统温度的变化过程，因此常假定周围的环境条件是恒定的。

稳态计算法适用于计算整个任务飞行剖面内液压按系统的温度变化。由于飞行时间较长，并且飞行高度、速度等都在变化，因此系统的环境条件是变化的。液压系统热交换必须考虑其他所有热交换关系的系统。在稳态热计算中首先要计算出环境条件，计算可按下列步骤进行：

（1）确定飞行状态（飞行高度、速度、发动机转速等）。

（2）计算环境参数（大气温度、结构温度、燃油温度及流量等）。

（3）确定液压系统动作参数（泵转速、流量等）。

（4）计算液压系统温度分布。

（5）增长一个时间步长返回到（1）步，重复计算直到飞行结束。

4. 污染度等级

1）固体颗粒物污染

液压系统工作液固体污染度分级采用 GJB 420A—1996 分级制，主要根据不同尺寸范围的颗粒数进行分级，如表 5 – 6 所示。

表 5 – 6　液固体污染度分级

污染度等级	尺寸范围/μm	> 2	> 5	> 15	> 25	> 50
000	颗粒数	184	75	14	1	1
00	颗粒数	328	152	27	5	1
0	颗粒数	656	304	54	10	2
1	颗粒数	1 310	609	109	20	4
2	颗粒数	2 620	1 220	217	39	7
3	颗粒数	5 250	2 430	432	76	13
4	颗粒数	10 500	4 860	864	152	26
5	颗粒数	21 000	9 730	1 730	306	53
6	颗粒数	42 000	19 500	3 460	612	106
7	颗粒数	83 900	38 900	6 920	1 220	212

续表

污染度等级	尺寸范围/μm	> 2	> 5	> 15	> 25	> 50
8	颗粒数	168 000	77 900	13 900	2 450	424
9	颗粒数	325 000	156 000	27 700	4 900	848
10	颗粒数	671 000	311 000	55 400	9 800	1 700
11	颗粒数	1 340 000	623 000	111 000	19 600	3 390
12	颗粒数	2 690 000	1 250 000	222 000	39 000	6 780

液压系统污染度等级要求应针对不同型号特点、液压系统精密程度、压力级别、温度型别等诸多因素综合考虑，确定一个适当的基准水平。

固体颗粒污染度要求主要包括污染度验收水平和污染度控制水平。前者是指交付时液压系统固体颗粒污染度的极限水平；后者是指服役期间，为确保液压系统正常可靠工作必须予以固体颗粒污染度极限水平，是最核心、最重要的指标。减少液压系统中固体颗粒污染的有效对策是设置合适的过滤器。

根据 GJB 3058—1997 的规定，固体颗粒污染度基准水平为满足 GJB 420A 的等级为：系统验收：7 级；系统控制：8 级；地面支持设备：6 ~ 7 级；加入系统油液：6 级。

2）水污染

液压系统中的水分能引起金属零件腐蚀，导致系统故障。

GJB 3058 规定：液压油的含水量的最大极限值为 100 ppm[①]。推荐液压系统、试验设备、地面支持设备中，液压油的含水量不大于 50 ppm。

除非确认发生水污染或必须检测外，通常不对液压系统油液的含水量进行测试分析。要严防水从地面支持设备的接口进入液压系统。

3）空气污染

应采取一定措施降低或排除游离空气，特别是油气隔离的自供增压式液压系统应充分排气。可使用多功能油液净化器排除液压系统中的空气。

---

① 　1 ppm = 10^{-6}

4）氯污染

液压油中的氯化物会加速低铬钢的腐蚀，200 ppm 的含氯量将会大大加速腐蚀。一般要求含氯量不大于 100 ppm。

严禁用氯化剂清洗液压系统和附件，液压系统的元件、管路、附件中氯化物的残余物必须彻底清除，可使用多功能油液净化器清除液压系统中的氯化物。

5.2.1.4　液压油

液压油是液压系统传输能量的介质，由于各种飞行器的用途不同，使用的环境和工作条件有很大差异。空天飞行器所选用的液压油尤其要适应近空间低温环境及进入大气层后由于空气摩擦产生的高温环境。

常用的国产石油基航空液压油主要有以下 4 种：

（1）3 号航空液压油，代号为 YH－3B，标准编号为 Q/SY1153－85。3 号航空液压油有较好的低温性能、润滑性能，低温黏度小，推荐使用温度为－55～80 ℃。

（2）10 号航空液压油，代号为 YH－10，标准编号为 SH0358－95。10 号航空液压油具有良好的低温性能及黏温性能，较好的抗氧化稳定性，推荐使用温度为－55～125 ℃。

（3）12 号航空液压油，代号为 YH－12，标准编号为 Q/XJ2007－92。12 号航空液压油具有良好的黏温性能、抗剪切性、抗磨性及抗氧化安定性，推荐使用温度为－55～125 ℃，短期 150 ℃。

（4）15 号航空液压油，标准编号为 GJB 1177－1991。15 号航空液压油由精制的低凝点石油馏分加增黏剂及其他添加剂调和制成，具有良好的黏温性能、抗氧化安定性和液压传递性能。使用温度为－54～135 ℃。

国产非石油基航空液压油主要有以下两种：

（1）4611 号航空抗燃液压油。4611 号航空抗燃液压油以磷酸酯为基础油，具有高的闪点、自燃点及良好的抗燃性。对皮肤有刺激作用，大量接触会使皮肤增厚、脱屑、变黑甚至皱裂，使用时应注意防护。

（2）4601 号合成液压油。4601 号合成液压油以硅酸酯为基础油，是一种耐高温液压油，具有良好的黏温性能及抗氧化稳定性，容易水解，使用中应避免与水或潮气接触。使用温度为－54～150 ℃，短期可达 180 ℃。

5.2.2　集中式液压系统

这里所指的液压传动系统是与空天飞行器着陆减速系统相关的部分，在类似的飞机液压系统中，这只是一个子系统，但设计方法和要求与飞机液压系统是类似的。

液压系统的基本要求是：满足总体技术要求，综合效能高，全寿命费用低。飞机液压系统设计的指导思想应从重性能转向重效能。效能综合反映出系统的性能、可靠性、维修性、安全性、适用性；全寿命费用能科学地反映出系统的经济性。

5.2.2.1　基本设计要求

液压系统方案设计属于液压系统顶层设计，应在满足总体功能和指标要求的前提下，尽量降低技术风险，尽量降低研制成本，尽量缩短研制周期。

飞机液压系统方案设计应以下面的规范为指导，从系统效能（性能、安全性、可靠性、维修性、测试性、保障性）最佳，全寿命费效比最低的全局出发，结合型号和系统的特点，综合权衡确定液压系统的方案。

（1）《飞机Ⅰ、Ⅱ液压系统设计、安装要求》（GJB 638A—1997）。

（2）《飞机液压系统、应急气动系统试验要求与方法》（GJB 1396—1992）。

（3）《飞机液压系统附件通用规范》（GJB 1482—1992）。

（4）《飞机液压管路系统设计、安装要求》（GJB 3054—1997）。

（5）《飞机Ⅰ、Ⅱ型液压系统污染度验收水平和控制水平》（GJB 3058—1997）。

5.2.2.2　液压系统的调节

前面提到，按照工作特征进行分类，液压系统可分为狭义的液压传动系统和液压控制系统，液压传动系统一般指不带反馈的开环系统，以传递动力为主，传递信息为次；液压控制系统多采用伺服阀等电液控制阀组成的带反馈的闭环系统，以传递信息为主，以传递动力为次，追求控制特性的完善。

1）液压传动系统

本节所介绍的"液压传动"系统的狭义是相对于全章提及的"液压传动"技术而定义的，仅指以开环为系统特征，以传递动力为主的传动系统。

飞机上较简单的起落架收放系统、舱门开闭系统基本都属于此类，此类系统仅需作动筒完成伸缩两个动作，不需要过高的精度和控制要求，因此在分类上属于较狭义的传统液压传动系统。

2）液压控制系统

随着技术的不断发展，对飞机更加精确的操纵不仅变得更容易实现，同时也成为必需的要求。实现精确操纵，并实时反馈给地面控制中心或飞行员是更好地完成任务、更好地保障飞行安全的重要条件之一。

液压控制系统以液压伺服控制系统为主，又称为电液伺服控制系统，电液伺服控制系统是指以液压控制伺服元件（电磁阀、伺服阀或伺服泵）为控制核心的液压控制系统，它通常由指令装置、控制器、放大器、液压源、伺服元件、执行元件、反馈传感器及负载组成。电液伺服控制系统是一种反馈控制系统，主要由电信号处理装置和液压动力机构组成。

大型飞行器的伺服作动系统较多采用电液伺服控制系统，是自动飞行控制系统的执行机构，它接受飞行控制指令驱动舵面偏转，进而完成对飞行姿态和轨迹的控制。其性能直接影响着飞机的飞行品质，如操纵性、稳定性、安全可靠性等。

伺服作动系统技术特性：

（1）物理特性。

①质量。在满足性能要求的前提下质量尽可能小。

②结构尺寸。伺服作动器的结构尺寸符合给定的空间尺寸，既要考虑到总的技术性能要求又要顾及安装空间的限制。

③安装。伺服作动器要适应机上安装要求。

（2）性能特性。

①频率响应。在总输入幅值 5%～10% 的输入信号下测试。改变测试输入频率直到输出幅值衰减 3 dB 时的频率定义为伺服作动系统的频宽。对于快速响应系统很重要，要求系统的频宽为飞行器频带的 3～5 倍。

②瞬态响应。瞬态响应指系统输出对所加阶跃输入的时间响应。响应时间超调量及剩余振荡次数与频率响应相关，根据机型实际要求而定。

③线性度。线性度是输出与输入关系曲线对直线的偏差。其指标要求通常在

10%左右，具体情况应视详细规范要求来定。

④额定速度。额定速度指在额定状态下额定输入指令时的输出速度。结合系统频宽和可能产生功率反转（对于分离舵机）来综合考虑，同时要有饱和速度的限制。

⑤分辨率。分辨率也称阈界，指从零位到引起可测输出变化的最小输入指令值。通常要求为输入幅值的1%左右。具体由详细规范来规定。

⑥滞环。滞环表示以最大输入指令的10%作为输入时，同一输出量的输出特性上升和下降沿所对应的输入信号差值相对额定输入值的百分比。其指标按详细规范来确定，一般为3%左右。

⑦零位漂移。零位漂移指在温度、压力、加速度等变化的条件下零位产生的变化量。在环境条件恢复到正常状态时，零位能够恢复到原状态。通常限制在5%左右，具体应按详细规范确定。

⑧最大输出载荷。最大输出载荷指在额定工作状态下作动器输出的最大作用力。设计上一定要具有足够驱动舵面的作用力，但不可超过限制的公差范围，避免造成损坏。

⑨作动行程。作动行程指作动器在正反两个方向运动位移量的总和。额定行程是用以正常控制飞行而必须达到的指标。最大行程是对控制权限的限制，是不可逾越的指标，由详细规范确定。

⑩刚度。刚度包括静、动态刚度。动态刚度又称为阻抗特性，是输出端所受到外载荷与作动器外力作用下产生的位移之比。动态刚度太差则极易引发舵面颤振，设计中对刚度方面的考虑不容忽视。

传统的液压作动系统将有可能完全被新型功率电传作动器替代，现行机载液压作动系统通过遍布机身的液压管路里的油液来传递功率，而采用功率电传作动器的电力作动系统，通过电导线以电能量传输的方式完成研究表明，飞行控制舵面采用电动作动器后，质量大大减轻，结构简化，具有更强的容错能力，使飞机具有可靠性高、可维修性好，质量减少而飞行性能提升。同时由于降低燃油使用及消耗，极大地提升了飞机出勤率，节省费用，具有极佳的经济效应。

5.2.2.3　液压控制元件

压力、流量、方向控制阀或其他控制元件是液压控制系统中必不可少的元件，主要用于控制调节液压系统中从泵到执行器的油液压力、流量和方向，从而控制执行器输出的力（转矩）、速度（转速）和方向，以保证执行器驱动的主机工作机构完成预定的运动规律。下面对电液伺服系统中关键控制阀的构造及原理进行介绍。

1. 电磁阀

电磁阀（Electromagnetic Valve）是用电磁控制的工业设备，是用来控制流体的自动化基础元件，属于执行器，并不限于液压、气动，用在工业控制系统中调整介质的方向、流量、速度和其他参数。电磁阀可以配合不同的电路来实现预期的控制，而控制的精度和灵活性都能够保证。电磁阀有很多种，不同的电磁阀在控制系统的不同位置发挥作用，最常用的是单向阀、安全阀、方向控制阀、速度调节阀等。

电磁阀中有密闭的腔，在不同位置开有通孔，每个孔连接不同的油管，腔中间是活塞，两面是两块电磁铁，哪面的磁铁线圈通电阀体就会被吸引到哪边，通过控制阀体的移动来开启或关闭不同的排油孔，而进油孔是常开的，液压油就会进入不同的排油管，然后通过油的压力来推动油缸的活塞，活塞又带动活塞杆，活塞杆带动机械装置。这样通过控制电磁铁的电流通断就控制了机械运动。

电磁阀从原理上分为三大类：

1）直动式电磁阀

原理：通电时，电磁线圈产生电磁力把关闭件从阀座上提起，阀门打开；断电时，电磁力消失，弹簧把关闭件压在阀座上，阀门关闭。

特点：在真空、负压、零压时能正常工作，但通径一般不超过 25 mm。

2）分步直动式电磁阀

原理：它是一种直动和先导式相结合的原理，当入口与出口没有压差时，通电后，电磁力直接把先导小阀和主阀关闭件依次向上提起，阀门打开。当入口与出口达到启动压差时，通电后，电磁力先导小阀，主阀下腔压力上升，上腔压力下降，从而利用压差把主阀向上推开；断电时，先导阀利用弹簧力或介质压力推动关闭件，向下移动，使阀门关闭。

特点：在零压差或真空、高压时亦能可可靠动作，但功率较大，要求必须水平安装。

3）先导式电磁阀

原理：通电时，电磁力把先导孔打开，上腔室压力迅速下降，在关闭件周围形成上低下高的压差，流体压力推动关闭件向上移动，阀门打开；断电时，弹簧力把先导孔关闭，入口压力通过旁通孔迅速在关阀件周围形成下低上高的压差，流体压力推动关闭件向下移动，关闭阀门。

特点：流体压力范围上限较高，可任意安装但必须满足流体压差条件。

电磁阀从阀结构和材料上的不同与原理上的区别，分为 6 个分支小类：直动膜片结构、分步直动膜片结构、先导膜片结构、直动活塞结构、分步直动活塞结构、先导活塞结构。

电磁阀按照功能分类，可分为水用电磁阀、蒸汽电磁阀、制冷电磁阀、低温电磁阀、燃气电磁阀、消防电磁阀、氨用电磁阀、气体电磁阀、液体电磁阀、微型电磁阀、脉冲电磁阀、液压电磁阀、常开电磁阀、油用电磁阀、直流电磁阀、高压电磁阀、防爆电磁阀等。

2. 电液比例阀

电液比例阀（简称比例阀），是按给定的输入电气信号连续地、按比例地对液流的压力流量和方向进行远距离控制的液压控制阀。

电液比例阀是在普通液压控制阀结构的基础上，以电机械比例转换器（比例电磁铁动圈式力马达、力矩马达、伺服电动机、步进电动机等）代替手调机构或普通开关电磁铁而发展起来的。

电液比例阀能连续、按比例地对压力、流量和方向进行控制，避免了压力和流量有级切换时的冲击。采用电信号可进行远距离控制，既可开环控制，也可闭环控制。电液比例阀可兼有几个普通液压阀的功能，可简化回路，减少阀的数量，提高其可靠性。

电液比例阀的工作原理，如图 5 - 2 所示。

图 5 - 2　电液比例阀的工作原理

指令信号经比例放大器进行功率放大，并按比例输出电流给电液比例阀的比例电磁铁，电液比例电磁铁输出力并按比例移动阀芯的位置，即可按比例控制液流的流量和改变液流的方向，从而实现对执行机构的位置或速度控制。在某些对位置或速度精度要求较高的应用场合，还可通过对执行机构的位移或速度检测，构成闭环控制系统。

比例阀主要分为比例压力阀、比例流量阀和比例方向阀三种，各自又包含多种功用的比例阀。

3. 电液伺服阀

电液伺服阀是一种自动控制阀，它既是电液转换元件，又是功率放大元件。电液伺服的功用是将小功率的电信号输入转换为大功率液压能（压力和流量）输出，从而实现对液压执行器位移（或转速）、速度（或角速度）、加速度（或角加速度）和力（或转矩）的控制。

组成：电液伺服阀通常由电气机械转换器（力马达或力矩马达）、液压放大器（先导级阀和功率级主阀）和检测反馈机构组成，如图 5 - 3 所示。若是单级阀，则无先导级阀；否则为多级阀。电气机械转换器用于将输入电信号转换为力或力矩，以产生驱动先导级阀运动的位移或转角；先导级阀又称前置级（可以是滑阀、锥阀、喷嘴挡板阀或插装阀），用于接收小功率的电气机械转换器输入的位移或转角信号，将机械量转换为液压力驱动主阀；主阀（滑阀或插装阀）将先导级阀的液压力转换为流量或压力输出；设在阀内部的检测反馈机构（可以是液压或机械或电气反馈等）将先导阀或主阀控制口的压力、流量或阀芯的位移反馈到先导级阀的输入端或比例放大器的输入端，实现输入输出的比较，从而提高阀的控制性能。

电液伺服阀的主要优点：输入信号功率很小，通常仅有几十毫瓦，功率放大因数高；能够对输出流量和压力进行连续双向控制；直线性好、死区小、灵敏度高、动态响应速度快、控制精度高、体积小、结构紧凑，所以广泛用于快速高精度的各类机械设备的液压闭环型，结构繁多。

5.2.2.4 液压执行附件

1. 油箱

液压油箱用于存储液压油，保证液压泵工作过程有足够的循环流量。使用增

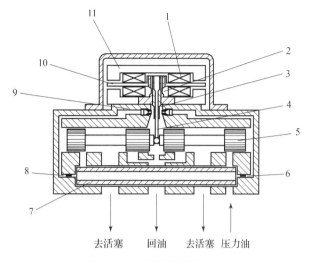

图 5 – 3 电液伺服阀的组成

1—线圈；2—弹簧管；3—挡板；4—反馈杆；5—阀芯；6—节流孔；7—过滤器；

8—节流孔；9—喷嘴；10—可动衔铁；11—力矩马达

压油箱可以提高液压泵的入口压力，改善液压泵的高空性能，其功能及基本要求如下：

（1）存放油液。油箱必须能够存放液压系统中的全部油液，在各种工作状态下，油箱内油液不允许溢出。

（2）散发热量。液压系统中的功率损失导致油液温度升高，油液带回来的热量一部分靠油箱壁散发到周围环境中，因此油箱需具备较大的表面积，保证系统油温不超过最高的允许值。

（3）逸出空气。油液中的空气将导致噪声和元件损坏，因此要求油液在油箱内平缓流动，以利于分离空气。

（4）沉淀杂质。油液中未被过滤器滤除的细小污染物，可以沉落到油箱底部。

（5）安装元件。常把电动机、液压泵或控制阀组件安装到油箱上，因此油箱的强度、刚度应满足设计要求。

（6）安全保压。油箱应有防超压安全措施，以防止油箱破坏。

（7）油位指示。按 HB 6151 – 88 的规定不允许用油量尺作为油量指示装置，因此油箱应具备一定的油位指示功能。

飞行器上常应用闭式增压油箱，典型自增压油箱结构如图 5 – 4 所示。

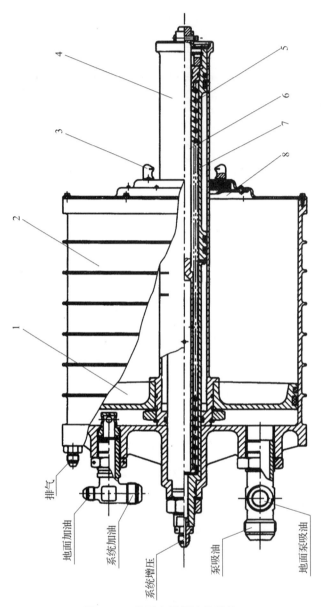

图 5 – 4　典型自增压油箱结构

1—活塞；2—外筒；3—油量指示计；4—活塞杆；5—弹簧；6—芯杆；7—内筒；8—油箱盖

　　油箱的增压压力主要取决于液压泵的技术要求和吸油导管的阻力特性。稳态
条件下，由流体力学能量方程可得

$$p_\mathrm{p} = p_\mathrm{in} + H\rho g + \frac{\rho V^2}{2} + \sum R_1 Q + \sum R_1 Q^2 - p_\mathrm{H} \tag{5 – 1}$$

式中：p_p——油箱增压压力；

p_{in}——油泵入口压力，其数值由液压泵的技术条件规定；

H——液压泵入口至油箱液面的高度，在油箱之上时 H 为正值，反之为负值；

ρ——油液密度；

g——重力加速度；

V——液压泵吸油罐中油液流动速度，m/s；

$\sum R_1 Q + \sum R_2 Q^2$——油泵吸油管路沿程阻力损失和局部阻力损失之和，其中 Q 为液压泵的供油量和壳体回油量之和，R_1 和 R_2 为液阻；

p_H——在最大飞行高度时的外界大气压。

油箱的散热表面积可按下式进行估算：

$$F = \frac{H}{KT_{max}} \qquad (5-2)$$

式中：F——油箱表面积；

H——需要油箱散掉的热量；

K——油箱散热系数，其值大致为下列数值：通风条件差时，$K = 7 \sim 10$；通风条件好时，$K = 13 \sim 15$；有冷却风扇时，$K = 20 \sim 23$；有循环水强制冷却时，$K = 95 \sim 150$；

T_{max}——系统允许的最高温升，℃。

现代飞行器液压系统一般设有专门的热交换器，油箱的散热作用很小，可不进行油箱的散热计算。有些飞行器有时无法添加额外的散热设备，此时油箱的散热设计就十分重要。

对于地面小功率设备，油箱有效容积可确定为液压泵每分钟流量的 3~5 倍；而对于行走机械上的液压系统，油箱的容积可确定为液压泵每分钟的流量。对于连续工作、压力超过中压的液压系统，其油箱容量应按发热量计算。

2. 液压泵

液压泵在原动机带动下旋转，吸进低压液体，将具有一定压力和流量的高压液体送给液压传动系统。它将驱动电动机的机械能转换为液体压力能，为系统提供压力油液。液压泵的基本工作原理为靠密封的容积变化来进行工作，因此，液

压泵正常工作的要求有:

（1）必须构成密封容积。

（2）密封容积能交替不断变化。

（3）要有配流装置，保证密封容积在吸油过程中与油箱相通，同时关闭供油通路；压油时与供油管路相通而与油箱切断。

液压泵按不同的分类方式可分为不同泵，如图5-5所示。

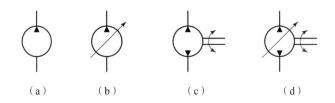

（a）　　　　　（b）　　　　　（c）　　　　　（d）

图5-5　液压泵

（a）单向定量泵；（b）单向变量泵；（c）双向定量泵；（d）双向变量泵

液压泵的性能参数主要有:

（1）液压泵的压力。

①液压泵的工作压力 P。液压泵的工作压力是指泵在工作时输出油液的实际压力，其大小由负载决定。

②液压泵的额定压力 P_n。液压泵的额定压力是指泵在正常工作条件下，连续运转时所允许的最高压力。正常工作时的压力不允许超过额定压力，超过此值即过载。液压泵的额定压力受泵本身的泄漏和结构强度所制约。由于液压传动的用途不同，系统所需要的压力也不相同。液压泵的压力分为几个等级，见表5-7。

表5-7　液压泵压力等级

压力等级	低压	中压	中高压	高压	超高压
压力/MPa	≤2.5	>2.5~8	>8~16	>16~32	>32

（2）液压泵的排量和流量。

①排量。排量是指泵轴每转一周时，由计算所得排出的液体体积，用 V 表

示，常用单位为 cm³/r。排量的大小取决于泵的密封容积的变化值，而与转速无关。

②流量。理论流量 q_t 等于排量和转速的乘积，即 $q_t = Vn$。

实际流量 q 是指泵在某一工作压力下实际排出的流量。由于泵存在内泄漏，所以有容积效率 η_V 问题。即

$$q = q_t \eta_v \tag{5-3}$$

额定流量 q_n 是指泵在正常工作条件下，按试验标准规定（如额定压力和额定转速下）必须保证的流量。

（3）液压泵的功率和效率。

①液压泵的功率。若不计液压缸本身的效率，则液压缸的输入功率 P_C 就等于液压缸的输出功率，由物理学可知，功率等于力和速度的乘积，即

$$P_C = Fv \tag{5-4}$$

因

$$F = p_c A \tag{5-5}$$

$$v = q_c / A \tag{5-6}$$

可得

$$P_C = p_c q_c \tag{5-7}$$

可知，液压缸的输入功率等于液压缸的工作压力和进入液压缸的流量的乘积。

液压缸的输出功率 P 是泵的工作压力 p 与输出流量 q 的乘积，即

$$P = qp \tag{5-8}$$

考虑到液体流动中既有压力损失也有泄漏，因而一般按下面经验公式计算所需液压泵的最高工作压力 p 及泵的流量 q：

$$p = p_c k_p \tag{5-9}$$

$$q = q_c k_c \tag{5-10}$$

式中：k_p——系统的压力损失系数，一般为 1.3~1.5，系统复杂或管路较长者取大值，反之取小值；

k_c——系统的泄漏系数，一般为 1.1~1.3，系统复杂或管路较长者取大值，反之取小值。

②液压泵的效率。液压泵在能量转换和传递过程中，必然存在能量损失，例如泵的泄漏出现的额定容积效率 η_V，由机械运动副之间的摩擦而导致的机械效率 η_m 等，则总效率 η 为

$$\eta = \eta_V \eta_m \qquad (5-11)$$

按照泵的输出功率和总频率 η 就可以计算出所配套的液压泵电动机的功率为

$$P_m = \frac{Pq}{\eta} \qquad (5-12)$$

常用液压泵的容积效率和总效率见表 5-8。

表 5-8 常用液压泵的容积效率和总效率

类型	齿轮泵	叶片泵	柱塞泵
容积效率	0.7~0.9	0.8~0.95	0~0.9
总效率	0.6~0.8	0.75~0.85	0.7~0.9

液压能源泵有作为主液压能源的发动机驱动泵（EDP）、作为应急液压能源的电动泵（EMP）和冲压空气涡轮驱动泵（RAT），以及作为备份泵的辅助动力装置驱动泵。一般在两个主液压系统的管路之间还设有液压动力转换组件（PTU），互为余度并相互隔离。

3. 蓄能器

蓄能器是液压系统中的重要附件，除了主液压系统需要配置，部分子液压系统也需要配置。主要功用包括下述几个方面：

（1）存储能量。系统中的负载不工作时，可将液压泵输出的一部分或全部液压能存储起来，当系统需要能量时重新放出，短时间内可以放出大量的具有一定压力的液压油，补充峰值流量，从而可以减小系统中液压泵的功率，使系统能量的利用更加合理。当液压泵发生故障时，可作为应急能源，用于应急刹车、应急放下起落架等，还可以用来补偿系统因温度、泄漏等引起的油量变化。

（2）吸收脉动压力。在能源系统中，蓄能器用于吸收液压泵的压力脉动。

（3）吸收冲击压力。在液压系统中，蓄能器用于吸收因系统状态突然变化

时液流速度急剧变化而所产生的冲击压力。

（4）获得动态稳定性。在液压伺服系统中，蓄能器用于降低系统的固有频率，增大阻尼系数和增高稳定裕度。

蓄能器按储能方式可分为弹簧式、充气式和重力式三类。弹簧式和重力式蓄能器结构简单、加工方便，但因容量小且存在质量、体积和安装问题等缺点，一般不用于飞行器液压系统中，而广泛应用充气式蓄能器。

充气式蓄能器一般充入氮气，利用密封气体的压缩、膨胀来存储和释放油液的压力能。根据气体和油液隔离方式的不同，可分为气瓶式蓄能器、活塞式蓄能器和气囊式蓄能器三种形式，气瓶式由于气体和液体直接接触，容易使气体溶解于液体或使气体进入系统内，影响液压系统的性能，一般不采用。

活塞式蓄能器的典型结构如图 5 - 6 所示，具有容量大，结构简单，安装、维修方便，使用温度范围宽，寿命长等特点。活塞与外筒内壁之间为动配合 H9/h11，外筒的内表面为 $Ra0.1$，活塞的外表面为 $Ra0.4$。活塞将其分为气腔和液腔两部分，气腔充入一定压力的氮气。但由于活塞惯性大，活塞密封件有摩擦，其动态响应慢。

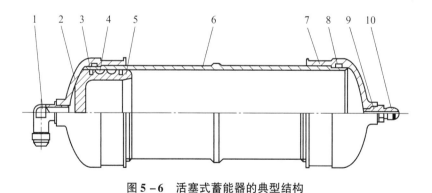

图 5 - 6　活塞式蓄能器的典型结构

1—液压管接头；2、7—盖；3—挡圈；4、8、9—胶圈；5—活塞；6—外筒；10—充气管接头

胶囊式蓄能器的典型结构如图 5 - 7 所示，主要包括盖子、充气管接头、螺帽压盖、壳体、胶囊、碗形顶盖和液压管接头等部分。球形胶囊式蓄能器气腔与液腔的隔离元件，胶囊一般由橡胶材料制成，且一般为变厚度，朝向通油孔的下半部较薄，上半部较厚，同时在它的中间加一圆形的凸肩，以保证在充压和放压时胶囊变形平滑和均匀。胶囊构型的设计还要保证在充压和放压时引起胶囊各部

位的拉伸率不超过 5%。球形蓄能器工作过程中，为了防止当油液全部排出时胶囊底部可能被压入油口而受损，在靠近胶囊底部的油口处应设置带许多小孔的碗形顶盖或屏网来保护，为保证油液的流阻最小，碗形顶盖（或屏网）上下孔的有效面积应不小于与油口相连导管有效面积的 70%，为防止球形胶囊充压时发生侧向变形及放压时油液排不进现象存在，胶囊式蓄能器在安装时必须是气腔朝上，轴线保持垂直，否则要在设计上采取相应的有效措施，以防止胶囊发生侧向变形及防治胶囊颈部外表面的拉伸变形过大而造成胶囊颈部裂口的故障发生。

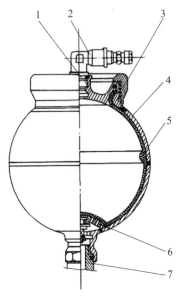

图 5 - 7　胶囊式蓄能器的典型结构

1—盖子；2—充气管接头；3—螺帽压盖；
4—壳体；5—胶囊；6—碗形顶盖；
7—液压管接头

柱形蓄能器和球形蓄能器在飞机液压系统中都被广泛采用，这两种蓄能器的优缺点对比如表 5 - 9 所示。

表 5 - 9　柱形和球形蓄能器对比

项　　目　＼　形　　式	柱形蓄能器	球形蓄能器
气体与液体之间的密封性	稍差（特别是在低温情况下）	较好
压力传递灵敏性	较差	较好
活塞或胶囊的制造工艺	较好	不好
安装固定	容易	相对困难
使用寿命	较长	较短
容积质量比	较小	较大

蓄能器的容积有结构容积 V_0 和有效容积 ΔV 两种概念，结构容积是指蓄能器壳体所包围的空间（扣除活塞或胶囊所占体积）；有效容积是指在给定的工作压

力范围内，蓄能器内油液容积的最大改变值。蓄能器设计时，应做到结构容积尽量小（体积小，质量轻）而有效容积越大越好（存储能量多）。

蓄能器总容积（即气腔最大容积）V_0 按下式计算：

$$V_0 = \frac{\Delta V}{\dfrac{p_0}{p_R}\left[\left(\dfrac{p_R}{p_1}\right)^{\frac{1}{n}} - 1\right]} \tag{5 – 13}$$

$$\Delta V = V_1 - V_R \tag{5 – 14}$$

式中：V_0——总容积；

p_0——充气压力；

p_1——系统最小工作压力；

p_R——系统额定工作压力；

ΔV——有效容积，即当压力从 p_R 降到 p_1 时蓄能器中排挤出来的油液容积；

V_1——与 p_1 对应的气腔容积；

V_R——与 p_R 对应的气腔容积；

n——气体多变指数，等温变化时为 1，绝热变化时为 1.4。

为了得到尽可能大的有效容积，其充气压力应接近 p_1，但一般留有一个安全系数，以保证最小工作压力的可靠性。根据统计数据取 $p_0/p_1 = 0.8 \sim 0.9$。

充气压力 p_0 对蓄能器的有效容积 ΔV 有很大影响。在相同的结构容积 V_0、最小工作压力 p_1（相当于卸荷阀接通液压泵时的压力）和最大工作压力 p_{max}（相当于卸荷阀断开液压泵时的压力）条件下，按等温过程考虑，不同的充气压力 p_0 就有不同的有效容积 ΔV，所以为了得到尽可能大的有效容积 ΔV（在不加大结构容积的条件下），在选择充气压力 p_0 时，应尽可能地趋近于最小工作压力 p_1。但一般要留一个安全裕度，以保证最小压力时的工作。根据统计数据，一般取 $p_0/p_1 = 0.8 \sim 0.9$，$p_0/p_R = 0.25 \sim 0.35$，个别达到 0.5。

当蓄能器的充压和放压过程不相同，如充压为等温过程而放压为绝热过程时，如果蓄能器的油液全部放出做功，这时的充气压力 p_0 应按下式求得：

$$p_0 = p_{max}^{(1 - 1/n)} p_1^{1/n} \tag{5 – 15}$$

式中：p_0——充气压力；

$p_{\max}$——最大工作压力。

4. 液压作动筒

作动筒是液压系统中将液压能转变为机械能的执行机构，用来操纵活动部件的动作。按作用方式，作动筒可以分为单作用式和双作用式两大类。单作用液压缸是利用液压力推动活塞向着一个方向运动，而反向运动则依靠重力或弹簧力等实现，一般用于解锁、刹车等功能部件上。双作用液压缸正、反两个方向的运动都依靠液压力来实现，广泛应用于起落架收放、前轮转弯、舱门开闭等功能部件上。

按结构形式的不同，作动筒可分为活塞式、柱塞式、伸缩式等往复直线式及摆动式等。直接输出角位移的摆动式在飞行器上应用较少，应用较多的是往复直线式液压作动筒。

液压作动筒是液压系统中常用的一类作动装置，现已向集成化作动器方向发展，后文详细介绍。

5.2.3　典型应用案例

5.2.3.1　起落架收放系统

1. 简单起落架收放系统

图 5-8 所示为简单的起落架收放系统原理，通过液压电磁阀（液电阀）的换向控制前、主起落架的收上与放下。为解决因液压管路安装的非对称性引起的左、右主起落架收放的不同步问题，可通过限流阀 9 来调节，达到左、右主起落架收放的同步。

该系统具有以下特点：

（1）前、主起落架舱门与起落架联动，每个起落架只使用一个作动筒，即可实现起落架收放和起落架舱门开闭，使系统组成相对简单，安装较为方便，有助于提高系统可靠性。

（2）起落架上位锁采用程序锁，即在放起落架时，液压油先进入各起落架上位锁，上位锁开锁后，压力油才能进入与之对应的作动筒的放下腔，将起落架放下，以便使上位锁开锁载荷降到最低。

（3）该系统的缺点：起落架与舱门的联动机构设计较复杂，机构安装和调整的难度较大。

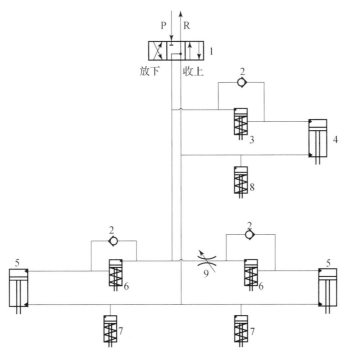

图 5-8 简单的起落架收放系统原理

1—电磁阀；2—单向阀；3—前起上位锁；4—前起收放作动筒；5—主起收放作动筒；

6—主起上位锁；7—主起下位锁；8—前起下位锁；9—限流阀

2. 机控（协调阀控制）起落架收放系统

图 5-9 所示为典型的协调阀控制起落架收放和起落架舱门开关顺序的起落架收放系统原理图，通过液电阀换向控制起落架的收上与放下。

当进行起落架放下时，压力油同时进入舱门和起落架放下管路，将舱门打开和起落架放下。在起落架放下过程中，虽然压力油同时进入起落架和起落架舱门作动筒，但在起落架收放作动筒的收上管路中，增加了一个限流阀 10，使起落架放下速度比舱门打开速度慢，起到延时作用，防止起落架撞坏舱门。

当起落架收上时，来自电磁阀 1 的压力油先将起落架收起，在起落架机构压通协调阀 5 后，压力油才能进入舱门作动筒将舱门关闭。起落架收上、放下过程的回油，经过液电阀和单向阀，回流到主液压系统总回油管路。通过对限流阀 10 的调整，可保证左、右主起落架的同步。

此类收放系统适用于起落架收放运动复杂且舱门和起落架不易联动的情况。

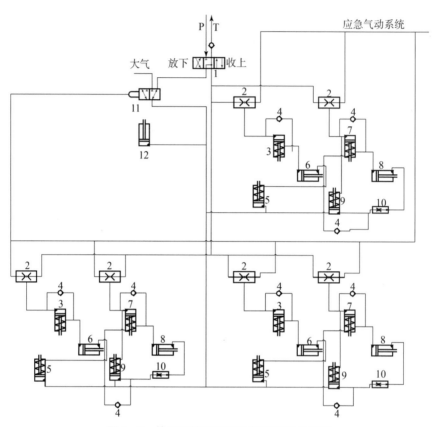

图 5 – 9 协调阀控制程序的起落架收放系统

1—电磁阀；2—应急转换阀；3—舱门锁；4—单向阀；5—协调阀；6—舱门作动筒；

7—起落架上位锁；8—起落架收放作动筒；9—起落架下位锁；10—限流阀；

11—应急排油阀；12—自动刹车作动筒

该系统具有以下特点：

（1）舱门和起落架具有独立的液压控制回路，舱门机构和起落架机构彼此独立，使机构调整简单。

（2）用协调阀控制舱门和起落架的作动顺序，可完全保证其正确性。

（3）其上、下位锁开锁作动筒的复位弹簧腔分别与收上、放下管路相通，使得起落架收上或放下时，上位锁或下位锁的开锁作动筒完全复位，保证起落架的上位锁或下位锁可靠上锁，同时可防止回油压力过高或在回油路上的某种压力冲击下，上、下位锁意外开锁。

（4）在起落架收上过程中，收上管路的压力油还进入一个自动刹车作动筒

12，使高速旋转的主机轮在收入主起落架舱之前被刹停，可防止机轮的高速旋转意外损坏起落架舱内的设备、管路和电缆。

（5）该系统中设置一个应急排油阀，用于防止应急放起落架时，过多的油液瞬时进入液压系统油箱而将油箱损坏，引起整个液压系统失效。

该系统的缺点：组成比较复杂，增加了顺序控制用的协调阀，协调阀的安装协调较困难。

采用该系统时，应注意以下几个问题：

（1）在起落架放下管路可增加一个协调阀，待舱门完全打开后，起落架才开始放下，确保起落架和舱门动作的协调性。

（2）可用机械锁将舱门锁在打开位置，取消舱门作动筒内的滚珠锁或卡环锁。

（3）可在舱门回路或起落架回路增加液压锁，用以辅助机械锁（尤其是作动筒内部的滚住锁或卡环锁）对舱门或起落架的锁定。

（4）应急排油阀 11 置于起落架收上管路，这样，可保证液电阀卡在收上位置时仍可进行起落架应急放下。

3. 电控起落架收放系统

随着计算机技术的应用，将电传和电子综合控制技术应用于起落架收放控制系统，见图 5 - 10。

这种系统的工作是在一个带逻辑电路的电子综合控制单元的控制下完成的，其控制的顺序是：收起落架时，开舱门——收起落架——关舱门；放起落架时，开舱门——放起落架——关舱门。当给出收起起落架指令时，首先，舱门液电阀的下电磁铁通电，使压力油进入舱门打开管路，再分为两路，一路进入舱门锁 6 使舱门锁开锁；另一路进入舱门作动筒 5 使舱门打开。在所有舱门打开后，由电子综合控制单元判断，给起落架液电阀的下电磁铁通电，使压力油进入起落架收起管路，并分为三路，一路到起落架下位锁 3 进行开锁，一路到起落架收放作动筒 2 将起落架收起，第三路到起落架上位锁 4，将上位锁的开锁作动筒可靠地顶回，从而保证起落架准确上锁；在所有起落架均收上并上锁后，通过逻辑电路的控制，使舱门液电阀的上电磁铁通电，液电阀换向，压力油进入关舱门管路，直接通过地面舱门手动阀 7 后，再分为两路，一路将舱门锁可靠顶回至待上锁位

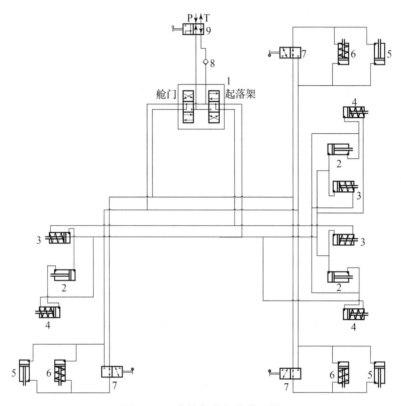

图 5 – 10　电控起落架收放系统

1—双液电阀；2—起落架收放作动筒；3—起落架下位锁；4—起落架上位锁；5—舱门作动筒；

6—舱门锁；7—地面舱门手动阀；8—单向阀；9—自由放排油阀

置，一路到舱门作动筒 5，将舱门关闭并上锁。至此完成了起落架收上的全部过程。

由于在起落架处于放下位置时舱门处于关闭状态，给地面维护带来不便，因此必须设有地面开舱门的装置。在该系统中，使用一个地面开舱门控制阀，在该阀手动换向后，将舱门作动筒的两腔沟通，人工打开舱门锁，即可在地面将舱门打开。

该系统一般用于大型民用飞机，只需机械接通自由放排油阀 9，使双液电阀 1 压力油口与回油口同时与总回油路相通，然后机械打开起落架上位锁和舱门锁，使起落架在自重和空气动力作用下放下并上锁。

该系统的特点是：有完全独立的起落架收放和舱门开关控制回路。

采用该系统的关键是必须采用一个控制起落架和舱门的逻辑电路综合控制单元，可采用接近式感应开关作为起落架和舱门到位的判断。

采用该起落架收放系统时，必须做到以下三点：

（1）收起落架时，起落架舱门全部打开，起落架液电阀收上电磁绕组才能通电。

（2）放起落架时，起落架舱门全部打开，起落架液电阀放下电磁绕组才能通电。

（3）起落架在选择位置全部上锁，舱门液电阀关闭电磁绕组才能通电。

5.2.3.2　前轮转弯控制系统

前轮转弯控制系统是利用液压驱动前轮转向的控制系统，主要用于地面滑行时操纵转弯和在起飞及着陆滑跑时小角度修正航向，同时还要起到前轮减摆的作用。

设计前轮转弯控制系统时，应注意以下 5 个方面：

（1）前轮转向驱动速度均匀，无爬行和冲击等不稳定现象，驱动速度的推荐值在空载时不超过 20 （°）/s。

（2）应能提供足够的前轮减摆阻尼。

（3）输入操纵力应符合规范要求。

（4）如果用前轮转弯控制系统进行飞机滑跑过程中的纠偏，则此模式下前轮允许最大偏角通常限制在 7°~10°以内。

（5）飞机前轮转弯控制系统应按《飞机前轮转弯系统通用规范》（GJB 3217—1998）规定进行设计。

1）机械反馈式前轮转弯控制系统

图 5-11 所示为机械反馈式前轮转弯控制系统原理，其转弯操纵阀 2 有两种输入方式，即手轮操纵输入和脚蹬操纵输入，对应于前轮转弯大转角模式和有限转角模式。

该系统的反馈方式是通过反馈拉杆和钢索将转弯作动筒与转弯操纵阀相连，使作动筒与转弯操纵阀在位置上相对应，达到按驾驶员输入前轮转弯指令控制飞机前轮转向的目的。

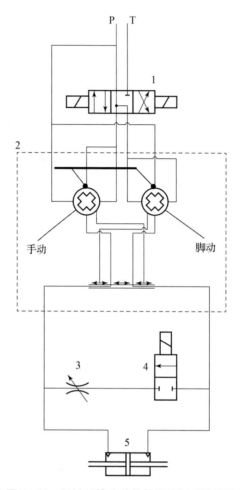

图 5 - 11 机械反馈式前轮转弯控制系统原理

1，4—液电阀；2—转弯操纵阀；3—节流阀；5—转弯作动筒

另外，在液电阀 4 通电的情况下，转弯作动筒 5 的两腔通过节流阀 3 和液电阀 4 相互沟通，以保证在前轮存在摆振趋势时，可通过节流阀 3 进行阻尼，消除摆振趋势。

其优点是系统简单；缺点是从输入到反馈全部是机构传动，使安装和调整复杂，维护较困难。

2）电液伺服前轮转弯控制系统

图 5 - 12 所示为电液伺服前轮转弯控制系统原理。

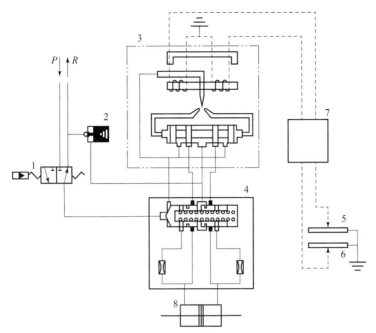

图 5 – 12　电液伺服前轮转弯控制系统原理

1—液电阀；2—回油补偿器；3—伺服阀；4—转弯减摆器；

5—手轮位置传感器；6—反馈位置传感器；7—转弯控制单元；8—转弯作动筒

该系统主要是通过位移传感器代替输入输出机构，通过转弯控制单元 7 进行输入和反馈信号的比较判断，检测前轮的偏转角度，用输入和反馈信号的差值控制伺服阀工作，驱动前轮转弯作动筒，保证前轮按指令转向。

该系统的关键是转弯控制律的设计。控制律决定了飞机前轮转弯的动态过程。通常在最大动力操纵前轮转弯状态下，操纵速率不超过 20 （°)/s，且在操纵输入信号与反馈信号之间差 3°～5°时，应得到最大操纵速率，保证足够的前轮操纵响应特性。

当切断转弯控制开关时，液电阀 1 断电，转弯控制系统与回油相通，转弯减摆器 4 的阀芯在弹簧力作用下移至最左端，使转弯作动筒的两腔通过阻尼阀相互沟通，可在高速滑跑过程中提供前轮摆振阻尼。

在系统中，设有一个回油补偿器 2，其功用是使整个转弯控制系统的回油压力提高，以防止在前轮减摆过程中，转弯作动筒内由于瞬时负压而产生气穴，降低减摆能力。

系统的优点是安装、调整、维护简单方便。

如果使用电传转弯控制，还应设置机内自检测，实现故障指示、告警与故障保护。

5.2.3.3　机轮刹车系统

机轮刹车控制系统的功能是在飞行器着陆接地后，利用液压压力，是安全平稳地进行机轮刹车。对机轮刹车控制系统的设计应注意以下方面：

（1）驾驶员实施刹车的操纵力和操纵行程应符合《飞机机轮刹车系统设计要求》（HB 6761—93）的规定。

（2）应具有差动刹车的能力。

（3）应具有刹车防滑功能。

（4）一般应另设置一套独立的备用刹车系统或应急刹车系统。

（5）电子防滑刹车系统和电传刹车系统一般设置机内自检测和故障安全保护装置。

图5-13所示为简单的惯性防滑机轮刹车系统原理。

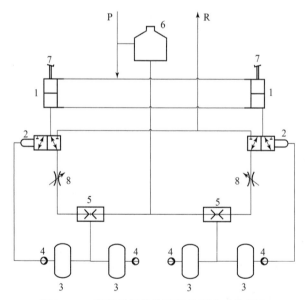

图5-13　简单的惯性防滑机轮刹车系统原理

1—液压刹车阀；2—液电阀；3—机轮；4—惯性传感器；

5—转换阀；6—应急刹车阀；7—脚操纵机构；8—限流阀

当驾驶员进行刹车时，只需踩压刹车脚踏板，通过刹车操纵机构，驱动液压刹车阀 1，使液压刹车阀输出与驾驶员施加的脚蹬力成正比的压力油，通过液电阀 2 后，经过转换阀 5 分两路进入联测的两个主轮，进行刹车。

当机轮因刹车而产生打滑拖胎时，安装于机轮内部的惯性传感器 4 作动，触动一个电开关，液电阀 2 换向，使进入机轮的刹车管路与系统回油接通，使实际刹车压力迅速释放，机轮则因刹车压力下降而又迅速转动起来，从而解除机轮打滑。而在机轮打滑解除后惯性传感器复位，液电阀 2 端点换向，使液压刹车阀 1 输出的压力油经过液电阀再次进入机轮，对机轮实施刹车，如此反复，直到飞机刹停为止。

液电阀 2 的出口都装有一个限流阀 8，可控制压力进入机轮和在防滑时，机轮刹车压力释放的时间延长，防止压力冲击，降低防滑工作频率，保证飞机刹车过程的平稳性。

该系统由左右两套完全相同且相互独立的分回路组成，只要对左右刹车施加不同的刹车压力，即可实现差动刹车。

该系统还设置了应急刹车控制系统，即在正常刹车系统的附件或管路出现故障时，可迅速接通应急刹车回路，并可人工调整应急刹车压力，对机轮进行应急刹车。

应急刹车应以简单可靠为设计原则。因此，该系统中采用了一个应急刹车阀。其输出压力油经过两个转换阀 5，直接进入机轮进行刹车。

该系统的应急刹车无防滑控制，也不具备差动刹车功能。

该系统的特点：系统简单，防滑辅助设备少。

该系统的缺点：使用惯性传感器防滑，刹车效率不高；用一个液电阀控制一侧主机轮的防滑，易对前轮产生一个侧向交变力，加重了前轮减摆装置的负担。

对于有 4 个及 4 个以上主机轮的飞机，可在每个主机轮的刹车管路上设置防滑液电阀，使每个主轮的防滑独立控制，可提高刹车效率，增加飞机刹车过程的平稳性。

图 5 - 14 所示为电子防滑刹车控制系统原理，在功能上与图 5 - 13 所示的系统一致，所改善的就是防滑控制部分。

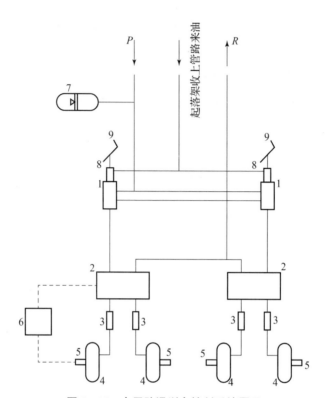

图 5 – 14 电子防滑刹车控制系统原理

1—液压刹车阀；2—防滑伺服阀；3—定量器；4—机轮；5—速度传感器；

6—防滑控制盒；7—刹车蓄能器；8—自动刹车作动筒；9—脚蹬机构

驾驶员只需通过踩左右刹车脚踏板，即可进行刹车控制。

电子防滑刹车控制系统可提供以下 5 种刹车模式。

（1）正常电子防滑刹车。

（2）差动刹车。

（3）关断防滑控制后，可实现人工控制刹车。

（4）停放刹车（由蓄压器提供液压能源）。

（5）起落架收起时的自动刹车。

除上述刹车模式外，电子防滑刹车控制系统还应具备以下两项辅助功能。

（1）系统机内自检测及告警。

（2）刹车机轮之间的交叉保护。

电子防滑刹车控制系统是一种自适应防滑控制系统，能控制机轮实际刹车压力始终与跑道表面状况相适应，使跑道所能提供的摩擦力的利用率水平较高，刹车效率可达 90% 以上，同时，又可保证飞机刹车过程平稳，轮胎磨损均匀。

该系统中，各机轮的防滑控制是相互独立的。

电子防滑刹车控制系统应按《飞机机轮防滑刹车控制系统通用规范》（GJB 2879—1997）的要求进行设计。

采用该系统必须注意以下两个问题：

（1）该系统使用的伺服阀为压力伺服阀，应注意防止伺服阀被污染而导致工作失灵。由于刹车装置的工作环境较恶劣，容易产生大量污染物，而且刹车管路为压力传输管路，无连续流体流动，随着刹车—松刹车的过程，刹车作动筒内的污染物会沿刹车管路上移，并有可能进入伺服阀，导致伺服阀被污染而失效。因此，应定期对刹车管路和刹车作动筒进行清洗或采取有效措施，以防止刹车作动筒内的污染颗粒进入伺服阀。

（2）由于压力伺服阀的设计压力工作点一般较高，而有时飞机所需的刹车压力较低，因此可在伺服阀出口管路上加一个减压加速器，达到既保证伺服阀的工作点，又将刹车作动筒与伺服阀完全隔开，使刹车作动筒的污染物不能进入伺服阀。

电传刹车控制系统是指用电信号传输刹车指令的刹车控制系统。图 5 - 15 所示为电传操纵刹车控制系统原理，在功能上与图 5 - 14 所示的电子防滑刹车控制系统一致。

如图 5 - 15 所示，液压动力源的压力直接输入 4 个伺服阀 4，当驾驶员踩压脚踏板操纵刹车时，脚蹬机构 1 驱动位移传感器 2，使位移传感器输出电信号至刹车控制单元 3，刹车控制单元 3 对信号进行处理，输出信号到伺服阀，伺服阀则按照所接受的电信号输出一定压力的液压油，进入机轮刹车作动筒进行刹车，在刹车滑跑过程中，速度传感器 6 时刻感受机轮转速并送到刹车控制单元进行处理，如果机轮出现打滑，则通过刹车控制单元判断处理，对打滑机轮的刹车伺服阀输入松刹车信号，使打滑机轮解除打滑。

电传刹车控制系统可分为模拟式和数字式控制系统。

电传刹车控制系统可方便地实现自动刹车模式（即不需要驾驶员踩压刹车脚踏板就可进行刹车的模式）。

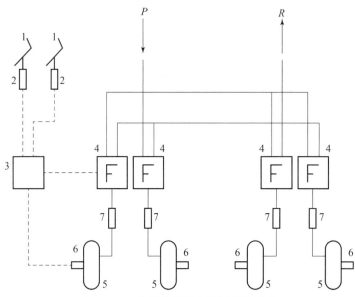

图 5 – 15　电传操纵刹车控制系统原理

1—脚蹬机构；2—位移传感器；3—刹车控制单元；4—伺服阀；5—机轮；6—速度传感器；7—定量器

电传刹车控制系统的特点是液压系统安装简单，质量轻，控制系统集成度高，容易实现机内自检测和故障安全保护。

采用电传控制，在设计安装过程中应注意以下两个问题：

（1）电气元件的电磁兼容性。

（2）伺服阀防污染要求。

鉴于机轮刹车控制系统在飞机上的重要性，一般飞机的机轮刹车控制系统应具有余度。目前民用飞机，一般采用两套独立的如图 5 – 14 所示的电子防滑刹车控制系统，且能在故障情况自动转换或人工转换，也有采用一套如图 5 – 15 所示的以电传操纵刹车控制系统为主，以一套机械操纵电子防滑刹车控制系统为备份或两套独立的电传操纵刹车控制系统互为备份的设计方案。军用飞机上一般采用一套机械操纵电子防滑刹车控制系统或一套电传刹车控制系统为主，而以应急气动刹车为备份。

另外在进行机轮刹车控制系统设计时，还应考虑停机刹车和起落架收起时的机轮自动刹车。

5.2.3.4　收放/舱门作动器

此类控制作动系统是纯方向性控制系统。

图 5 – 16 所示为二位液电阀控制系统原理，适合于飞机上较短时间使用的二位作动部件，如减速板、扰流片等。

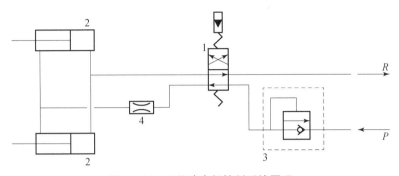

图 5 – 16 二位液电阀控制系统原理

1—液电阀；2—作动筒；3—单向热膨胀阀；4—节流阀

在进油管路串接一个单向热膨胀法的作用是防止该作动部件在飞机停机后意外打开，也可将锁闭在作动筒收上腔的油液因温升使油液膨胀而引起的高压释放掉。

系统中的节流阀 4 用于控制作动筒的工作速度。

如果某作动部件在两个位置均需停留较长时间，则应选择三位液电阀控制系统。图 5 – 17 所示为一套三位液电阀控制系统原理。一般用于货舱门、客舱门、弹舱门等部件的驱动。

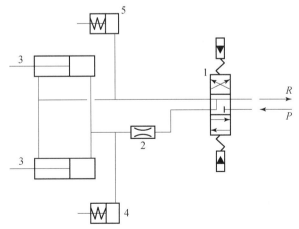

图 5 – 17 三位液电阀控制系统原理

1—液电阀；2—节流阀；3—作动筒；4—收上位置锁；5—放下位置锁

5.2.4 集成电液系统

电传液压控制系统在航空领域的应用已非常成熟，而随着技术的不断发展和要求的提高，液压控制系统的一些缺点逐渐显现：占用比较大的内部空间（如蓄能器），采用多余度可靠性设计而导致质量增加、成本升高，遍布机身的复杂液压管道使维修和故障检测难度加大，能源利用率低，管道温度高、机身散热难、燃油利用率低等，严重影响着飞行性能与安全性。对于战斗机，复杂的管路成为战场生存率的致命弱点。

为适应飞行设备的大功率化、集成化、高速化发展趋势，电传操纵技术正在向功率电传（Power By Wire，PBW）方向发展，即能源系统至执行机构的功率传输只通过导线以电能方式完成。功率电传作动器也被称为电力作动器（Electrically Powered Actuator，EPA），用电能源系统取代目前的液压、气压和机械系统来驱动各种活动部件，简化操纵系统，节能且可靠性高。多电飞机（More Electric Aircraft，MEA）和全电飞机（All Electric Aircraft，AEA）是在这种技术背景下提出的。功率电传作动器对减轻质量与简化系统起到了十分显著的作用，并大幅降低维护费用。集成化、模块化和智能化的功率电传作动器已开始应用于飞行器着陆减速系统的落架收放、锁定与解锁、前轮转弯操纵、刹车控制等伺服操纵系统。

功率电传作动器包括电动静液作动器（Electro – HydroStatic Actuator，EHA）、集成电液作动器（Integrated Actuator Package，IAP）和机电作动器（Electro – Mechanical Actuator，EMA）等多种技术形式，尤其以 EHA 和 EMA 研究和应用最多。后面章节介绍 EMA 技术。

5.2.4.1 集成电液作动器

集成电液作动器（IAP）由独立的电动机、泵、伺服阀和作动筒组成（图5 – 18），使用单向恒速电动机驱动变排量泵以恒速旋转，利用专用的控制装置改变泵的旋转斜盘角度，从而不断改变液压流量，因此不需要大功率电子设备控制电动机。部分利用定排量泵和电液伺服阀来控制作动器的运动，其系统效率较低，发热量较大。

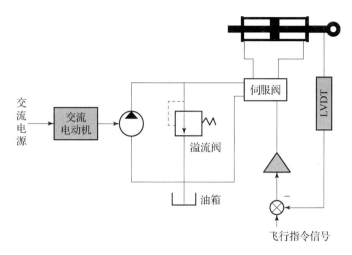

图 5 – 18　集成电液作动器原理

IAP 采用模块化的部件和集成化设计，从工作机理上就是独立完整的微型液压控制系统。但相比传统的阀控液压系统，变量泵控制可以满足一定的快速性要求，同时系统效率提高，在空客 A380 和 C141 上已有应用。

5.2.4.2　电静液作动器

电静液作动器（EHA）也称电液融合系统（Electro – Hydraulic Hybrid System，EHH），根据工作原理，分为直接驱动容积控制（Direct Drive Volume Control，DDVC）和直接驱动泵控制（Direct Drive Pump Control，DDPC）两种类型，具有体积小、功率大、输出力大、控制灵活等特点。EHA 与传统的电液作动器结合（通过电磁换向阀切换），可形成双余度的电备份液压作动器（EBHA），提供了非相似余度备份，是实现功率电传系统的较佳选择。

电静液作动器的结构原理如图 5 – 19 所示，它将液压泵提供的液压能转换为机械能，利用内置的位移传感器（LVDT）实现对负载的速度、位移等精确定位和负载压力等感知，并反馈给信号控制器加以控制，执行主控制器指令。

典型的 EHA 系统组成原理如图 5 – 20 所示，包括伺服电动机、电动机驱动器、液压泵、油箱、单向阀、作动筒（液压缸）、位移传感器、压力传感器等。有些 EHA 还配置电磁阀，用于控制油路的方向，实现作动筒反向运动，或控制通断锁定作动筒的整体油路并保持位置。

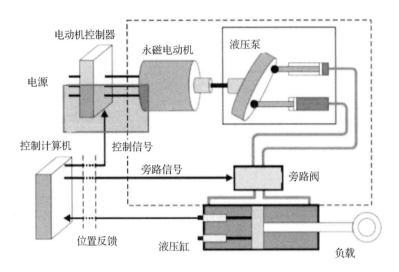

图 5 – 19　电静液作动器的结构原理

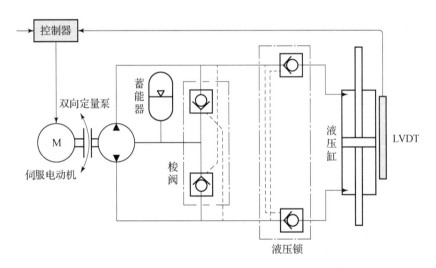

图 5 – 20　典型的 EHA 系统组成原理

（1）伺服电动机：用于驱动液压泵，将电能转化为转动机械能。

（2）电动机驱动器：用于接收控制指令，为伺服电动机提供电压和电流，对电动机的转速和方向进行动态控制。

（3）液压泵：用于将转动机械能转化为液压能，可以是单向/双向定排量泵、变排量泵。

（4）油箱（补油装置）：存储和补充回路中多余或缺少的油液，为系统提供压力防止油泵吸空，一般容积较小。

（5）单向阀：使油液单向流动，液控单向阀组合可形成液压锁，防止回流或造成冲击，对作动筒进行位置保持。

（6）作动器：电静液作动器的功率输出装置直接与被控对象连接。

（7）传感器：内置位置传感器将作动筒的位置信号反馈给控制器，压力传感器可用于对系统的实时控制与监测。

（8）安全阀：可限制系统油路中过高压力，保护系统中的各元件不受冲击损伤。当作动筒发生故障时，还能起到旁通阀的作用，使液压油流回泵，避免继续对作动筒作用，起到安全隔离的作用。

上位机控制器与电动机驱动器组成控制模块，上位机控制器接收检测装置的反馈信号，发出控制信号传输给电动机驱动器，为伺服电动机提供驱动电压和电流，实现电动机转速和方向的控制。电动机与液压泵通过联轴器连接，通过转矩驱动液压泵运动。定量泵旋转一周的排量是定值，这样通过调节电动机的转速即可实现泵输出流量和输出速度的调节。作动器的运动控制性能主要依靠控制电动机实现。

5.3　机电传动技术

机电传动是指以电动机为原动及驱动设备的系统总成，它将电能转变为机械能，实现设备的启动、停止以及速度调节，完成各种运动功能。

为顺应全电/多电发展趋势，与集成电液作动器类似，机电作动器（EMA）是一类应用比较广泛的功率电传作动器，通常认为 EMA 的使用维护性要远高于传统液压系统。在飞机和空天飞行器着陆减速系统中，EMA 主要用于起落架收放、舱门开闭、刹车控制和前轮转弯操纵等关键功能。

EMA 技术融合了电机技术、控制技术、机械学、材料学、摩擦学、传热学等学科内容。其由于没有内部液压系统，相比于电静液作动器更轻、复杂性更低,同时比等价的 EHA 刚度更好,比液压系统的效率高,且不存在泄漏问题,更适合于长期存储。但 EMA 机械传动机构可能存在一定的卡滞问题,通过余度设计来保障 EMA 可靠性的难度较 EHA 大;大功率 EMA 的热效应、润滑和间隙振荡等问题也需要解决。

5.3.1 EMA 的组成与传动原理

EMA 组成形式相对固定,主要由电动机驱动器、伺服电动机、减速器及传动机构(传动链)、齿轮减速箱、滚珠丝杠、无刷直流电动机、齿轮减速箱等部分组成,如图 5 - 21 所示。

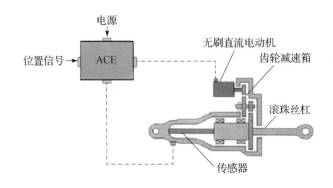

图 5 - 21   EMA 基本组成

EMA 是机电伺服系统,通过控制电动机转速,带动减速传动机构,实现力矩输出,带动负载。电动机主要有感应电动机、永磁同步电动机、无刷直流电动机和开关磁阻电动机。飞行器多用无刷直流电动机。EMA 的带载能力与传动链关系较大。EMA 常用齿轮副减速器、蜗轮蜗杆或丝杠副传动。

滚珠丝杠传动方式是应用较多的一种,其原理如图 5 - 22 所示。电动机与螺母相连,丝杆与负载相连不可转动,电动机转动可以使丝杆产生直线运动。

滚柱丝杠与滚珠丝杠传动类似,适用于重载情况。但有研究表明,多次施加动载荷(小于静载荷),丝杠表面也会出现点蚀现象。

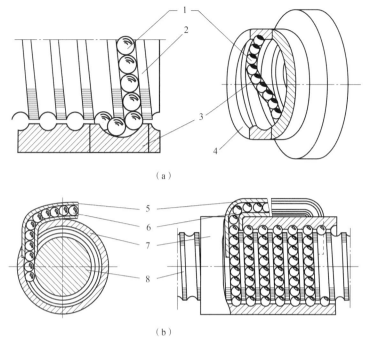

图 5 - 22　滚珠丝杠机构副原理

（a）内循环式；（b）外循环式

1，6—滚珠；2，8—丝杠；3—反向回珠器；4，7—螺母；5—插管式回珠器

5.3.2　EMA 的余度设计

EMA 的关键部件为丝杠副机构，存在一定卡滞风险，为提高可靠性而进行余度设计是必要的，也是技术难点。余度设计必须考虑的问题：余度工作方式、故障检测与隔离、系统余度设计的合理性。

如图 5 - 23 所示，双电机串联余度方案由工作电动机、余度电动机/马达、离合器、减速器、传动机构组成。系统正常工作时，控制工作电动机通过传动机构驱动作动器。当工作电动机或其电路出现故障时，切断工作电动机，启动余度电动机和离合器组成的应急驱动机构，余度电动机/马达通过离合器与执行机构的接合，执行动作。

图 5 - 23　双电机串联余度方案

双电机串联余度方案特点见表 5 - 10。

表 5－10　双电机串联余度方案特点

余度驱动源	优点	缺点
电动机	1. 结构型式简单，采用离合器便于应急通道的接入，控制简单灵活； 2. 工作电动机和余度电动机均采用电源供电，实现全电化控制	1. 当工作电动机出现卡滞故障时，应急驱动机构也无法起作用； 2. 减速器或传动机构若出现严重故障，作动器将完全失效
马达	1. 结构型式简单，采用气动离合器方便应急通道的接入，控制灵活； 2. 与双电机组成的相似余度设计相比，由电动机和气动马达组成的非相似余度设计，其可靠性更高	1. 气动马达输出功率有限，效率低，速度稳定性差； 2. 当电动机出现卡滞故障时，气动马达起不到应急驱动的作用； 3. 减速器或传动机构若出现严重故障，作动器将完全失效

5.3.3　应用实例

5.3.3.1　机轮刹车作动

如图 5－24 所示，图中双虚线左侧区域表示用于机轮刹车的 EMA，主要组成包括无刷直流电动机、行星轮减速器、滚珠丝杠等。EMA 工作原理可以表述为：无刷直流电动机通过行星轮减速轮将其产生的力矩放大并输送给滚珠丝杠，滚珠丝杠能够将旋转式运动变成直线式运动，通过该种方式 EMA 可输出直线式作动力。

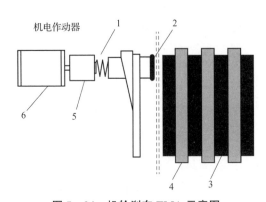

图 5－24　机轮刹车 EMA 示意图

1—滚珠丝杠；2—活塞；3—静盘；4—动盘；5—行星轮减速器；6—无刷直流电动机

5.3.3.2　起落架和舱门收放

图 5 – 25 所示为电 – 气双余度电动收放作动器，主要由主驱动装置（直流电动机）、应急驱动装置（气动马达、气动离合器）、锁定机构、机械装置（活塞筒、活塞杆以及相关连接件）、传动装置（同步带、滚珠丝杠）、减速装置、微动开关等组成。直流电动机作为主动力源，气动马达作为应急动力源；气动马达通过气动离合器与直流电动机连接在一起，锁定机构与滚珠丝杠螺母通过螺钉连接，活塞杆与锁定机构通过螺纹连接；作动器两端各有两个微动开关，用于控制电动机速度和到位的信号反馈。

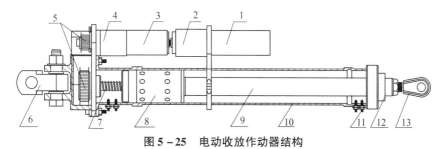

图 5 – 25　电动收放作动器结构

1—气动马达；2—气动离合器；3—直流电动机；4—减速器；5—同步带装置；6—连接座；7—滚珠丝杠；
8—锁定机构；9—活塞杆；10—活塞筒；11—微动开关；12—端盖；13—关节轴承

5.3.3.3　前轮转弯操纵

图 5 – 26 所示是一种机电式前轮转弯操纵系统，由伺服电动机、减速器、离合器、蜗轮、角位移传感器、电机驱动器、电磁阻尼器等几部分组成，结构简单、便于维护，缺点是散热能力较弱。

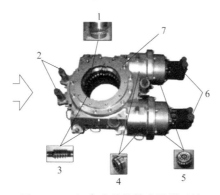

图 5 – 26　机电式前轮转弯操纵系统

1—转动套筒；2—角位移传感器；3—蜗轮；4—离合器；5—减速器；6—伺服电动机；7—安装座

5.4 能源传动子系统试验

传统液压系统的试验、调试和维护要求已形成相应规范，EHA 可以参照开展相关试验。EHA 和 EMA 作为模块化的独立设备，在安装、调试和维护方面有突出的优势，可以模块化更换维护，而不影响其他设备。

试验的种类和内容多种多样，按试验对象可分为元件和附件试验、子系统试验和全系统试验；按试验内容可分为元件和系统的功能试验、耐久性试验、故障模拟试验及可靠性试验；按试验目的可分为产品的鉴定试验和验收试验。新研制的液压系统的全系统试验应完成液压系统地面模拟器试验、地面试验及飞行试验。

5.4.1 能源子系统匹配试验

液压能源子系统是液压系统的核心，它将提供具有一定压力的流体来驱动各功能子系统工作，即起落架收放、机轮刹车、前轮转向等。液压泵及能源子系统所产生的压力脉动、温度和振动应力应能满足设计要求，并应通过能源子系统匹配试验验证。如果能源子系统是由双泵或多泵并联组成，则除做单泵匹配试验外，还应做双泵或多泵并联试验。研制经验证明，本试验异常重要，尤其是对超标的已达到危害安全程度的压力脉动的排除，起到了关键作用。

5.4.2 起落架收放系统试验

起落架收放系统是保证安全起飞和着陆的关键系统。该系统中液压附件多，机构运动复杂。起落架的收放，上、下位锁的开锁和上锁，舱门的打开和关闭等均需要正确地匹配和协调，否则将会发生飞行事故。因此，在起落架收放系统方案原理确定后，应做该系统的原理性试验及功能试验，以确定其运动轨迹、收放程序、收放时间、起落架运动与结构的相容性及油液反压对上、下位锁工作性能的影响等。对实验台要求应根据试验目的及试验模拟逼真度要求确定。

在试验中应完成以下各项工作：

（1）起落架收上和放下时间及左、右主起落架收上和放下时间差。

（2）收放过程的平稳性和协调性（包括起落架舱门的收放）。

（3）起落架上、下位锁工作的正确性和可靠性。

（4）液电阀功能转换时的压力峰值。

（5）液压软管的工作情况。

（6）起落架位置指示和告警装置工作的准确性。

5.4.3　机轮刹车系统试验

机轮刹车系统是将飞行器安全地刹停在规定的滑跑距离内，或在起飞滑跑过程中遇到意外情况能立即安全刹停（中止起飞）。

正常刹车系统通常由液压提供能源，采用电传控制，并具有自动防滑功能。机轮刹车系统在研制过程中应进行计算机实时仿真试验、惯性台动态联试、模拟态和飞机地面试验、飞行试验等。

机轮刹车系统试验应符合相关规范和要求。

在试验中应完成以下各项工作：

1）断开机轮刹车系统防滑功能后

（1）产生最大刹车压力时的操纵力。

（2）同时快速松开刹车，刹车压力值应在设计规定的范围内。

（3）从输入刹车信号到获得最大刹车压力的时间不大于规定值。

（4）从解除刹车信号到刹车压力降到规定值的时间不大于规定值。

（5）对于有人驾驶飞机，同时将左、右刹车脚蹬踩到底或将刹车手柄握到底保持 5 s，刹车压力表的指示值应在最大刹车压力设计范围内，机轮上的刹车作动筒指示杆应缩进机轮。

2）接通机轮刹车系统防滑功能后

（1）接地保护。

（2）地面防滑刹车。

（3）机内自检测系统的空中状态检测。

（4）防滑刹车故障告警。

接通后的检查可采用机内自检测系统或相应的地面检测仪进行。

■ 参考文献

[1] 汪首坤. 液压控制系统［M］. 北京：北京理工大学出版社，2016.

[2] 祁晓野，付永领. 功率电传机载作动系统方案分析［J］. 北京航空航天大学学报，1999，25（4）：426－430.

[3] 夏立群，谢增荣. 民机作动器研究［C］. 大型民机关键技术高层论坛暨中国航空学会 2007 年年会，2007.

[4] 胡务农，胡长胜. 电静液作动器新概念［C］. 中国航空学会飞行器控制与操纵第十一次学术交流会，2005.

[5] 沙南生，李军. 功率电传机载一体化电作动系统的研究［J］. 北京航空航天大学学报，2004，30（9）：909－912.

[6] 付永领，邵云滨，齐海涛. 集成电动静液作动系统理论与技术［J］. 液压与气动，2015，5：1－9.

[7] 柳阳明，陈丽英. 航空液压与气动［M］. 北京：航空工业出版社，2015.

[8] 张应龙. 液压与气动识图［M］. 北京：化学工业出版社，2017.

[9] 张利平. 液压传动系统及设计［M］. 北京：化学工业出版社，2005.

[10]《飞机设计手册》总编委会. 飞机设计手册. 第 12 册，飞行控制系统和液压系统设计［M］. 北京：航空工业出版社，2003.

[11]《飞机设计手册》总编委会. 飞机设计手册——第 14 分册［M］. 北京：航空工业出版社，2002.

[12] 高金源，焦宗夏，张平. 飞机电传操纵系统与主动控制技术［M］. 北京：北京航空航天大学出版社，2005.

[13] 李艳军. 飞机液压传动与控制［M］. 北京：科学出版社，2009.

第6章
收放机构与锁技术

空天飞行器飞行时，需要将缓冲器收纳于飞行器内部，通过舱门闭合严格保持飞行器气动外形，以减少飞行阻力，防止气动热流进入，保持内部环境。在着陆或起飞时需要通过收放与锁定机构打开舱门，驱动收放机构放下缓冲器并实现可靠锁定，在着陆减速过程中承受较大的力学载荷。此外，收放与锁定子系统还需要支撑飞行器完成地面停放、操作、测试、运动、牵引和转运等动作。

实现收放功能的机构主要包括收放机构、收放作动器、舱门机构、舱门作动器、上位锁、下位锁、舱门锁等，如图6-1所示。它们的正常工作是非常重要的，如果上位锁或舱门锁卡住，会妨碍起落架放下；如果收放作动器或下位锁失效，起落架不能放下到位，均可导致着陆任务失败。

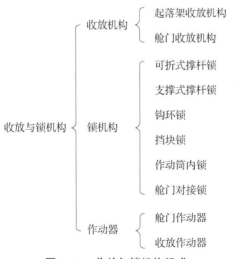

图6-1 收放与锁机构组成

第 2 章已经对着陆减速系统的总体收放布局以及收放过程基本原理进行了介绍，可以确定出收放机构的连接位置、初始长度、长度变化量等重要指标。本章主要对具体的收放机构设计、作动器设计、锁机构设计以及常见的收放锁定方案展开阐述。

■ 6.1 收放机构运动

6.1.1 起落架收放机构

最常用的起落架的收放功能是由四连杆机构实现的，图 6 - 2 所示为常用的起落架二维收放机构，其中机体作为不动的连杆，缓冲器作为 1 根连杆，斜撑则由 2 根连杆铰接组成。在收拢状态，斜撑的 2 根连杆折叠成一定角度，通过对缓冲器的锁定实现收拢状态的固定；在收拢或展开过程中，由收放作动器来克服空气阻力、重力、摩擦力、上锁力等载荷，来驱动起落架的运动；在放下状态，2根连杆基本在一条直线上（有小角度）并通过铰链处的机械锁锁定，使斜撑处于二力杆受力状态，承受和传递来自机轮的载荷到机身。

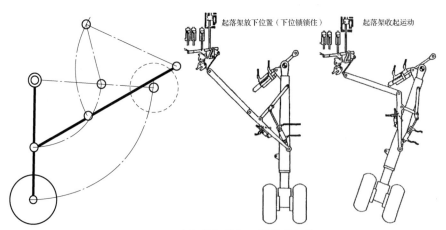

图 6 - 2　常用的起落架二维收放机构

另一种是斜撑结构和收放作动筒合二为一（图 6 - 3），即放下状态，通过液压控制作动器运动，当到达预定位置后，内部的机械锁实现起落架放下状态的锁定，使收放作动筒处于二力杆受力状态，承受和传递来自机轮的载荷到机身。这种收放方式在我国歼 - 7 主起落架、歼 - 11 前起落架上都有采用，因其锁定状态不可检，目前已较少采用。

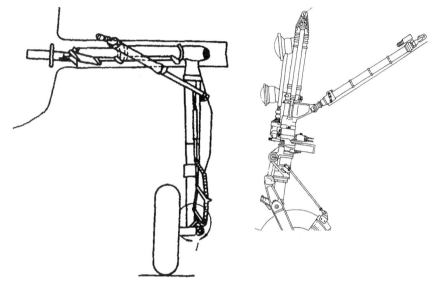

图 6 - 3　斜撑结构和收放作动器

还有些对空间约束比较高的起落架收放运动采用了三维空间运动或者更为复杂的形式，技术方案多种多样，但收放运动的实现都需要两个功能机构：收放作动器和放下到位锁定机构（下位锁）。

6.1.2　舱门收放机构

1. 常见舱门收放机构

常见的舱门收放机构是一个固定转轴的简单铰链机构，舱门上固定一个弓形结构，如图 6 - 4 所示，舱门作动器一般连接在此弓形结构件上，与之形成一个四连杆机构。

2. 厚舱门收放机构

空天飞行器因再入过程气动热严重，舱门可能因加装防热材料而变厚，可以采用复合铰链（如特殊的四连杆机构）等实现。图 6 - 5 所示为一种四连杆铰链，在汽车领域也有较多的应用。

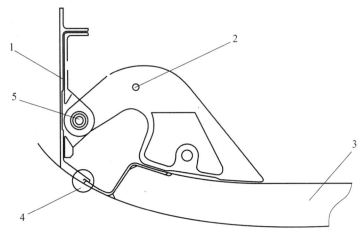

图 6 - 4　常见的舱门铰链结构形式

1—机体；2—弓形结构；3—舱门；4—接缝位置；5—铰转轴

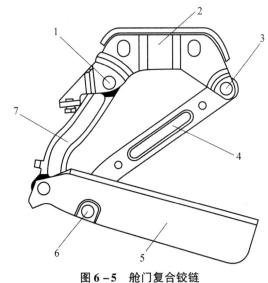

图 6 - 5　舱门复合铰链

1，3，6—转轴；2—固定机体；4，7—连杆；5—固定舱门

▨ 6.2　作动器设计

作动器（也称作动筒）是将液压、气压能量或电能转变为机械能的执行机构，用来操纵活动部件动作。空天飞行器和飞机一般采用往复直线式作动器，直接输出角位移的往复摆动式作动器应用较少。

6.2.1　结构原理及要求

往复直线式作动器原理及应用如表 6-1 所示，应根据使用要求、质量指标、外形尺寸、工作可靠性、工艺性、维护维修等方面的要求来确定其结构形式。

着陆减速系统中，实现收上和放下状态往往采用双向作用的作动器，其分类如图 6-6 所示。

图 6-6　传统液压/气压作动器分类

开锁、刹车等多采用单向作用的作动器，在动作完成后靠弹簧或外力恢复至原始位置，这里不进行重点介绍。

作动器的结构设计除了要给定设计载荷外，还需有下列依据：

（1）分析被操纵对象的运动情况，确定运动形式（空间或平面）。

（2）与机体结构、被操纵对象及管路的连接。

（3）安装及协调要求。

（4）最大工作行程和所需的作动器结构长度。

（5）关于极限位置锁的要求。

（6）行程裕度的规定。

（7）根据系统原理图确定有无液压锁、应急阀、排油阀等，以及是否与作动器组合成一体。

完成作动器的结构设计至少应包括以下内容：

（1）确定整个作动器的组合体、零件尺寸，相互配合要求，作为零件设计的依据。

（2）检查作动器工作的正确性、机械位置锁的运动情况。

（3）确定作动器的装配与试验的技术要求。

表 6 - 1　往复直线式作动器原理及应用

类型	原理简图	特点	实例
单向作动器		在液压作用下，活塞只向一个方向运动，靠弹簧或外力使活塞复位。结构简单，多用于开锁机构	
单面活塞杆作动器		收上、放下两个位置，一侧腔供压时，另一腔回油。当输入压力和流量相同时，由于活塞两侧有效面积不等，收放力和速度是不相等的，应用广泛	
双面活塞杆作动器		由于两侧有活塞杆，因此当输入压力和流量相同时，收放力和速度是相同的。此种形式加工精度要求较高，多用于助力器和伺服作动器的执行机构	

续表

类型	原理简图	特点	实例
套筒式作动器		有多个可依次动作的活塞，行程可变，各活塞逐次运动时，其输出力和速度均是变化的。适用于行程要求大，而作动器长度有限的情况	

6.2.2　无锁作动器

无锁作动器是最基本最简单的形式，其设计方法具有普遍性。带锁作动器可以在此基础上通过增加机构设计实现。

6.2.2.1　结构设计

1. 作动器的活塞有效面积

作动器的使用载荷取决于操纵对象的负载。例如，起落架收放作动器应能发出的载荷是根据克服作用在起落架上的空气动力、起落架本身的重力、摩擦力等参数来确定的，其中有些参数是变量。所以，作动器的使用载荷往往是一条载荷曲线或者是一组载荷数据。为保证在任何情况下都能有效地操纵被操纵对象，应取比给定的最大使用载荷稍大值作为作动器的设计载荷，由此确定作动器的活塞有效面积：

$$A_v = \frac{P_{amax}}{P_v \cdot \eta} \tag{6-1}$$

无活塞杆时

$$A_v = \frac{\pi D^2}{4} \tag{6-2}$$

有活塞杆时

$$A_v = \frac{\pi(D^2 - d^2)}{4} \tag{6-3}$$

式中：A_v——作动器活塞有效面积，mm^2；

　　　P_v——作动器工作时的有效工作压力，MPa；

　　　P_{amax}——作动器最大使用载荷，N；

　　　D——活塞外径，mm；

　　　d——活塞杆外径，mm；

　　　η——载荷系数。

根据作动器收放载荷曲线和收放时间要求，考虑油泵供压特性曲线的影响、系统压力损失、计算和制造误差等因素，为保证作动器在收放过程中发出的推（拉）力始终能克服外载荷而连续运动，一般取 $\eta = 0.85 \sim 0.99$。对于卡环锁的作动器，还要考虑摩擦力的影响，估算时取平均值 0.95。

2. 活塞及活塞杆尺寸确定

根据作动器的设计载荷 P_d 和作动器工作时的有效工作压力 p_v，按双向单面活塞杆作动器往复运动速度的要求来确定活塞与活塞杆尺寸（以作动器活塞杆伸出运动克服外载情况为例）：

$$A_v = \frac{P_d}{p_v}\left(P_d = \frac{P_{amax}}{\eta}\right) \qquad (6-4)$$

活塞直径为

$$D = \sqrt{\frac{4A_v}{\pi}} \qquad (6-5)$$

活塞杆直径为

$$d = D\sqrt{\frac{\phi-1}{\phi}} \qquad (6-6)$$

式中：A_v——活塞有效面积，mm^2；

　　　　D——活塞直径，mm

　　　　d——活塞杆直径，mm

　　　　ϕ——作动器两腔有效面积之比，即输出流量相同收放速度比，一般取 $\phi = 1.25 \sim 2.50$，在满足抗压稳定性要求的前提下尽量取较小值。

按式（6-6）计算的 D 和 d 不一定是整数，在确定 D 和 d 的尺寸时还应考虑下列因素。

（1）负载或液压作用下活塞杆的强度及压杆稳定性。

（2）外部连接零件的限制。

（3）能否选择到标准的密封胶圈。

（4）细长比（一般情况取 1∶10）及深筒加工工艺要求。

3. 行程裕量

作动器的行程是根据被驱动部件运动图决定的。一些有收上和放下两个外部极限机械锁的作动器，因安装和制造误差结构弹性变形等影响可能使锁偏离理想位置，为保证上锁的可靠性，需要给作动器留一定的行程裕量，而没有极限机械锁时可不留。

对收上和放下两个极限位置都有外部机械锁的作动筒，行程裕量取 5 ~

10 mm。

　　对收上或放下只有一个外部极限位置机械锁的作动筒，行程裕量取 2 ~ 5 mm。

　　当作动器两端均有内部机械锁时，不设置行程裕量，其行程不可调节。

　　4. 缓冲装置设计

　　当作动器驱动大质量的运动部件且运动速度较大时，由于运动部件的惯性较大，为防止作动器的活塞运动到极限位置时发生机械碰撞引起的冲击和噪声，其内部应设置缓冲装置。缓冲装置的工作原理是把作动器腔内一定容积的液体封闭起来，然后使其经节流孔挤出造成反压，使活塞在收放过程中或到达终点时，由于回油腔阻力增大从而减缓了活塞的运动速度达到缓冲目的。其结构如图 6 - 7 所示。

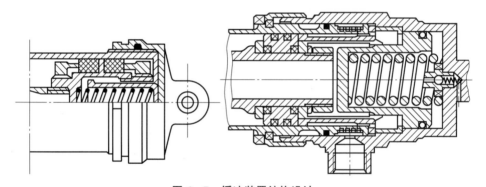

图 6 - 7　缓冲装置结构设计

　　缓冲装置的缓冲力计算式为

$$P = \frac{3}{4}\frac{\mu L V \pi d_{\mathrm{m}}^3}{S^3} \times 10^{-6} \qquad (6-7)$$

或

$$V = \frac{4P}{3\mu L \pi}\left(\frac{S}{d_{\mathrm{m}}}\right)^3 \times 10^6 \qquad (6-8)$$

式中：P——缓冲力，N；

　　　　μ——液体［动力］黏度，Pa·s；

　　　　L——液体流经环形间隙的轴向长度，mm；

　　　　S——环形缝隙，mm；

V——活塞移动速度，mm/s；

d_m——环形缝隙的平均直径，mm。

6.2.2.2 强度计算

1. 载荷

作动器强度计算的载荷通常有两种，即外部载荷（外载荷）和液压作用的内压载荷。作动器的强度计算中确定载荷的原则是：

（1）当作动器作为传力结构的一部分（能自锁）而承受比液压载荷大的外载荷时，应以最大外载荷作为作动器的使用载荷。

（2）作动器的外载荷如经常与液压载荷处于平衡状态（不能自锁），则用平衡位置最严重的外载荷作为其使用载荷，其强度应考虑液压载荷与外载荷的联合作用。

（3）当作动器的外载荷小于液压载荷时，将外载荷与摩擦力叠加后乘以外载荷的安全系数后作为轴向设计载荷。但在下列情况时应以最大液压载荷乘以安全系数作为设计载荷：

①当作动器活塞杆移动到极限位置前，收到操纵结构止动器或其他结构限制。

②批生产强度试验时要求活塞杆夹持在非极限位置上进行充压试验的。

③被驱动的部件质量较大时（如起落架等），运动时产生的惯性力可能使液压载荷达到最大值。

④液压载荷略大于外载荷即铰链接头处的摩擦力时，可直接以液压载荷作为轴向使用载荷。

（4）作动器轴向压缩载荷的最大值如不发生在活塞杆最大伸出位置，应按不同伸出位置时的轴向压缩力选择最严重的状态校核作动筒的稳定性。

（5）用于开锁或其他目的的小型作动器，主要克服机构的摩擦阻力，可用液压载荷校核其强度，安全系数取为 1.5。

2. 安全系数和剩余强度系数

无论是装有膨胀阀的第一类作动筒还是普通的第二类作动筒，其安全系数 f 均取为 3，也可按现行国军标（GJB）规定的安全系数 f 取为 2.5。

各类作动筒的剩余强度系数 $\eta \geqslant 1$。

3. 外筒计算

筒壁应力：

$$\sigma = \frac{pD}{2\delta_{min}} \qquad (6-9)$$

式中：σ——筒壁应力，MPa；

p——计算压力，MPa；

D——外筒内径，mm；

δ_{min}——外筒最小壁厚，mm。

筒壁拉伸或压缩应力：

$$\sigma_d = \frac{P_d}{F_{fmin}} \qquad (6-10)$$

$$\sigma_p = \frac{P_p}{F_{fmin}} \qquad (6-11)$$

式中：σ_d——拉应力，MPa；

σ_p——压应力，MPa；

P_d——受拉载荷，N；

P_p——受压外载荷，N；

F_{fmin}——最小断面面积，mm^2。

在最终确定筒壁尺寸时，并不完全取决于对其强度要求，特别是深筒的筒壁厚度，往往受到加工工艺的限制。在作动筒的结构设计中对这一点应加以注意。

6.2.2.3　稳定性计算

受轴向压缩载荷作用的作动器，当活塞杆的长度大于其直径 15 倍时，必须按规定进行作动器的稳定性校核计算。当作动器内部带机械锁时，应把作动器和活塞杆按整体杆计算。计算时应按作动器的安装固定形式和活塞杆的长度、剖面的回转半径选取不同的计算方法。下面介绍通常采用的计算判断方法。

假设作动筒为两端铰支的梯形杆件，如图 6-8 所示。

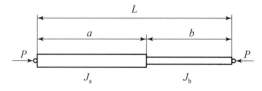

图 6-8　稳定性分析模型

（1）临界载荷计算公式

$$\begin{cases} P_{cr} = \xi \dfrac{\pi^2 E_a J_a}{L^2} \\[2mm] \mu = \sqrt{\dfrac{E_a J_a}{E_b J_b}} \\[2mm] b_1 = \dfrac{b}{L} \end{cases} \qquad (6-12)$$

式中：ξ——减缩系数，根据 μ^2 和 b_1 直接查图得到；当 $b_1 < 0.55$ 时，ξ 值按图 6-9 中实线查取（能量法）；当 $b_1 \geqslant 0.55$ 时，ξ 值按图 6-9 中虚线查取（欧拉法）。

　　P_{cr}——临界载荷，N；

　　E_a——筒材料的弹性模量，MPa；

　　E_b——活塞杆材料的弹性模量，MPa；

　　J_a——筒剖面绕垂直于弯曲平面的轴的惯性矩，mm^4；

　　J_b——活塞杆剖面绕垂直于弯曲平面的轴的惯性矩，mm^4；

　　L——作动筒两端的距离，mm。

（2）判断条件：应判断 $P < P_{cr}$，且要求剩余强度 $\eta \geqslant 1.1$。

6.2.2.4　注意问题

在进行作动器结构设计时，还应注意以下几个方面的问题。

（1）应避免作动器和活塞杆的轴线偏心而造成偏心载荷，设计时应考虑改善活塞杆的导向，加大支撑长度 L，当活塞行程不超过作动器内径值时，支撑长度不应小于活塞行程的10%；当活塞行程与作动器内径的比值等于或大于10时，支撑长度不应小于活塞行程的20%。

（2）当作动器的活塞杆在工作中经常暴露在机体结构之外时，应设置防尘、防油装置，如在筒端加装毛毡圈、防尘布套、刮油环等。

（3）当采用铝合金做筒体时，应采用锻件制造并注意纤维方向，筒体的内表面可采用硬阳极化、镀硬铬处理，镀铬层厚度应为 40~60 μm，否则盐雾试验通不过。亦可采用喷丸硬化、辊光处理筒体的内、外表面，以获得具有压缩残余应力状态结构。

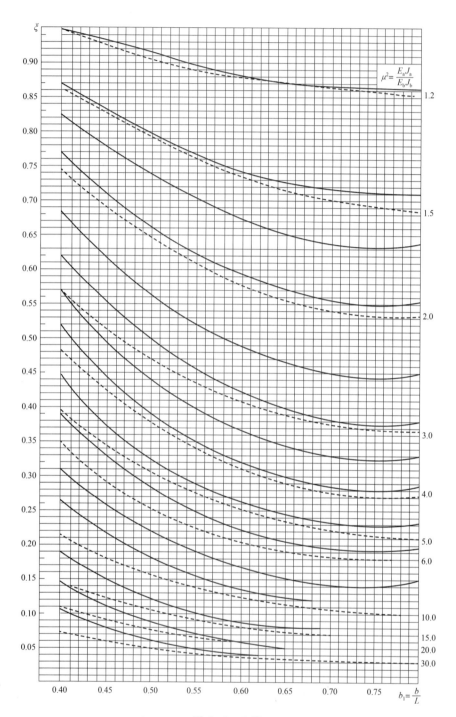

图 6 - 9　ξ 值

（4）由于 30CrMnSiNi2A 钢存在对应力集中和对氢脆都比较敏感、应力腐蚀较严重以及各向异性大等问题，用其制造受力零件时，从零件的一个截面到另一个截面的过渡半径应尽可能采用较大值并选用较小数值级别的粗糙度，且应当尽量采用模压件，使其受力方向与材料的纤维方向一致，不允许采用气焊、镀锌和镀镉等。

（5）当作动器活塞杆伸出端采用外筒为内螺纹，端盖为外螺纹的连接形式时，有可能会出现外筒因液压作用膨胀变形导致端盖螺纹承载面积减小，造成脱扣破坏。这种结构形式的作动器均需要进行螺纹连接刚度校核，必要时可采取局部加强进行弥补。或改变密封圈的位置，避免螺纹连接接受液压作用的影响，从而保证螺纹的连接强度。

（6）对行程较大又可能产生附加弯矩的作动器应注意活塞杆表面的纵向划伤问题，在进行作动筒的端盖设计时可采用压入铜合金制的衬套结构形式，以防止活塞杆表面的纵向划伤。

6.2.3　带锁作动器

承力型作动器（卸掉工作压力后能当撑杆用）一般设有内部机械锁，可将活塞杆牢固地固定在某个预定的极限位置上。对于重要的承力作动筒（如起落架收放作动器），还需在其液压系统中另外设置液压锁，一旦内部机械锁失效，仍可使活塞杆锁定在伸出位置上，制止起落架收起。

起落架收放作动器（或套筒式撑杆）内常带内锁：钢球锁、卡环锁、指形锁、筒夹锁等。上锁后使其杆长确定，从而将起落架固定在放下位置，起下位锁作用。这种锁多用作起落架的下位锁或舱门打开位置锁。由于内锁是装在作动器的内部，不需要单独在起落架支柱和机体上设置连接点和受力接头，因而使结构大为简化。

应慎重地使用内锁式作动器，特别是在民用飞机起落架上，因为这种方法很难实现用直观的方法确定起落架是否放下并锁住。它适用于作下位锁，如果把它用作上位锁，除了普通的开锁装置外，还需要加入一个应急放下系统，这将更为复杂。

1）钢球锁

图 6-10 所示为带钢球锁的收放作动器原理，处于压缩状态，起落架为放下。当油液进入作动器左腔时，活塞和钢球一起向右移动。当与锥形接触时，多

个钢球顶压锥形活塞并压缩弹簧，直到钢球进入锁槽，作动器即处于"锁闭"状态，起落架被锁在放下位置。

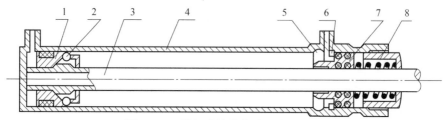

图 6 – 10　带钢球锁的收放作动器原理

1—活塞；2—钢珠；3—活塞杆；4—外筒；5—锁槽；6—限动圈；7—锥形活塞；8—弹簧

当收起落架时，油液经右侧油口进入作动器的右腔，克服弹簧阻力，使锥形活塞右移，同时油压力作用在被钢球锁住的活塞上，使活塞有向左移动趋势。当锥形柱塞离开钢球，且钢球可能脱出沟槽时，活塞、活塞杆便开始向左收进，使起落架收起。

我国的轰 – 6 飞机主起落架就采用了这种收放作动器。

2）指形锁

指形锁即套筒式撑杆内设置的一种内锁，是靠形状像手指的分离夹头，装在活塞杆上，抓住锁紧活塞而将外筒锁紧，从而实现上锁。图 6 – 11 所示为套筒式撑杆的指形锁。分离夹头是锁的关键零件，由一个具有特殊形面的钢制圆筒开有 8 个沟槽而成。它的构造虽然很轻巧，却能承受很大的载荷。

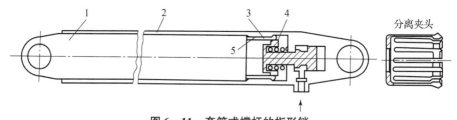

图 6 – 11　套筒式撑杆的指形锁

1—活塞杆；2—外筒；3—分离夹头；4—锁紧活塞；5—外筒凸台

放起落架时套筒缩短，锁紧夹头随活塞杆向右移动。经过外筒内表面凸台时，夹头被迫径向收缩，继续前移并顶压锁紧活塞。当越过凸台后，夹头随即向四周胀开，落在外筒的槽内。同时，锁紧活塞在弹簧的作用下伸入夹头内部，夹头被锁住不能移动，可承受拉压载荷。

收起落架时，液压油进入开锁作动筒，推动锁紧活塞，压缩弹簧，使锁紧活塞退出分离夹头。在外载荷的作用下，分离夹头退出外筒沟槽而开锁，套筒随起落架收起逐渐伸长。

图 6 – 12 所示为具有指形锁的"喷气星"飞机的侧撑杆作动筒。起落架放下锁闭时可以承受地面载荷，起落架收放中作为作动筒提供收放动力。

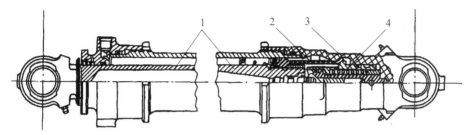

图 6 – 12　具有指形锁的"喷气星"飞机的撑杆作动筒

1—活塞杆；2—分离夹头；3—外筒；4—锁紧活塞

图 6 – 13 所示为筒夹锁作动器原理，与指形锁原理类似。

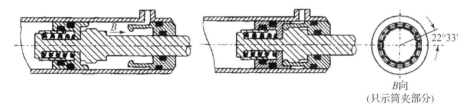

图 6 – 13　筒夹锁作动器原理

3）卡环锁

卡环锁是通过钢制开口弹性卡环，卡在外筒相应槽口内，从而实现上锁。图 6 – 14 所示为装有卡环锁的起落架收放作动器。当起落架放下到位时，作动筒全伸长，用卡环锁锁住，起撑杆作用。

工作原理：卡环锁闭锁前，开口弹簧卡环处于压缩状态。放起落架时，活塞杆带动开口弹簧卡环 1 沿外筒 2 内表面伸展滑动。当卡环移至机械锁槽 5 时，卡环胀开，卡在槽内。此时滑动活塞 4 在液压油及其右端弹簧作用下，插入卡环内径内，限制卡环收缩，将作动筒锁在全伸长位置上。收起落架时，液压油进入作动器收上腔。在液压作用下推动滑动活塞右移，卡环由槽中被压出而开锁，活塞杆收缩，收上起落架。

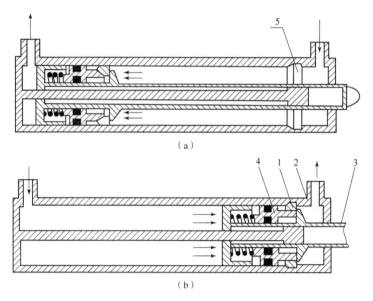

（a）

（b）

图 6 – 14　装有卡环锁的起落架收放作动器

（a）开锁状态；（b）闭锁状态

1—开口弹簧卡环；2—外筒；3—活塞杆；4—滑动活塞；5—机械锁槽

6.2.4　集成化电作动器

第 5 章中提到，集成化和模块化的功率电传作动器已开始应用于飞行器着陆减速系统的落架收放、锁定与解锁、刹车控制等伺服操纵系统，无管路的 EHA 和 EMA 电作动器是作动技术的发展趋势，具有总装与测试方便、可靠性高、能源效率高、维护维修成本低等特点。

图 6 – 15 所示为 F – 35 飞机平尾 EHA 舵机。图 6 – 16 所示为一种 EMA 电作动器。

图 6 – 15　F – 35 飞机平尾 EHA 舵机

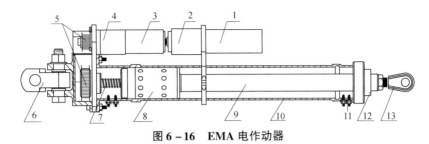

图 6 - 16　EMA 电作动器

1—气动马达；2—气动离合器；3—直流电动机；4—减速器；5—同步带装置；6—连接座；7—滚珠丝杠；
8—锁定机构；9—活塞杆；10—活塞筒；11—微动开关；12—端盖；13—关节轴承

■ 6.3　锁机构设计

6.3.1　一般设计要求

着陆减速系统收放与锁机构设计一般要满足如下要求：

（1）锁机构应尽量简单。一个复杂的锁运动环节多，会使制造、装配及安装误差增大，可靠性降低。

（2）必须考虑到结构和功能性变形对锁的影响。如果锁是锁住缓冲支柱活塞杆的端部，则要考虑伸长量的变化，以及长起落架缓冲器由于自重引起的弯曲挠度使活塞杆端部下垂对上锁的影响。

（3）锁的装配工作量应减至最少，因装配工作量越大就越难免装错。

（4）除用座舱内正常方式开锁外，锁应能承受设计极限内来自各方面的力。

（5）液压驱动锁不因压力变化，尤其是油液的热膨胀或飞行中载荷的变化而开锁。电动锁不因电气短路或故障，及操纵中载荷变化而开锁。

（6）如果采用螺旋弹簧，应尽量使用压簧而不用拉簧。

（7）下位锁一般不应承受较大的地面载荷，当这种情况不可避免时，锁应有适当的强度，且无须通过调整而满足受载要求，并易于检查。

（8）上位锁必须设有机械应急开锁装置，以保证正常开锁系统故障时仍能开锁。

（9）设计的前、主起落架应通过可靠的机械锁自动地锁在收上和放下位置。

指示上位锁和下位锁位置的开关应按照锁定方法直接触发。

（10）锁钩转轴方向应与被锁定构件（起落架支柱或舱门）转轴方向平行，以便顺利上锁或开锁。上锁时，锁钩对锁环的约束方向应在锁环运动轨迹方向上，以免产生附加载荷使锁环脱出。

（11）上位锁销的安装位置应能适当调整，以作为设计、工艺和使用变形的补偿。

6.3.2　可折撑杆锁

可折撑杆锁即在撑杆折叠处装有机械锁（或钩环锁、连杆锁），上锁后其撑杆不能折叠，可承受拉压载荷。

在可折撑杆上设有机械锁，撑杆伸直时自动上锁。图 6 – 17 所示为运 – 8 飞机前起落架可折撑杆机械锁。在中万向接头 2 耳孔内，装有偏心轴颈 13，用来调节撑杆 3，调到所需的位置后，轴颈用螺栓固定在耳座上。中万向接头有两个平面，可折撑杆处于伸直（起落架放下）位置时，与中部接头上的平面相贴合，形成止动器。

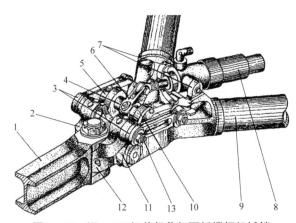

图 6 – 17　运 – 8 飞机前起落架可折撑杆机械锁

1—下连杆；2，12—中万向接头；3—撑杆；4—曲轴；5—可卸摇臂；6—拨钩；7，11—耳座；
8—开锁作动筒；9—上连杆；10—曲轴固定耳座；13—偏心轴颈

当锁关闭时，可折撑杆形成向下的挠度 13 ~ 14 mm，并顶在止动面上；撑杆 3 的纵向对称线比曲轴 4 的旋转线高 0.5 ~ 1.0 mm（即进入死点位置），而开锁作动筒的活塞杆完全伸出达到极限位置。撑杆的这种位置用转动偏心轴颈和调整开锁作动筒活塞杆长度的方法来达到，并按照撑杆纵轴上的特殊孔中心相对于曲轴端面的小孔向上移动量进行检验。

撑杆的这种位置，无论在压缩或拉伸载荷作用时，均使锁保持关闭状态。当撑杆受拉力作用时，曲轴摇臂有逆时针转动的趋势，但由于受开锁作动筒活塞杆的机械限制而不能转动。当撑杆受压力作用时，曲轴摇臂有顺时针转过死点的趋势，由于止动器的作用而不能继续运动，如图 6 – 18 所示。

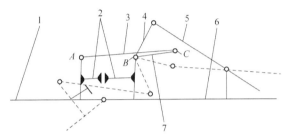

图 6 – 18　运 – 8 飞机前起落架可折撑杆机械锁运动图

1—下连杆；2—止动器；3—撑杆；4—拨杆；5—开锁作动筒；6—上连杆；7—曲轴摇臂

为使撑杆折叠，应给开锁作动筒施加压力，并使活塞杆向筒内移动。活塞杆经拨杆 4 使曲轴摇臂 7 顺时针转动，撑杆 3 脱出死点位置，机械锁打开，可折撑杆折叠。

很多前起落架均采用了这种可折撑杆机械锁，主要数据如表 6 – 2 所示。可折撑杆及撑杆锁应设有一定的挠度，挠度方向应取与折叠方向相反，过中线方向的挠度，以便保证受载时稳固可靠，不因受载变形而开锁。

表 6 – 2　可折撑杆及撑杆锁的挠度

可折撑杆锁形式简图		起落架名称	撑杆长度/mm		撑杆挠度 D/mm	撑杆锁挠度 d/mm
			AB	BC		
自折式撑杆锁		运 – 8 前起落架	663.5	352.5	13 ~ 14	0.5 ~ 1.0
		轰 – 6 前起落架	1 036	466	8 ~ 10	0.5 ~ 1.0
		某歼轰机前起落架	830	480	7 ~ 8	0.5 ~ 1.0

可折撑杆锁形式简图	起落架名称	撑杆长度/mm		撑杆挠度 D/mm	撑杆锁挠度 d/mm
		AB	BC		
支撑式撑杆锁	运 - 8 主起落架	630	634	4.5 +0.8 −0.5	
支承式撑杆锁	运 - 7 主起落架	1 155 EF = 250	1 209.5 FG = 467	0~2	4.5 ±0.2

若挠度值过小，撑杆受压时会因变形或安装误差使挠度值小于零而开锁；若挠度值过大，则引起较大附加载荷。

自折式撑杆锁其折叠处无结构直接支承，刚度较弱，其挠度角度较大。支承式撑杆锁有连杆锁支承在撑杆的折叠处，刚度较好，其挠度角度值可小些。

图 6 - 19 所示为 BAe. 146 飞机主起落架自折式撑杆下位锁。上锁时，上锁杆和下锁杆伸直接近一条直线，交点 C 在 A、B 之间。图 6 - 18 所示形式与此相似，只是上锁时撑杆 3 与曲轴摇臂 7 折叠接近为一条直线，交点 C 在 A、B 右侧。

图 6 - 20 所示为一种特殊的可折撑杆下位锁及运动图，其主要特点如下：

（1）结构组成及下位锁机构。撑杆下位机械锁的摇臂 5 与连杆 6 的偏心 e_2 由开锁作动筒压缩弹簧压紧锁定，保证撑杆在经受拉压载荷作用时能可靠工作。

（2）折叠后结构所占空间小。撑杆折叠后上下撑杆夹角为 12°，结构紧凑，收藏空间小，满足高性能歼击机设计要求。

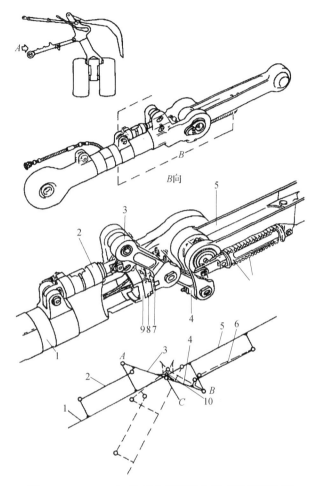

图 6 – 19　BAe. 146 飞机主起落架自折式撑杆下位锁

1—内撑杆；2—开锁作动筒；3—上锁杆；4—下锁杆；5—外撑杆；

6—弹簧作动筒；7—指示器；8—触动开关；9—开关支架；10—止动器

（3）撑杆折叠角度大，运动几何特殊。由于撑杆折叠角度大，运动几何特殊，故对开锁作动筒提出特殊设计要求。如图 6 – 20 所示，折叠分为以下两个阶段。

第一阶段：开锁作动筒在油压作用下缩短，克服作动筒压缩弹簧的压紧力，转动摇臂 5，消除锁偏心 $e2$ 开锁；在起落架收放作动筒动力作用下撑杆开始折叠。

第二阶段：撑杆折叠过程中，当 d 点转至 d' 点时，$c'd'O_2$ 三点处于一直线后，为继续折叠撑杆，作动筒需由缩短运动变为伸长运动，即使下撑杆 d 点由 d' 点转至 d'' 点，作动筒由 a' 伸展到 a'' 点，如图 6 – 20 所示。为满足上述运动要求，开锁作动筒需设计成具有一段随动行程的特殊结构的作动筒。

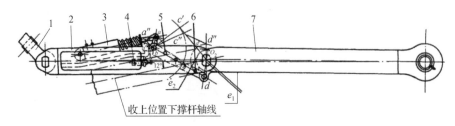

收上位置下撑杆轴线

图 6 – 20　一种特殊的可折撑杆下位锁及运动图

1—接头；2—上撑杆；3—主撑杆作动筒；4—微动开关；5—摇臂；6—连杆；7—下撑杆

6.3.3　支承式撑杆锁

由机体或起落架结构上伸出的撑杆锁，将可折撑杆撑住，使其不能折叠，可以显著提高支撑刚度，上锁后不会因受载变形而开锁，适用于大型起落架。

图 6 – 21 所示为运 – 8 飞机主起落架可折撑杆下位锁。在撑杆的折叠处装有锁钩，连于缓冲器外筒的支臂上带有锁环。上锁后锁钩钩住锁环，带滚轮齿板支臂 10 顶住撑杆，使其不能折叠。收起落架时，开锁作动筒伸长，通过开锁拉杆 13，开锁接头 11 拨动限动件 9 顺时针转动，离开限动位置。同时，开锁接头的另一臂将带滚轮齿板支臂 10 上的锁环从锁钩中推出而开锁。开锁作动筒继续伸长，使可折撑杆克服向上的挠度。然后开始折叠，在起落架收放作动筒的作用下收起，可调带滚轮齿板支臂 10 紧靠在缓冲支柱外筒上，弹簧作动筒被压缩。放起落架时，支柱在重力和收放作动筒、开锁收放作动筒的共同作用下放下，撑杆随开锁收放作动筒的收缩而伸长。伸直后继续运动，并产生向上的挠度。同时，被压缩的弹簧作动筒 8 伸长推转带滚轮齿板支臂 10，于是支臂上的锁环滚转滑入锁钩，限动件在扭力弹簧的作用下到达限动位置而上锁。

图 6 – 22 所示为波音 737 飞机主起落架锁机构，可折侧撑杆上装有可折式连杆下位锁。上位锁与此套机构连接在一起，由多个四杆机构组成。放起落架时，上位锁作动筒来压，活塞杆伸出并推动锁连杆，使锁钩脱开锁环。在支柱自重和收放作动筒动力作用下，侧撑杆和连杆锁的肘杆开始伸展。伸直后形成一个过中线的挠度，同时连杆锁在止动器和弹簧的作用下而上锁。于是，主起落架处于放下位置，可承受各种地面载荷。

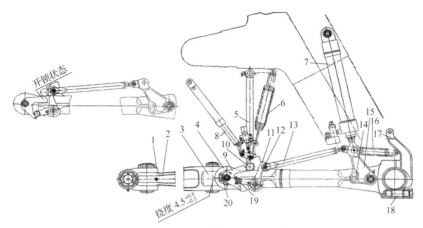

图6-21 运-8飞机主起落架可折撑杆下位锁

1—上万向接头；2—支杆；3—中万向接头；4—三角斜支柱；5—带齿板接头；6—拉力弹簧；7—开锁收放作动筒；8—弹簧作动筒；9—限动件；10—带滚轮齿板支臂；11—开锁接头；12—轴，锥形螺栓；13—开锁拉杆；14—止动销；15—锁摇臂；16—拉力弹簧；17—瓦盖；18—螺桩；19—滚轮；20—扭力弹簧

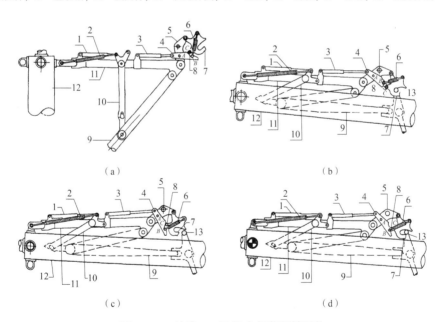

（a）   （b）

（c）   （d）

图6-22 波音737飞机主起落架锁机构

（a）起落架处于放下并在锁住状态；（b）起落架处于收上并在锁住状态；

（c）起落架在运动中；（d）起落架在运动中（上位锁锁钩已松开）

1—下位锁作动筒；2，6—弹簧；3—上位锁作动筒；4—锁连杆；5—曲柄；7—锁钩；

8—止动连杆；9—侧撑杆；10—锁撑杆；11—回位连杆；12—缓冲支柱；13—锁环

收起落架时，下位锁作动筒伸长，使锁的两连杆绕过自锁点，打开下位锁，解除对侧撑杆的约束。缓冲支柱在收放作动筒的作用下收起。在此过程中，侧撑杆、下位锁连杆都折叠，同时上位锁作动筒已具备了上锁压力。但是止动块连杆限制着锁钩，使它不能转到锁紧位置。在收起到位的最后时刻，锁环滚轮碰击锁钩 7，并带动止动连杆 8 翻转，处于供压状态的锁作动筒迅速使锁钩进入完全锁住状态。同时止动连杆卡入锁紧槽，使锁钩保持在锁住位置。

这套机构的优点是：

（1）侧撑杆载荷不直接传给机体结构，由回位连杆和上位锁曲柄传递，载荷减小。

（2）上位锁和下位锁的连杆机构连接在一起，可减少一个上位锁的结构支承接头，下位锁机构简单，安全可靠。

（3）连杆锁直接撑住侧撑杆的折叠处，受力合理，刚度好。

如图 6-23 所示，起落架在放下位置时，上、下撑杆伸直上锁（点 10、11、12 为一直线），起下位锁作用。起落架收起过程中，撑杆折叠。到收上位置时，上、下撑杆又伸直上锁（点 10′、11′、12′为一直线），起上位锁作用。

图 6-24 所示为一种上下位锁合一的撑杆锁，在该起落架收起时的工作过程如下：

起落架收起：液压系统供压使收放作动筒向右单向伸展（图 6-24（a）），从而使偏心转轴带动开锁摇臂、开锁拉杆、小摇臂首先将锁键打开（图 6-24（b））。进而开锁拉杆带动锁环将锁打开，此时撑杆可折处形成上折挠度（图 6-24（c））。这是由于将锁钩设计成向下倾斜而带来的必然结果，从而保证开锁后撑杆突破死点向上折叠。

开锁后，由于可折撑杆对起落架失去了约束，此时收放作动器可双向施加推力，使支柱开始收起。当支柱从全放下位置收起 5°~6°时，作动筒的两端点（9，13 点）与上撑杆固定铰接点（12 点）恰处一直线上。此时作动筒向支柱（9点）单向施加推力，将其继续收起。当支柱收起到 70°时（图 6-24（d）），撑杆可折点（11）运动到最高位置（11″），偏心转轴（13 点）顺时针转到最低位置（13″）。当支柱再继续收起，则 11″点开始下落，13″点开始逆时针回转。直至支柱完全收起到规定的角度 94°，撑杆又伸直并自动上锁，起上位锁作用。起落架处于收起状态，作动筒轴线与 12 有 11 mm 的力臂。

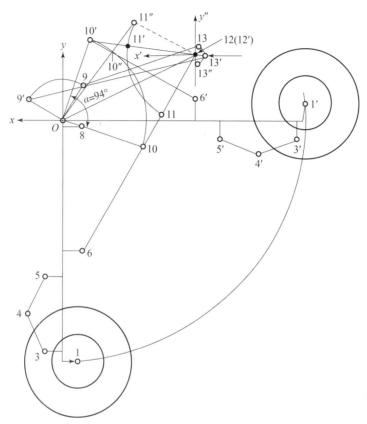

图6-23 上下位锁合一的起落架运动图

O—起落架主交点；12—后撑杆固定点；10-11—下撑杆；11-12—上撑杆；

12-13—偏心转轴；9-13—收放作动筒；6-10—下部支杆；8-10—斜支臂

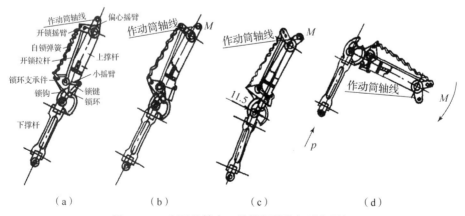

图6-24 上下位锁合一的撑杆锁收起过程图解

（a）机械锁上锁位置；（b）锁键打开位置；（c）开锁位置；（d）起落架收到70°时，撑杆锁的瞬时位置

起落架放下：收放作动筒反向来压，以便拉动偏心转轴13′点顺时针转动并开锁。开锁后的系统运动为起落架收起运动的逆过程。当起落架完全放下时，撑杆又重新伸直上锁，处于放下位置，起下位锁作用。

此锁实现了上、下位锁的合一，开锁作动筒和起落架收放作动筒的合一。这样就减少了一套开锁作动筒、上位锁及其支承结构，液压系统也得到简化。这里还采用下部支杆（6，10）和斜支臂（8，10）来减小上下撑杆的长度，提高其支承刚度。

6.3.4　钩环锁

安装在机体结构上的锁钩将起落架运动构件上的锁环钩住，从而把运动构件固定在所需位置。这是起落架下位锁及上位锁、舱门锁常用的形式。这种锁的内部变形可减少到最小程度，而且能很好地防止锁受环境的影响。它的正常功能不依赖于起落架长柔性撑杆过中立位置的自锁作用。开锁后，锁与运动构件上的锁环脱离，省空间，结构轻。作为下位锁时可承受一定的地面载荷。

图6-25所示为BAe.748飞机主起落架下位锁，可自动用机械方法锁住处于放下位置的起落架，用液压作动筒开锁。当起落架放下即将到位时，连接在支柱上的锁环进入侧板的弧爪内，触及锁钩转动，随即锁钩钩住锁环。同时锁钩背面的锁键在作动筒的弹簧力作用下，使起落架牢靠地锁于放下位置。开锁时，油液

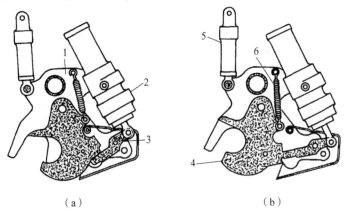

（a）　　　　　　　　　　　（b）

图6-25　BAe.748飞机主起落架下位锁

（a）开锁；（b）闭锁

1—侧板；2—作动筒；3—锁键；4—锁钩；5—弹簧作动筒；6—弹簧

进入开锁作动筒，从而拉动锁键转动，并与锁钩脱离；随后锁钩在弹簧和收起动力作用下，偏转脱开支柱上的锁环，即锁被打开。其特点是：该锁通过一个承力销轴固定在飞机结构上，安装方便，无须铰孔。上锁时，弹簧作动筒可根据锁环的运动误差来调整侧板弧爪方位，以保证顺利上锁。开锁作动筒的外筒、活塞杆分别与侧板、锁键铰接，使作动筒只承受轴向力，且上锁开锁时锁键转动灵活，因此锁的适应能力强。

图 6－26 所示为某歼轰机主起落架上位锁。铝制锁壳和开锁作动筒的外筒合为一体，其上装有导向夹板，收起落架时可保证锁环准确到位上锁。开锁作动筒有三个接管嘴，即进油管嘴、出油管嘴和回油管嘴。放起落架时，油液从进油管嘴进入开锁作动筒的开锁腔，推动活塞杆开锁。随即内腔的出油孔被打开，于是油液流入主起收放作动筒，放下起落架。收放开关回"中立"后开锁作动筒的两腔均通回油，可保证上位锁牢固地将起落架锁在收上位置，不因压力的变化而开锁。上位锁的锁环应装在相对支柱转轴长度不变的位置，如支柱外筒上，不应装在活塞杆（或下摇臂）上。

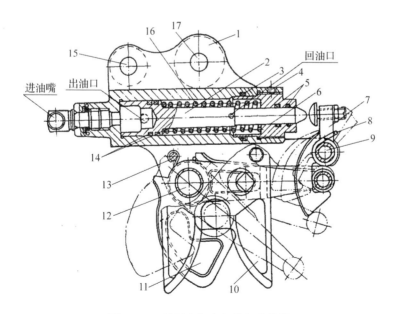

图 6－26 某歼轰机主起落架上位锁

1—锁壳；2—活塞杆；3，14—密封圈；4—螺钉；5—密封圈、毡圈；6—堵帽；7—锁键；

8，13，16—弹簧；9，12，15，17—螺栓；10—导向夹板；11—锁钩

钩环锁设计中，若由于锁钩与锁环的几何及摩擦表面设计不合理，引起自锁是非常危险的。假如该锁是起落架或护板上位锁，将导致起落架或护板放不下的灾难性事故。造成这种事故的原因是忽略了锁环和锁钩匹配的几何关系及其间的摩擦力引起的自锁现象。钩环锁开锁运动力图见图 6 – 27。

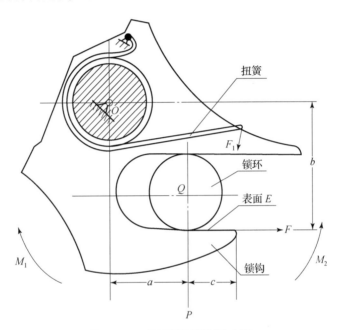

图 6 – 27　钩环锁开锁运动力图

1）作用于锁钩的力和力矩

取锁钩为分离体，求作用于锁钩的力和力矩：

若略去扭簧作用，则

$$M_1 = Pa \tag{6 – 13}$$

$$M_2 = Fb = \mu Pb \tag{6 – 14}$$

式中：M_1——开锁力矩；

　　　M_2——自锁力矩；

　　　μ——摩擦系数。

　　　P——由起落架收放作动筒及起落架自重产生的开锁力；

　　　F——环作用于锁钩舌面的摩擦力；

　　　a，b——图 6 – 27 所示距离。

2）开锁条件

$$M_1 > M_2 \qquad\qquad (6-15)$$

3）防自锁设计的技术措施

（1）改善锁钩 E 表面及锁环表面粗糙度。

（2）建议取 $M_1 \approx 1.5M_2$，即 $a = 1.5\mu b$。

（3）规定锁环在锁钩中最大进入量 c，保证如图 6－27 所示的 a 值。

（4）使用中定期检查锁钩 E 表面的状态，若发现有凹坑，则说明放锁时撞伤，是事故的先兆，应即时检查、调整锁环安装位置，并修平钩舌表面或更换新锁钩。

6.3.5 锁机构设计注意事项

起落架锁机构设计注意事项见表 6－3。

表 6－3 起落架锁机构设计注意事项

设计注意事项	不好的设计	改进后的设计
1. 可折撑杆和锁连杆的挠度应取过中线与折叠方向相反的挠度	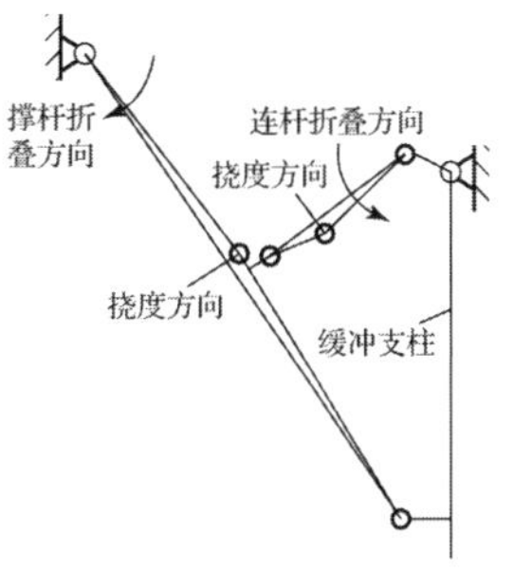	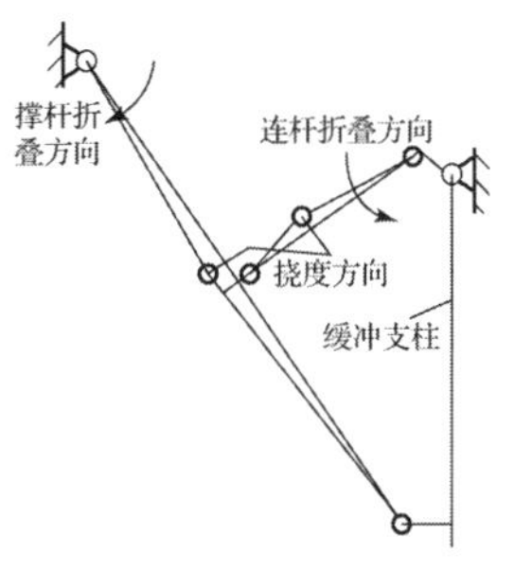
2. 锁的装配工作量应尽量减少，少采用或不采用铰孔	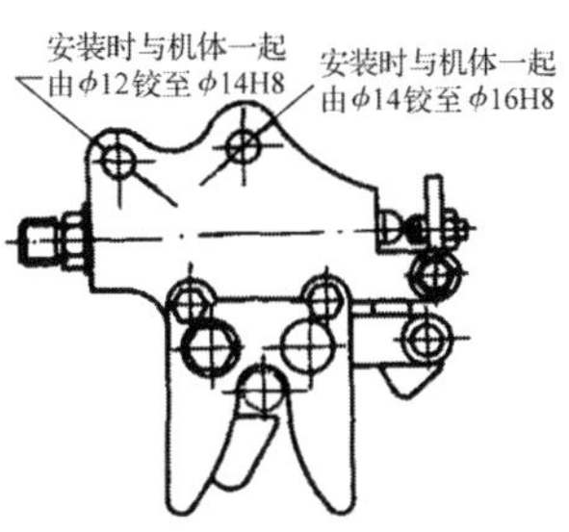	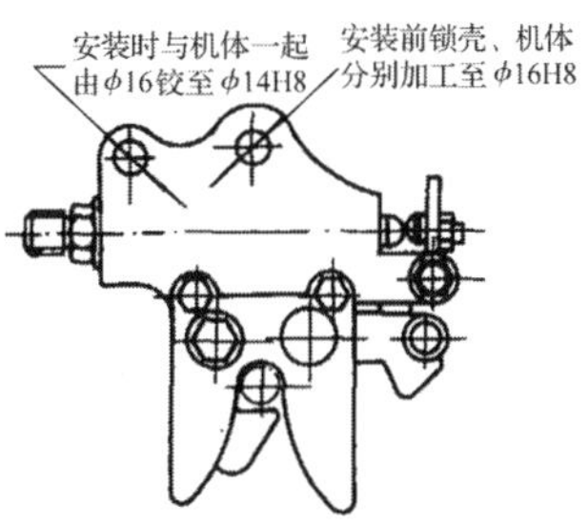

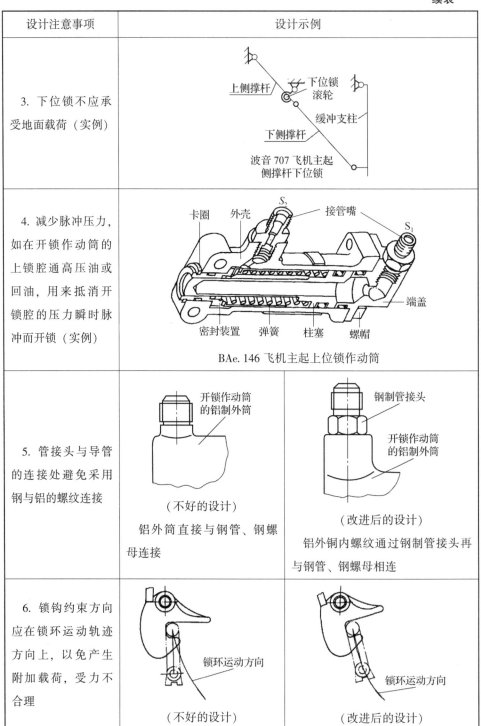

设计注意事项	设计示例
3. 下位锁不应承受地面载荷（实例）	上侧撑杆　下位锁滚轮　缓冲支柱　下侧撑杆 波音 707 飞机主起侧撑杆下位锁
4. 减少脉冲压力，如在开锁作动筒的上锁腔通高压油或回油，用来抵消开锁腔的压力瞬时脉冲而开锁（实例）	卡圈　外壳　S_2　接管嘴　S_1　端盖 密封装置　弹簧　柱塞　螺帽 BAe. 146 飞机主起上位锁作动筒
5. 管接头与导管的连接处避免采用钢与铝的螺纹连接	开锁作动筒的铝制外筒 （不好的设计） 铝外筒直接与钢管、钢螺母连接　　钢制管接头　开锁作动筒的铝制外筒 （改进后的设计） 铝外铜内螺纹通过钢制管接头再与钢管、钢螺母相连
6. 锁钩约束方向应在锁环运动轨迹方向上，以免产生附加载荷，受力不合理	锁环运动方向 （不好的设计）　　锁环运动方向 （改进后的设计）

续表

设计注意事项	不好的设计	改进后的设计
7. 为保证上位锁顺利开锁，锁钩应有一下滑斜度		
8. 钩式锁的锁键与开锁作动筒应采用铰接，不宜采用沟槽滚轮连接，以免卡滞		
9. 卡环锁典型零件卡环设计范例		

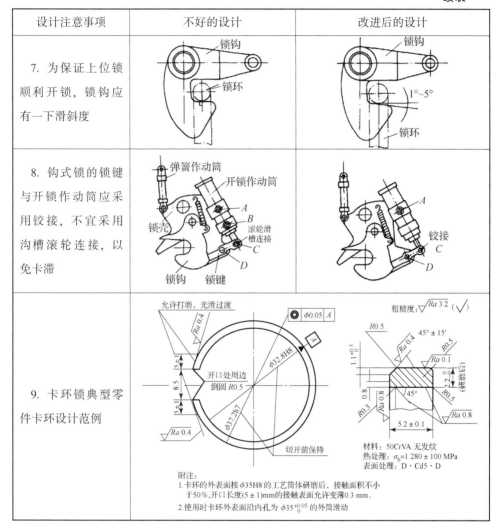

参考文献

[1]《飞机设计手册》总编委会编. 飞机设计手册——第 14 分册［M］. 北京：航空工业出版社，2002.

[2] 孟庆友. Y12F 型飞机起落架结构设计［D］. 哈尔滨：哈尔滨工业大学，2014.

第 7 章

操纵与减摆技术

地面机动性和滑跑稳定性是飞行器总体性能中两个重要组成部分，空天飞行器和各种类型的飞机都要求具有较好的地面机动性和滑跑稳定性。前轮转弯操纵与减摆技术是着陆减速系统的一项核心关键技术。滑橇式前起落架则不具备转弯操纵功能，也不存在摆振问题。

■ 7.1 功能和分类

7.1.1 前轮减摆和操控概述

7.1.1.1 前轮减摆器

飞行器在起飞或着陆滑跑过程中，由于前起落架支柱、轮胎有一定的弹性，当前起落架受到某种扰动时，前轮摆动部分绕其定向轴发生小角度偏转，机轮就离开滑行方向产生侧向偏转，支柱变形，轮轴随之倾斜。支柱的弹性恢复力使机轮偏向初始位置，同时机轮向反方向偏转。如此高频率反复，前轮摆动会导致前起落架支柱和前机身晃动。这种复杂的振动称为前轮摆振（Shimmy）。前起落架和主起落架都有可能发生摆振，但主要发生在前起落架。

轻微摆振会造成起落架轮胎、扭力臂及机身结构产生交变应力而加剧疲劳损伤，缩短使用寿命，增加维修成本；严重时形成整个机身从头部传至尾部的颤抖；当摆振发散激烈时，甚至会引起轮胎撕裂、支柱断裂、机体的损坏，甚至酿成严重事故。

起落架摆振分为以机轮摆动为主的"轮胎型"摆振和以起落架支柱侧向振动为主的"结构型"摆振，正常的摆振主要是"轮胎型"，机轮的运动路线是一条 S 形轨迹，形成周期性的摆振，如图 7 - 1 所示。"结构型"摆振主要表现为前机的轮步态行进，主要原因是起落架缓冲器的刚度过低，较为细长，尺寸大、载荷小的飞行器设计出来的起落架可能出现这种类型的摆振。

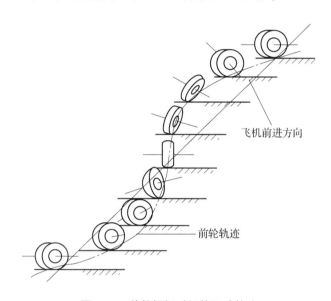

飞机前进方向

前轮轨迹

图 7 - 1　前轮摆振时机轮运动轨迹

研究表明，前轮摆振是一种必然发生的有害自激振动，影响因素主要包括起落架的弹性、轮胎刚度、机身弹性、起落架与机身的连接刚度特性、外激励的特性、机构连接间隙、起落架结构与减摆装置之间的连接等。抑制前轮摆振的有效措施是加装减摆器。

7.1.1.2　前轮转弯操纵

早期的前三点式起落架布局的飞机，往往采用差动刹车或发动机推力差动，实现地面滑行机动控制，但现代飞机和空天飞行器均已发展为带减摆功能的前轮操纵，其主要原因如下：

第一，差动刹车容易导致机轮过热、故障、热熔放气或者爆胎，降低刹车效率，而发动机差动在实际使用中又很难控制，使用前轮转弯操纵能够有效地进行地面机动和方向控制。

第二，当主起落架单侧轮胎爆破时，机身会发生明显偏斜，进而产生巨大的偏航力，有可能导致方向失控而滑出跑道的严重事故。而此时差动刹车功能失效，舵面操纵又受滑跑速度的影响而使用效果有限，只有使用前轮转弯操纵系统才能及时纠正航向，消除事故。

第三，使用前轮转弯操纵系统可提高着陆性能。为适应偏航或大侧风危险情况下着陆，大型飞行器可偏转主轮使其与偏航方向一致，而前轮可偏转或者不偏转；对于小型飞行器，通常在中等侧风情况下着陆，只需使用前轮操纵。

因此，使用前轮（主轮）转弯操纵与减摆系统，可以提高偏航着陆及在经受损或湿滑道面上着陆的能力。

7.1.2 系统功能

前轮转弯操纵与减摆系统（Nose Wheel Steering system，NWS）在飞行器起飞或着陆滑跑过程中，主要用于：

（1）中高速段前起落架摆振抑制，防止前起落架发生摆振而损坏或事故。

（2）中低速段前轮转弯操纵控制，实现飞行器航向纠偏控制，保持滑跑机动和稳定性，防止冲出跑道。

前轮转弯操纵与减摆两项功能通常由一套前轮转弯操纵与减摆系统实现。有些大型飞行器（如波音747等）主起落架也有用转弯操纵与减摆系统的，或只用减摆器。

7.1.3 分类

7.1.3.1 使用功能分类

按使用功能分为两类：

（1）Ⅰ类操纵减摆系统，适用于高、低速操纵前轮。低速用于地面机动操纵前轮。高速用于起飞或着陆滑行纠正航向、侧风着陆或一侧机轮爆破时操纵前轮，纠正航向。

（2）Ⅱ类操纵减摆系统，仅用于低速操纵前轮，如地面机动、停放状态、弹射起飞，或引向弹射点的操纵前轮等。

7.1.3.2　重要性分类

按其重要性和使用要求分为三级：

（1）A 级：以保证地面工作安全为主要目的，主要采用余度（失效－工作）设计方法。

（2）B 级：保证地面工作期间全过程使用，但不以地面工作安全为主要目的，主要采用失效－安全设计方法。

（3）C 级：主要用于滑行到弹射起飞位置，而不是以起飞和降落操纵为主要任务。主要采用缓冲器全压缩解除操纵模态设计方法。

7.1.3.3　结构形式分类

按结构形式分为四类，每类经历一个发展阶段。

1）机械式操纵系统

飞行员通过操纵方向舵脚蹬，经传动机构而操纵前轮转弯。该系统具有结构形式简单、质量轻、经济、可靠等特点，但操纵力小，只用在早期轻型飞机上。

2）机械－液压式操纵系统

飞行员通过钢索等传动机构将操纵指令传送到转弯控制阀，由控制阀操纵液压作动筒（即液压助力器）伸缩使前轮偏转，具有经济、可靠、操纵力大等特点，广泛地用于民航客机、大型运输机及早期战机上。

3）电传－液压操纵系统

飞行员在座舱内操纵电门或者飞控计算机通过电导线传送操纵指令，经操纵控制盒处理，控制操纵液压作动器（液压助力器）伸缩偏转前轮。相比机械－液压式操纵系统，增加两个传感器、一个电磁阀和若干电控元件。两个传感器分别感知操纵指令大小和监控作动器的动作位移，电磁阀用以电控液压油的流向和流量。

电传－液压操纵仅通过导线传递信息，避免了机械传动零件在飞机上协调安装占用大量空间带来的麻烦，受到设计人员青睐，应用广泛。电传－液压操纵系统已由模拟式电传发展为数字式电传，系统机内自检（BIT）、余度设计、控制集成性增强。数字电传－液压前轮转弯操纵系统控制原理如图 7－2 所示。

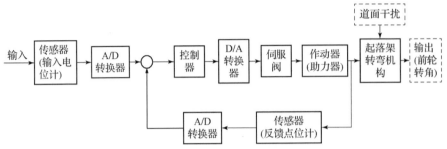

图 7 – 2　数字电传 – 液压前轮转弯操纵系统控制原理

4）模块化多电操纵系统

采用模块化电作动器，取代液压助力器，驱动能源由液压源发展为电源，进一步省去了复杂的管路，提高了能源效率和可靠性，而且改善了维护维修性，符合多电技术的发展趋势。

7.2　系统性能和要求

7.2.1　基本概念和术语

（1）动力操纵角：前轮操纵系统在动力操纵力作用下前轮偏离中心的角度大小。

（2）操纵速率：前轮转弯操纵角度变化率，反映转弯的快慢程度，单位为 (°)/s 或 rad/s。

（3）操纵比率（控制率）：输出的前轮偏角变化与输入的传感器位移或机械操纵位移的比值，不一定为常量。

（4）额定载荷：为获得规定的输出转矩所需的最大载荷。

（5）循环：一个循环表示前轮偏离中心到一侧极限位置，再返回中心，再转向另一侧极限位置，再返回到中心位置的全过程。

7.2.2　性能特性

性能特性根据飞行器地面操纵使用要求提出，一般需要通过开展系统性的性能分析研究确定。

1）操纵力矩

转弯操纵与减摆系统应能够提供足够的操纵力矩，保证在重心包线范围内，无须借助向前运动的力量，但可以考虑机轮不刹车和不足以推动飞行器运动的发动机剩余推力的情况，能够操纵前轮偏转到所需的最大角度范围。前轮转弯操纵运动分析应考虑前轮稳定距、轮胎与道面最大摩擦、轮胎滑动摩擦、自动对中和操纵机构及缓冲器自身摩擦的影响。传统设计中，轮胎与道面摩擦系数取 0.8，自由滚动摩擦系数取 0.05，这是一组偏保守的数据。在设计分析中，充气轮胎特性的文献适合工程使用，如 NASA 技术报告 R-64（Smily & Kome，1960）。有些使用分析表明，前轮操纵期间静态偏转前轮胎不是确定系统最大操纵力矩的唯一依据，有时动态转弯、不对称刹车和联转前轮以最小转弯半径转弯所需的操纵力矩可能更大些，在选择设计状态时应予足够的重视。

2）动力操纵角

动力操纵角根据总体布局和对地面操纵要求分析确定。一般路基飞行器要求在道面宽度范围内，在低速滑行情况下，无须差动刹车辅助能够实现 180°调头操纵。一般舰载飞机要求有足够大的动力操纵角，以满足舰上小转弯半径机动要求。在高速起飞和着陆滑行阶段，应限制动力操纵角，避免偏角过大造成侧翻事故。

典型的极限动力操纵角与滑跑速度关系如图 7-3 所示。

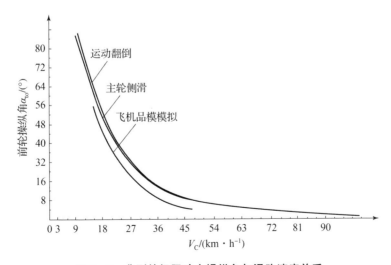

图 7-3　典型的极限动力操纵角与滑跑速度关系

3）操纵速率和控制律

前轮操纵速率和控制律决定了在确定的质量、速度、风向、道面情况下道面方向控制的特性。在起飞或着陆过程中，使用前轮操纵系统应考虑飞行器方向操纵响应特性，使前轮操纵转到气动舵面操纵的转换过程光滑连续，通过前轮操纵与气动舵面操纵的联合作用，实施方向操纵。前轮转弯的操纵速率应足够大，能满足预期数值，并保证输入－输出误差尽可能小，排除由于响应特性不足而导致的过操纵现象。

4）死区和迟滞

在动力操纵状态下允许的死区和迟滞直接关系到操纵稳定性，应保持尽可能小。使用经验表明，小的死区和迟滞数值不会带来什么害处。推荐的限制范围是：对应50%额定载荷，机轮在中立位置时死区为1°，总的迟滞值为2°，对于低速大角度操纵情况，死区和迟滞可以大一点。

5）动态稳定性

动态稳定性指在起飞和着陆状态下，在质量、重心包线的全范围内，速度在0~1.3倍失速速度范围内，在前轮动力操纵和自由偏转两个模态下，前起落架和前轮转弯操纵与减摆系统的动态稳定性特性。滑跑稳定性要求在地面滑行过程中，即使遭遇侧风等侧向载荷冲击和不平道面扰动，在减摆阻尼器的作用下，前轮也不会发生摆振现象。必须进行系统动态稳定性分析和试验验证。动态稳定性分析除了考虑结构动力特性（包括缓冲支柱、轮胎、前机身）外，还应考虑由于结构容差、磨损引起的结构间隙及轮胎不平衡因素的影响。

（1）操纵稳定性。在动力操纵模态下，前轮操纵系统的操纵稳定性应采用可接受的原理和伺服分析技术进行分析。分析时应考虑所有重要的动力特性和操纵参数。

（2）减摆阻尼装置。根据前起落架动态稳定性分析结果，对前轮动力操纵及自由偏转两种模态，在所有可能的条件下，应在整个可能发生摆振的范围内或有限循环条件下，按振动频率和振幅特性要求来定义减摆阻尼响应特性和效果。除应规定阻尼数值要求外，还应规定阻尼的具体形式，如摩擦阻尼（库仑阻尼）、黏性阻尼或速度平方（液体压力）阻尼或两者组合的阻尼。

7.2.3　使用功能

前轮转弯操纵与减摆系统包括以下使用功能：

（1）相容性。前轮转弯操纵与减摆系统要根据使用经验和实践、使用要求，与其他操纵方式相容。

（2）对中机构。前轮在空中收起或三点接地着陆前，应保证前轮自动对中，缓冲器内部对中凸轮是一种可靠而有效的方法，这在缓冲器设计章节中已经介绍。舰载机拦阻后机轮回滚的前轮对中，可由前轮转弯操纵与减摆系统实现。

（3）使用寿命。前轮操纵系与减摆系统一般与机体同寿，且在使用寿命期内不更换主要零件。应规定寿命分析的工作循环数、工作载荷、系统接通循环数。寿命循环谱可根据使用中可能经受的滑行—起飞—着陆—滑行典型循环确定。

（4）操纵力。主要针对有人驾驶的机械式前轮操纵系统，应保持操纵力尽可能小，还应考虑飞行保护措施，机构中可采用弹性的超越机构和（或）空中断开机构。前轮操纵力对左右偏转前轮情况应是相等的，并且当除去操纵力后前轮能自动对中。

7.2.4　安全性设计

1. 布局设计

系统布局的设计应考虑能在前起落架上安装方便，且能很好地避免爆胎、轮胎碎片、石子和水冲击等对系统的损伤，所属敏感元件应该进行保护，避免灰尘、沙子、潮湿的侵蚀、污染和磨损，从而保证系统在设计使用寿命期内经受恶劣环境仍能满意地工作。

2. 自由偏转范围

对超出前轮动力操纵角而没有限制的自由偏转应安装保护装置，或采用一种超出动力操纵角而又不损坏结构的设计方案。地面牵引希望前轮能360°转向，可以通过设计或人员辅助实现；当要求限制前轮自由偏转时，应在明显位置标出自由偏转角；在超过牵引角或后退的情况下，可采用一种容易拆卸的机构，以避免结构损坏。舰载机应有360°的自由偏转角，使之能有效地利用定向前轮稳定距的地面操纵特性。

3. 应急操纵装置

在前轮操纵系统无法使用的情况下，考虑不利风向和道面情况，应为前轮操纵系统提供应急动力源。使用差动刹车可作为前轮应急操纵，在高速时加大气动舵面操纵也可用作应急操纵，对刹车安全不会带来不利的影响。带有防滑控制功能的刹车系统，在不使用前轮操纵的情况下也不会降低差动刹车能力，因为防滑控制系统可减少轮胎滑动和爆胎事故，改善差动刹车性能。

7.2.5　可靠性设计

前轮转弯操纵与减摆系统的可靠性在设计阶段就应予以考虑。故障分析应识别故障模式和故障等级，并建立起基本的余度及故障－安全准则。应考虑的更严重的故障模式为：

①在高速滑行时发生侧翻；

②在地面机动过程中，在道面狭小地段或在狭道面突然丧失急转弯操纵能力。

1）失效模式和故障影响

系统设计的失效模式应满足基本故障－安全准则。单个电气或液压元件的故障导致的系统失效能自动断开或不影响有人操纵，保持有人转弯操纵功能和系统的稳定性，不应该影响飞行控制或出现不可克服或不可补救的恶性事故。

前轮转弯操纵与减摆系统在前起落架收起后，要确保系统不会进入工作状态，其所属元件的失效或故障也不应导致空中偏转前轮，避免在空中出现偏转前轮事故。

系统应保证在所有工作状态下设计成故障－安全模式，至少包括：

（1）前轮低速动力操纵。

（2）前轮高速动力操纵。

（3）滑行、起飞、着陆过程中，前轮自由定向或自由旋转。

（4）地面牵引。

（5）在空中，起落架收上、全伸长、飞行。

2）余度和故障安全特性

对于主要依靠前轮转弯操纵与减摆系统实现地面操纵的飞行器，要求单个液压或电气元件失效不应导致前轮操纵功能的丧失，能自动或手动切换到余度回路（包括电路和能源与传动），其电控系统应有余度并具有故障自检测功能，应能够发出正在使用的原系统已失效信息。

对于采用故障－安全模态设计的系统，在出现故障后能自动切换或由飞行员切换到自由转动模式，其失效检测电路应能自动断开系统，并可发出报警信息。

前轮转弯操纵与减摆系统对保证前起落架稳定性起主导作用，应装设油液补偿器，保证系统有足够的油液，避免液压管道中油液经使用损耗和泄漏引起系统气穴现象，从而降低或丧失减摆功能。

3）元件的可靠性

前轮转弯操纵与减摆系统应规定总的可靠度水平，单个元件和设备满足系统分配的可靠性指标，元件选型应在工作环境中具有较高的可靠性。前轮转弯操纵与减摆系统避免使用在起落架工作环境下可靠性低的元件，如可变电阻传感器（电位计），电气－机械继电器和开关，无支持电路元件的电路板。采用线性可变差值传感器、固体状态继电器、接近型开关和压入或包容型的电路具有相当高的可靠性特性。电－液伺服阀应装有非旁通形式的专用油滤，且应易于接近和更换。

■ 7.3　系统设计

由于前面章节已对关于液压传动技术进行了系统性的讲述，本章作为一种实际应用，对一些具体的设计过程不再赘述。

7.3.1　系统原理与结构形式

前面提到，前轮转弯操纵与减摆系统经历了几代技术形式的发展。虽然大量机械－液压操纵与减摆系统仍在服役，但电传液压式操纵与减摆系统在各类军民用飞机上已普遍应用，正在向模块化多电操纵与减摆系统发展。

7.3.1.1　机械液压式

1. 工作原理

机械液压式前轮转弯操纵与减摆系统是由飞行员操纵转弯手轮或方向脚蹬，通过钢索等传动机构将操纵指令传送到转弯控制阀，由控制阀操纵液压作动筒使前轮偏转，其工作原理如图 7 - 4 所示。前轮转动时，通过转弯机构上的反馈钢索将机轮位置信号提供给转弯控制阀，实现手轮或脚蹬对前轮的伺服控制；在中立位置，当前轮受迫摆动后，油液流经转弯控制阀的阻尼孔，如此反复实现减摆。

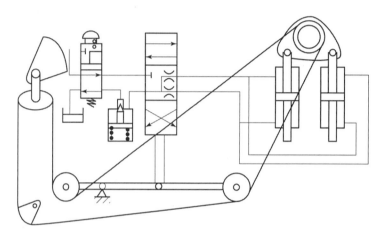

图 7 - 4　机械液压式操纵与减摆系统工作原理

典型的机械液压式前轮转弯操纵与减摆系统的结构形式如图 7 - 5 所示，系统由转弯手轮和脚蹬输入机构、传动钢索、转弯机构、转弯控制阀（计量活门）、反馈机构、减摆器等主要部分组成。由于机械式操纵系统相对复杂，如图 7 - 6 所示，目前应用已越来越少，本书不过多介绍。

1）输入机构

对于有人驾驶飞机，输入机构一般包括转弯手轮和方向舵脚蹬，转弯手轮用于低速滑行转弯操纵，可使前轮偏转较大的角度，可达 ±60° 以上，以获得较小的转弯半径；方向舵脚蹬通过空中脱开机构在地面操纵前轮转弯，用于高速滑行时的过程航向纠偏。转弯操纵系统限制了最大偏角，一般为 ±7° 左右，避免因操纵过大而发生侧翻。在地面操纵方向舵脚蹬时，方向舵也随之偏转，而在空中时，转弯操纵系统是脱开不能工作的。

2）传动钢索

传动钢索是机械液压式操纵系统的主要特征，采用钢丝绳和滑轮系，传递机械操纵信号到转弯控制阀。

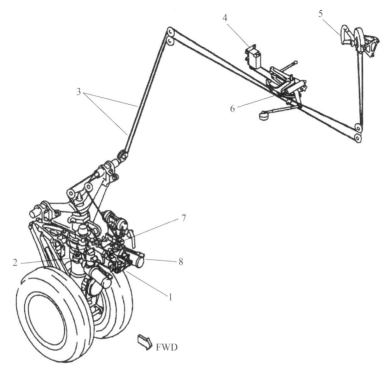

图 7 – 5 典型的机械液压式前轮转弯操纵与减摆系统的结构形式

1—加法机构；2—前轮转弯套筒；3—操纵钢索；4—方向舵脚蹬转弯旋转作动筒；5—机长转弯手轮；
6—方向舵脚蹬转弯机构；7—转弯计量活门组件；8—转弯动作筒

3）转弯机构

转弯机构安装于前起落架支柱上，是系统的执行机构，多用推拉式直线作动筒，其功能是借助系统高压油进入作动筒一个腔使活塞运动，从而推动前轮偏转。

4）转弯控制阀

转弯控制阀包括电磁阀、伺服阀、卸压阀、单向节流阀、功能转换阀等。组合液压阀把操纵控制盒送来的电控信号转变为液压油的流向。单向节流阀在系统断开时提供减摆阻尼。卸压阀在前轮遭受不对称载荷冲击时释放由冲击引起的操纵作动筒的一腔高压。功能转换阀由开关控制液压驱动，在系统接通时切断减摆油路，接通操纵油路；在系统切断操纵油路时，接通减摆油路。典型的机械式操纵机构如图 7 – 6 所示。

5）动态补偿器

动态补偿器位于回油管路和组合液压阀之间，在系统处于减摆状态时能向封

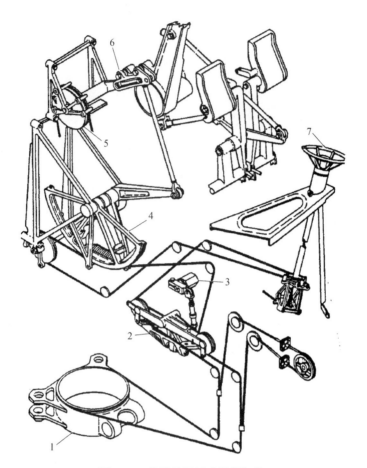

图 7 - 6　典型的机械式操纵机构

1—操纵套筒；2—随动机构；3—操纵控制阀；4—脚蹬操纵超越机构；

5—接地滚筒；6—脚蹬操纵换挡机构；7—操纵手轮

闭的减摆油路补充油液，以保证在减摆回路中充满油液而提供减摆阻尼，抑制前轮摆振。

6）前起落架下位锁终点电门

该电门控制着前轮操纵系统电源的接通，只有在前起落架下位锁终点电门接通后，系统才能获取电源。

7）前起落架轮载开关

轮载开关是接通系统的条件之一，安装在前起落架扭力臂上，前轮触地后轮载开关受压缩而接通。

典型机械液压式前轮转弯操纵与减摆系统运动和液压回路如图 7 - 7 所示。

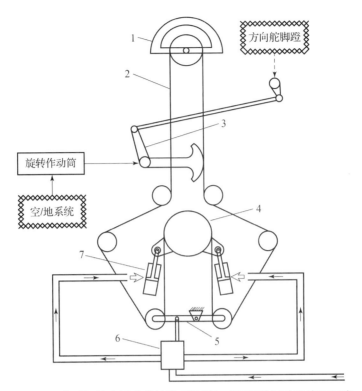

图 7 - 7　典型机械液压式前轮转弯操纵与减摆系统运动和液压回路

1—转弯手轮；2—钢索回路；3—方向舵互联机构；4—减振支柱内筒；

5—加法杠杆；6—转弯计量活门；7—转弯作动筒

7.3.1.2　电传液压式

电传液压式操纵与减摆系统，采用电信号代替了机械信号，控制电缆取代了钢索传动机构，其主要功能元件是转弯控制盒（或刹车转弯控制组件，BSUU），手轮发出的转弯指令信号被转换成电信号，经过电缆送到转弯控制盒，信号经过处理，传递到转弯控制阀，由其根据控制信号输送液压到转弯作动机构，驱动前轮转弯。转弯位置传感器将机轮位置信号反馈给转弯控制盒，供转弯控制盒比较和运算，达到对机轮转弯偏角精确控制的目的。电传液压式前轮转弯操纵与减摆系统又经历从模拟电传到数字电传的发展过程。

电传液压式前轮转弯操纵与减摆系统由转弯手轮和脚蹬输入机构、转弯控制器、转弯控制阀（计量活门）、转弯作动筒、位置传感器、减摆器，以及舱内开关与信号指示等组成。与机械式前轮转弯操纵与减摆系统相比，废弃了传动钢索，增加了操纵控制盒、传感器和指示信息组件，机械液压阀改用电磁液压阀。

典型的电传液压式前轮转弯操纵与减摆系统组成及原理如图 7 - 8 所示。无人操纵的系统，输入指令由飞控计算机发出。

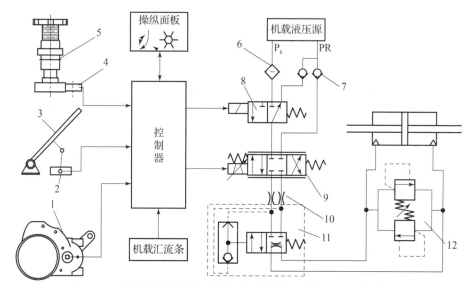

图 7 - 8　典型的电传液压式前轮转弯操纵与减摆系统组成及原理

1—反馈传感器；2, 4—指令传感器；3—脚操纵装置；5—手操纵装置；6—油滤；

7—单向阀；8—电磁阀；9—伺服阀；10—节流嘴；11—节流活门；12—安全活门

1）操纵开关与状态指示灯

操纵开关安装在驾驶杆上，主要用于快速切断或接通前轮操纵系统。一般是按压式开关，按下松开 - 断开系统，再按下松开 - 接通系统，如此反复。

状态指示灯是安装在座舱内起落架操纵台上的绿色信号灯。当前轮操纵系统接通时（即处于操纵状态）指示灯点亮，指示系统处于工作状态。当发生故障时，安装于座舱告警灯盒上的红色信号灯点亮发出警告。

2）控制律选择开关

控制律选择开关是安装在油门杆上的按钮，是一个常开的开关。开关断开时系统使用大控制律。当飞机要用大控制律进行小转弯半径的机动转弯时，飞行员按下按钮并保持，松开系统又换到小控制律状态。

3）操纵控制盒

操纵控制盒是电传液压式前轮转弯操纵与减摆系统的关键部件，包括控制律电路、监控电路、保护电路、电源电路、触地后限速电路和功率放大电路，其主要功能是比较从指令电位计和反馈电位计送来的电信号，使液压进入操纵作动筒驱动前轮偏转，使指令信号和反馈信号趋于一致，达到操纵的目的。

4）指令和反馈电位计

指令电位计与输入机构配套使用，安装在方向舵脚蹬下，是一个可变电位计，用于感受脚蹬的位移，把脚蹬位移转换为电信号，送往操纵控制盒。由于指令电位计的重要性，系统设计成双余度。

反馈电位计一般安装在前起落架操纵机构上，用于感受操纵作动筒位移或转角，并向操纵控制盒传送电信号。与指令电位计一样，反馈电位也是双余度的。

7.3.1.3　模块化多电式

模块化多电式前轮转弯操纵与减摆系统是用电能源取代集中式机载液压源，通过电动机将电能直接转换为机械能，再通过液压或机械传动，驱动前轮转弯，包括机电式、集成电液式两大类，区别在于机械传动方式。模块化多电式前轮转弯操纵与减摆系统具有结构简单、质量轻、能源效率高、便于维护维修等优点。

1）机电式

图 7 – 9 所示为一种机电式前轮转弯操纵与减摆系统，由伺服电动机、减速器、离合器、蜗轮传动、角位移传感器、电机驱动器、电磁阻尼器等几部分组成，结构简单、便于维护，缺点是散热能力较弱。

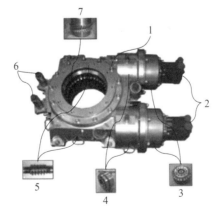

图 7 – 9　机电式前轮转弯操纵与减摆系统

1—安装座；2—伺服电动机；3—减速器；4—离合器；

5—蜗轮传动；6—角位移传感器；7—转动套筒

国内研究类似系统，并增加了电磁阻尼发生器，如图 7 - 10 所示。

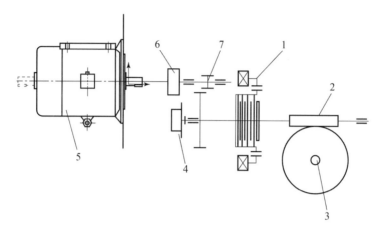

图 7 - 10　前轮转弯操纵与减摆系统的机械系统结构

1—离合器；2—蜗轮蜗杆机构；3—传感器；4—阻尼发生器；

5—电动机；6—转矩限制器；7—减速器

2）集成电液式

集成电液作动器（Integrated Actuator Package，IAP）是模块化集成的液压伺服系统，其本质为泵控的液压伺服系统，如图 7 - 11 所示。原来的液压伺服系统为了满足快速性要求，均采用阀控系统，效率不高。由于目前变量泵的控制手段越来越多，可采用液压手段进行控制，也可采用功率电子方式控制。变量泵可以满足一定的快速性要求，同时获得更高的系统效率。

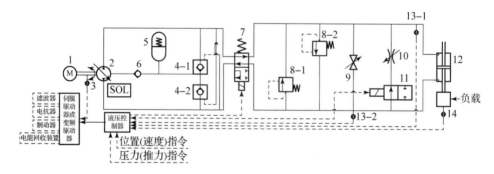

图 7 - 11　IAP 前轮转弯操纵与减摆系统

1—伺服电动机；2—泵；3—转速传感器；4—液控单向阀；5—蓄能器；6—单向阀；7，11—电磁阀；

8—溢流阀；9—闸阀；10—节流阀；12—双向作动筒；13—压力传感器；14—力传感器

这种前轮转弯操纵与减摆系统是在 EHA 基础上，增加减摆功能，如图 7 – 12 所示。

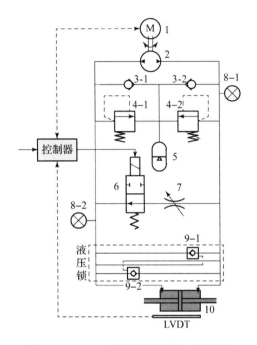

图 7 – 12　EHA 前轮转弯操纵与减摆系统

1—伺服电动机；2—双向齿轮泵；3—单向阀；4—溢流阀；5—蓄能器；6—电磁阀；

7—节流阀；8—压力传感器；9—液控单向阀；10—双向作动筒

7.3.2　转弯操纵机构

起落架的缓冲器外筒和内筒是平移滑动副，机轮固定安装在内筒上，通常是通过缓冲器外筒—转弯操纵机构—转弯套筒—扭力臂—内筒—机轮的运动及传力路径实现。

7.3.2.1　直线作动筒式

前轮转弯操纵机构通常采用四连杆运动机构，可伸缩直线作动筒是常用的作动执行机构，如图 7 – 13 所示。其具有操纵力矩大、质量轻、精度高等优点，但动力操纵角一般不超过 60°。

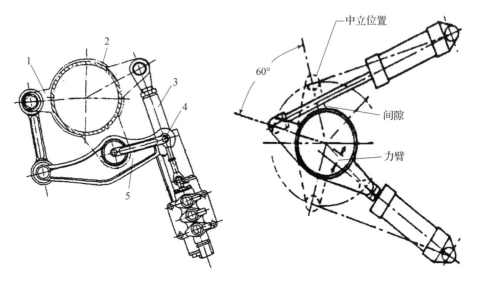

图 7 - 13　直线作动筒式转弯操纵机构

1—外筒；2—内筒；3—操纵作动筒；4—转轴；5—连杆

解决动力操纵角小问题，可使用一种转换阀，克服四连杆机构过死点问题，实现大转角操纵，如图 7 - 14 所示。

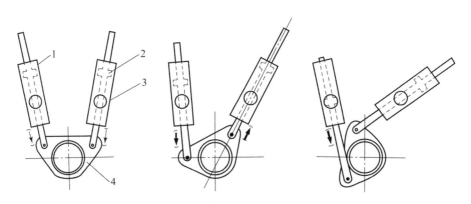

图 7 - 14　双作动四连杆大操纵角转弯操纵机构

1—左作动筒；2—作动筒活塞；3—右作动筒；4—转动套筒

7.3.2.2　齿轮齿条式

齿轮齿条式操纵机构是一种获得线性传动比、大操纵角的优良而紧凑的方法，如图 7 - 15 所示。但由于整个操纵力矩仅作用于少数轮齿上，存在容易疲劳，尺寸和重量大等缺点。

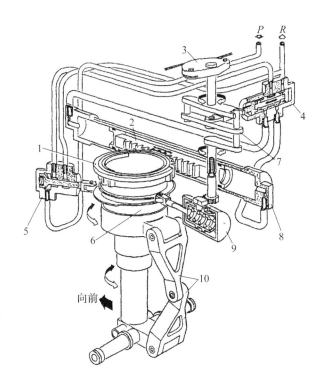

图 7 – 15 齿轮齿条传动的前轮转弯操纵与减摆系统

1—挡环；2—齿条；3—输入扇形轮；4—操纵阀（分流阀）；5—接通阀；6—操纵套筒；

7—差动连杆摇臂组件；8—操纵作动筒；9—反馈弹簧盒；10—扭力臂

这种结构形式的操纵机构必须有足够的刚度，特别是扭转刚度。空客 A300B 用两个并联齿轮 – 齿条以克服载荷过大问题。要充分考虑由于装配、维护使用和结构变形可能出现的次载荷。零组件之间的配合精度应当较高，减小运动间隙，应有明确要求并及时得到修复。承力零件耳片、螺栓和套齿等零件有较大接触面和良好的受力状态，避免截面急剧过渡并减少应力集中，以减轻疲劳损伤。各运动部位的接头、轴都应有注油嘴，并有良好的润滑。

7.3.3 前轮减摆器

在前起落架发生摆振时，连接在转弯操纵与减摆系统上的操纵机构发生受迫振动。抑制摆振的有效措施是加装减摆器。实现减振的阻尼器类型很多，但目前应用在飞行器上的前轮转弯操纵与减摆系统的阻尼器基本上都是采用油液阻尼器。

油液减摆器采用液压原理设计，具有效率高、性能好、寿命长、易维护、阻尼大小可调节，且易于液压式前轮转弯操纵与减摆系统集成化等优点，广泛适用于各类飞行器的转弯操纵与减摆系统。

发生摆振时，连接在前轮上的转弯操纵与减摆系统发生受迫振动，油液减摆器利用具有一定黏性的油液高速通过小孔时产生阻尼力，再通过传动机构产生绕缓冲器轴心旋转的阻尼力矩，来防止起落架机轮摆振，将摆振的机械能变成热能逐渐耗散掉。阻尼力的大小与摆动部分运动角速度、阻尼孔径、油液的黏度、工作温度等因素有关，尤其阻尼孔径特征非常重要。

减摆器的结构形式包括活塞式、旋板（叶轮）式，当活塞或旋板相对于活塞缸和固定板运动时，油液经小孔从一个腔体流向另外一个腔体，产生阻尼力并消耗能量。在实际应用中，可以采用固定阻尼孔结构、可调针孔阻尼结构或减摆阻尼阀等多种形式。图 7 – 16 所示为一种阻尼阀的结构，阻尼阀中的阻尼活门相当于节流孔，是减摆功能的主要部件。

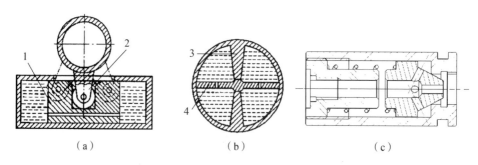

（a）　　　　　　　　（b）　　　　　　　　（c）

图 7 – 16　减摆器的结构形式及阻尼阀结构

（a）活塞式减摆器；（b）旋板式减摆器；（c）减摆阻尼阀

1—活塞；2—拨叉；3—固定板；4—旋板

随着多电操纵技术的发展，电磁阻尼器也已开始应用，其具有简单可靠、性能好、效率高、易维护、阻尼可动态控制，且易于全电转弯操纵与减摆系统集成化等优点。

■ 7.4　操纵力矩与减摆阻尼

减摆器的阻尼是操纵与减摆系统的一个重要性能参数，关系到前起落架甚至飞行器的滑跑稳定性和安全性，它不受减摆器的具体结构形式限制，是减摆器设计的重要输入条件。

前轮转弯操纵是飞行器地面机动性能的重要方面，除了满足操纵角、操纵角速度等重要指标外，还要具备足够的转弯操纵力矩，其计算需考虑静态转弯操纵和动态转弯操纵的情况。静态操纵是指在完全保持静止状态转动前轮，动态操纵是指在低速和高速滑跑状态偏转前轮。

由于操纵前轮会导致主轮转动，一些文献认为只要克服摩擦系数为 0.375 的摩擦力就足够转动前轮，仅美军标要求静态操纵前轮偏转到最大角度。偏于安全考虑，设计师会考虑克服轮胎侧向摩擦系数为 0.8 的地面摩擦力及其他阻力所需的操纵力矩，作为计算检查项目。但应用经验表明，侧向加速度、侧风或不对称刹车时偏转前轮所需要的操纵力矩有时是最严重情况。

7.4.1　静态操纵力矩

静态操纵力矩定义为在静止状态操纵前轮所需的力矩。考虑飞行器几何关系、前起落架稳定距及结构特点，影响静态操纵力矩的主要因素如下：

（1）克服前轮地面摩擦力。

（2）因前起落架缓冲器倾斜安装和稳定距的联合作用，偏转前轮时上举做功。

（3）由于前轮稳定距的影响，偏转前轮时伴有两侧主轮胎的滑动阻力。

（4）因前起落架缓冲器倾斜安装，双轮胎不对称压缩的载荷差。

（5）克服前轮转向支承的摩擦力。

（6）克服操纵助力器（作动筒）载荷和转动套筒摩擦力。

静态操纵力矩的计算往往偏于保守，如取用最大起飞质量和最大前轮偏转角。因此，计算所得的静态操纵力矩是对应最大质量和最大操纵范围安全的上限值。这些计算方法只能作为前轮操纵力矩设计的部分条件，而应与后面的动态操纵所需操纵力矩综合确定。

表 7 – 1 所示为静操纵力矩汇总情况。

表 7 – 1 静操纵力矩汇总情况

序号	项目	内容
1	M_1	前轮胎摩擦
2	M_2	带稳定距前倾支柱偏转前上举飞机做功 带双轮前倾支柱偏转前轮做功
3	M_3	带稳定距的前支柱偏转前轮引起主轮胎滚动的操纵力矩
4	M_4	克服由下列因素产生的上下支承径向力所需操纵力矩： 1. 左右轮胎不对称载荷（按 GJB 67.4）； 2. 倾斜前支柱轮胎不对称载荷； 3. 稳定距影响； 4. 前轮侧向力
5	M_5	下扭力臂侧向载荷产生的摩擦力矩
6	M_6	扭转套筒摩擦力矩

7.4.1.1 克服地面摩擦力所需要的操纵力矩 M_1

1. 前轮印痕的几何尺寸

假定前轮具有几何形状为椭圆形状的印痕，其几何尺寸如图 7 – 17 所示。

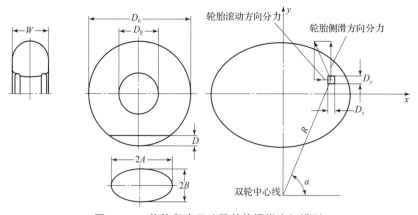

图 7 –17 前轮印痕尺寸及其静操纵力矩模型

D_0—轮胎外直径，D_F—轮缘直径；W—轮胎断面宽度

D—轮胎停机压缩量（对于Ⅶ类轮胎）$D = \dfrac{32}{100}\dfrac{D_0 - D_F}{2}$，$A = 0.85\sqrt{D(D_0 - D)}$，$B = \sqrt{D(W - D)}$

2. 克服前轮地面摩擦力所需操纵力矩 M_1

假设轮胎沿地面的滑动摩擦力是均匀分布的，则沿全印痕对微面积段 $D_x \cdot D_y$ 的摩擦力引起的转向力矩积分，可求得所需的操纵力矩，计算方法如下。

印痕微面积段摩擦力矩可用下式表示：

$$d_M = \frac{F}{S} D_x D_y (\sin\alpha + \cos\alpha) R \qquad (7-1)$$

式中：F——作用于轮胎总滑动摩擦力；

S——轮胎压痕面积；

F/S——轮胎沿地面平均滑动摩擦力。

则克服地面摩擦力操纵力矩可用下式表示：

$$M = \int_{-A}^{A} \int_{-B}^{B} dM \qquad (7-2)$$

7.4.1.2 带倾角前起落架转弯对重心做功所需操纵力矩 M_2

1. 具有前倾角及稳定距的前起落架对重心做功所需操纵力矩 M_2'

具有前倾角及稳定距的前起落架，由对中零位向两侧外端偏转时，由于几何关系，机轮组中心上移，引起飞行器有下降趋势，并随偏转角度加大而加大。反之当前轮由偏转位置转向零位时，机轮组中心下降，引起飞行器有上升趋势。前轮偏转导致机轮组中心升降示意图如图 7-18 所示。

如前轮由对中零位向两侧外端偏转时，有下降趋势，即重心帮助前轮偏转，此时 M_2' 为负值；反之，M_2' 为正值。

根据能量转换原理可求转弯力矩关系：

$$M_2' \times 操纵角 = 前轮反作用力 \times 轮心处上升值 \qquad (7-3)$$

$$M_2' = \frac{前轮反作用力 \times 轮心处上升值}{操纵角} \qquad (7-4)$$

值得注意的是，对于双轮前起落架，左右轮胎的不对称载荷不会导致飞行器重心的变化，因为通常轮胎的载荷 – 变形曲线是线性的。

2. 具有倾斜角的并列双轮胎不相等载荷操纵力矩 M_2''

并列双轮前起落架绕倾斜的缓冲器中心线偏转几何关系如图 7-19 所示。令倾角为 $\theta(°)$，左右轮距为 T，机轮偏离零位操纵角为 $\alpha(°)$，则左右轮胎压缩量为

$$\delta \approx \pm \frac{T\pi\theta}{2 \times 180°} \sin\alpha \qquad (7-5)$$

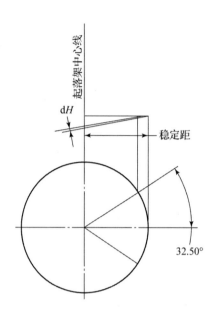

图 7 – 18　前轮偏转导致机轮组中心升降示意图

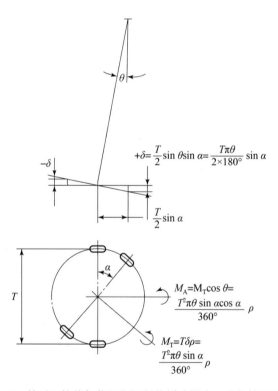

图 7 – 19　并列双轮前起落架绕倾斜的缓冲器中心线偏转几何关系

令轮胎弹性系数为 ρ（单位为 9.8 N/m），则左右轮胎垂直反作用力引起的力矩为

$$M_{\mathrm{T}} = T\delta\rho = \frac{T^2\pi\theta\sin\alpha}{360°}\rho \tag{7-6}$$

M_{T} 在对称面内的分量为

$$M_{\mathrm{A}} = M_{\mathrm{T}}\cos\alpha = \frac{T^2\pi\theta\rho\sin\alpha\cos\alpha}{360°} \tag{7-7}$$

M_{T} 在机轮偏转轴方向的分量为

$$M_2'' = M_{\mathrm{A}}\sin\theta \approx \frac{M_{\mathrm{A}}\pi\theta}{180°} = \frac{T^2\pi^2\theta^2\rho\sin\alpha\cos\alpha}{64\ 800} \tag{7-8}$$

上述 M_2'' 对应前轮由零位向左右侧转动所需的力矩，此时力矩值为正，轮胎变形帮助机轮对中，所以并列双轮前起落架有抑制前轮摆振的作用。而对于具有前倾角和稳定距的前起落架，机轮由零位向左右偏转时，飞行器重心下沉，其操纵力矩为负值，不利于抑制前轮摆振。

综上所述，两种情况力矩 M_2' 和 M_2'' 是方向相反的，而且是不同时发生的。前者正值 M_2' 对应机轮偏转位置到零位所需力矩，后者正值 M_2'' 对应机轮由零位转向偏转位置所需的力矩。因此在静态操纵力矩计算中，对于具有稳定距并列多轮前倾起落架，取 M_2' 及 M_2'' 绝对值最大者作为所需操纵力矩的组成部分，定义为 M_2。

7.4.1.3　克服主轮胎滚动阻力所需操纵力矩 M_3

在操纵前轮偏转期间，前轮操纵力矩迫使前起落架缓冲器中心线绕前轮胎与地面接触点中心转动，并伴随两个主轮胎滚动，如图 7-20 所示。

由前轮操纵力矩提供动力，迫使主轮胎滚动转动机体做功，由能量守恒

$$M_3\mathrm{d}\alpha = 2R_{\mathrm{M}}\mu\beta \tag{7-9}$$

左端为前轮操纵力矩做功，右端为推动主轮胎滚动做功。

故所需的前轮操纵力矩为

$$M_3 = \frac{2R_{\mathrm{M}}\mu\beta}{\mathrm{d}\alpha} \tag{7-10}$$

式中：R_{M}——单个主起落架垂直反作用力；

μ——主轮胎滚动摩擦系数（可取 $\mu = 0.02$）；

M_3——克服主轮胎滚动阻力所需前轮操纵力矩。

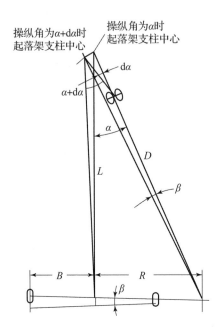

图7-20 前轮偏转伴随主轮胎滚动示意图

α—前轮操纵角；dα—前轮操纵角增量；R—滚动半径；B—半轮距；β—转动角度

7.4.1.4 克服上下支承摩擦力所需操纵力矩 M_4

1. 左右侧前机轮不同载荷所需操纵力矩

相关规范规定：共轴多轮起落架，左右侧机轮载荷分配比，一侧机轮载荷增加20%，另一次机轮载荷减少20%，如图7-21（a）所示。

前起落架左右侧机轮不对称载荷分配导致的缓冲器上下支承反力如图7-21（b）所示，则有

$$(F_3)_1 = (F_B - F_A)A/B \tag{7-11}$$

式中：F_B，F_A——左右机轮地面载荷；

$(F_3)_1$——上下支承反力；

B——上下支承距离；

A——半轮距。

克服左右轮胎不对称载荷需施加操纵力矩 $(M_4)_1$：

$$(M_4)_1 = (F_B - F_A)A\sin\alpha \tag{7-12}$$

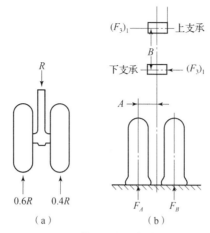

图 7 – 21　并列双轮前起落架载荷

（a）左右侧机轮载荷分配；（b）左右侧机轮不对称载荷形成上下支承反力

2. 带倾斜角的前起落架转弯时左右侧机轮不对称载荷

对于带倾斜角的前起落架，当右转弯（机轮右转）时，由于稳定距的关系，左侧机轮上升而右侧机轮下降，造成左右轮胎压缩量不均，使右侧机轮载荷增加，左侧机轮载荷减小，如图 7 – 22 所示。

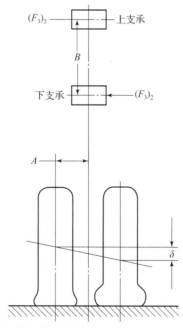

图 7 – 22　带倾斜角的前起落架转弯时左右侧机轮不对称载荷

利用轮胎压缩曲线，可以求得左右轮胎载荷分配值 F_1 和 F_2，再利用几何关系可得上下支承的反力 $(F_3)_2$。

$$(F_3)_2 = (F_2 - F_1)A/B \tag{7-13}$$

为克服上下支承 $(F_3)_2$ 所需操纵力矩 $(M_4)_2$ 为

$$(M_4)_2 = (F_2 - F_1)A\sin\alpha \tag{7-14}$$

3. 稳定距引起上下支承反力

几种稳定距定义，如图 7-23 所示。

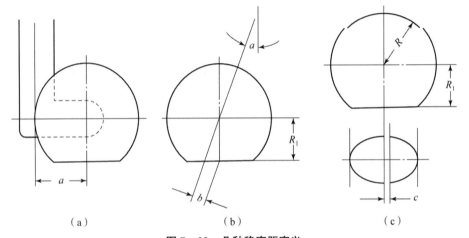

（a）   （b）   （c）

图 7-23　几种稳定距定义

（a）机械稳定距；（b）几何稳定距；（c）气动稳定距

前起落架稳定距计算方法为

$$c = \sqrt{\dfrac{(R - R_1)(R + R_1)}{3}} \tag{7-15}$$

$$b = R_1 \sin\alpha \tag{7-16}$$

$$静态总稳定距 = a + b \tag{7-17}$$

$$动态总稳定距 = a + b + c \tag{7-18}$$

式中：a——机械稳定距；

$\quad\quad\quad b$——几何稳定距；

$\quad\quad\quad c$——气动稳定距；

$\quad\quad\quad \alpha$——起落架缓冲器倾斜角；

$\quad\quad\quad R$——未压缩轮胎半径；

R_1——压缩轮胎半径。

前起落架稳定距引起的起落架缓冲器上下支承反力，如图7-24所示。

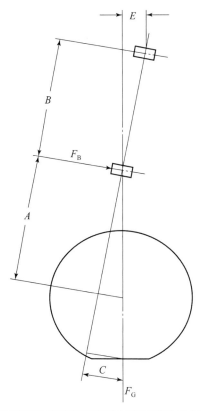

图7-24 前起落架稳定距引起的起落架缓冲器上下支承反力

上下支承的径向反力计算如下：

$$F_B B = F_G E \tag{7-19}$$

$$F_B = \frac{F_G E}{B} \tag{7-20}$$

式中：F_B——上下支承反力；

F_G——地面垂直载荷；

B，E——图示几何尺寸。

若地面垂直反力通过下支承，则上下支承径向反力为零。

4. 地面侧向力引起上下支承反力

前轮地面侧向力作用，提供了回转力矩，迫使主轮胎滚动。图7-25表示了

地面侧向载荷引起上下支承反力受力关系，则

$$F_1 = M/(a+b) \tag{7-21}$$

$$F_2 = \frac{F_1 B}{C} \tag{7-22}$$

$$(F_3)_3 = \frac{F_1(B+C)}{C} \tag{7-23}$$

式中：M——克服侧向力引起偏转所需前起落架操纵力矩；

F_1——前轮地面侧向力；

F_2——支承反力；

$(F_3)_3$——下支承反力；

$a+b$——前起落架静态总稳定距；

B，C——图示停机压缩状态几何尺寸。

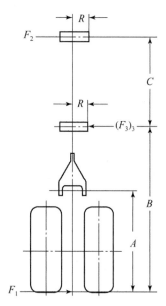

图 7-25 地面侧向载荷引起上下支承反力受力图

5. 前起落架支柱活塞杆上下支承摩擦力矩

作用于下支承的总径向载荷 F_{LOW} 为

$$F_{\mathrm{LOW}} = \sqrt{\left[(F_3)_1 + (F_3)_2 + (F_3)_3\right]^2 + F_\mathrm{B}^2} \tag{7-24}$$

作用于上支承的总径向载荷 F_{UP} 为

$$F_{UP} = (F_3)_1 + (F_3)_2 + F_2 \qquad (7-25)$$

上下支承总摩擦力矩计算

$$M_{FR} = (F_{LOW} \mu_{LOW} + F_{UP} \mu_{UP})R \qquad (7-26)$$

式中：F_{LOW}，μ_{LOW}——下支承总径向力及摩擦系数；

F_{UP}，μ_{UP}——上支承总径向力及摩擦系数；

M_{FR}——上下支承总摩擦力矩；

R——上下支承半径。

7.4.1.5 上下支承摩擦力所需操纵力矩 M_5

1. 扭力臂侧力引起上下支承附加摩擦力矩

扭力臂侧向载荷取决于 M_{FR} 的大小。下扭力臂侧向力与上下支承摩擦力的关系如图 7-26 所示。

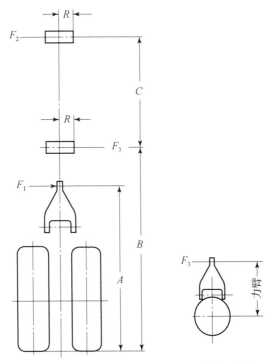

图 7-26 下扭力臂侧向力与上下支承摩擦力的关系

下扭力臂侧向力可由下式确定：

$$F_1 = \frac{M_1 + M_2 + M_3 + M_{FR}}{ARM} \qquad (7-27)$$

式中：F_1——下扭力臂侧向力；

　　ARM——下扭力臂的臂长。

上支承径向反力

$$F_2 = \frac{F_1(B - A)}{C} \tag{7-28}$$

下支承径向反力

$$F_3 = \frac{F_1(B - A + C)}{C} \tag{7-29}$$

由下扭力臂侧向力引起上下支承的附加摩擦力矩

$$M_{SC} = R(F_2 \mu_{UP} + F_3 \mu_{LOW}) \tag{7-30}$$

则上下支承总摩擦力矩 M_{FRTOT} 为

$$M_{FRTOT} = M_{FR} + M_{SC} \tag{7-31}$$

式中：M_{SC}——扭力臂侧力引起上下支承附加摩擦力矩。

2. 附加摩擦力矩 M_{SC} 及总摩擦力矩 M_{FRTOT} 的修正

前述下扭力臂侧向力

$$F_1 = \frac{M_1 + M_2 + M_3 + M_{FR}}{ARM} \tag{7-32}$$

实际上，式中 M_{FR} 应用修正后的 M_{FRTOT} 代入

$$F_{1,C} = \frac{M_1 + M_2 + M_3 + M_{FRTOT}}{ARM} \tag{7-33}$$

相应修正后的 $M_{SC,C}$，$M_{FRTOT,C}$ 为

$$M_{SC,C} = M_{SC} \frac{F_{1,C}}{F_1} \tag{7-34}$$

$$M_{FRTOT,C} = M_{FR} + M_{SC,C} \tag{7-35}$$

式中：$F_{1,C}$——上下支承总摩擦力经修正后的扭力臂侧向作用力；

　　$M_{FRTOT,C}$——最终修正后上下支承总摩擦力矩。

$$M_5 = M_{FRTOT,C} \tag{7-36}$$

7.4.1.6　前轮转动套筒摩擦力矩 M_6

1. 转动套筒摩擦力矩

转动套筒上下作用力之间的几何关系如图 7-27 所示。

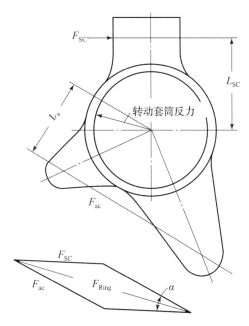

图 7 – 27　转动套筒上下作用力之间的几何关系

根据以上分析可知，转动前轮所需总的操纵力矩由下述部分组成（不包括转动套筒摩擦力矩）：前轮胎地面摩擦力矩 M_1；前轮转动伴随飞机升起做功 M_2；前轮转动伴随飞机主轮胎滚动做功 M_3；克服上下支承摩擦力所需操纵力矩 $M_{\text{FRTOT,C}}$。

为满足上述操纵力矩需求，操纵作动器需提供如下载荷：

$$F_{\text{ac}} = \frac{M_1 + M_2 + M_3 + M_{\text{FRTOT,C}}}{L_{\text{a}}} = \frac{M_{\text{TOTAL}}}{L_{\text{a}}} \quad (7 - 37)$$

式中：F_{ac}——操纵作动筒作用力；

L_{a}——操纵作动筒作用力臂；

M_{TOTAL}——附加上下支承摩擦力影响的总静操纵力矩。

操纵作动筒作用力由上扭力臂反力平衡，对转动套筒中心取力矩，则可求上扭力臂反力：

$$F_{\text{SC}} = \frac{F_{\text{ac}} L_{\text{a}}}{L_{\text{SC}}} \quad (7 - 38)$$

由力平行四边形关系可求转动套筒反力 F_{Ring}：

$$F_{\text{Ring}}^2 = F_{\text{ac}}^2 + F_{\text{SC}}^2 + 2 F_{\text{ac}} F_{\text{SC}} \cos \alpha \quad (7 - 39)$$

式中：F_{Ring}——转动套筒支反力；

$\quad\quad F_{\text{ac}}$——操纵作动筒作用力；

$\quad\quad F_{\text{SC}}$——上扭力臂反力。

则转动套筒摩擦力矩 M_{Ring} 为

$$M_{\text{Ring}} = F_{\text{Ring}} R \mu \quad\quad\quad (7-40)$$

式中：R——转动套筒半径；

$\quad\quad \mu$——转动套筒摩擦系数（对于有润滑的铜、钢配合取 $\mu = 0.145$）；

$\quad\quad M_{\text{Ring}}$——转动套筒摩擦力矩。

2. 转动套筒摩擦力矩修正

前述操纵作动筒的计算中，得到的是总静操纵力矩，未包括克服转动套筒摩擦力引起的力矩，所以需对转动套筒摩擦力矩作如下修正：

$$M_{\text{Ring,C}} = M_{\text{Ring}} \frac{M_{\text{TOTAL}} + M_{\text{Ring}}}{M_{\text{TOTAL}}} \quad\quad\quad (7-41)$$

式中：$M_{\text{Ring,C}}$——修正后的套筒摩擦力矩。

3. 静态操纵作动筒需提供的力矩

考虑操纵作动筒内部摩擦力及作动筒连接点的摩擦力影响，在计算静态操纵力矩时，取 10% 的附加量是必要的，则需操纵作动筒最终提供力矩为

$$M_6 = 1.1(M_{\text{TOTAL}} + M_{\text{Ring,C}}) \quad\quad\quad (7-42)$$

式中：M_6——静态操纵前轮总力矩。

7.4.2 动态转弯操纵力矩

7.4.2.1 侧向加速度转弯

按相关规范，应具备以侧向 $0.5g$ 加速度的转弯操纵能力，几何关系如图 7-28 所示。

对主轮接地点取力矩，可求得前轮侧向力

$$F = \frac{0.5Gb}{L} \quad\quad\quad (7-43)$$

若前轮动态总稳定距为 $a + b + c$，则所需操纵力矩为

$$M_{0.5g} = F(a + b + c) \quad\quad\quad (7-44)$$

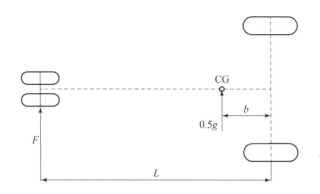

图 7 - 28　侧向加速度转弯运动几何关系

考虑 $0.5g$ 情况下的动态操纵是地面机动阶段，前轮操纵角是逐渐增加的，前面所述轮胎地面摩擦力矩和其他影响因素，在确定前轮操纵力矩中不予计入。

7.4.2.2　侧风着陆前轮操纵力矩

侧风着陆偏转前轮，前轮侧向力需联合微分方程组求解。

考虑前轮动态稳定距为 $a + b + c$，侧风着陆，偏转前轮所需操纵力矩为

$$M_{\mathrm{w}} = R_{\mathrm{N}}(a + b + c) \tag{7-45}$$

式中：R_{N}——前轮侧向力；

　　　M_{w}——侧风着陆偏转前轮操纵力矩。

7.4.2.3　主轮不对称刹车前轮操纵力矩

当主轮不对称刹车（一侧主轮泄气或差动刹车）时，为了保持航向，需偏转前轮，其操纵力矩需要通过求解整机滑跑的微分方程组获得。考虑前轮动态稳定距为 $a + b + c$，则主轮不对称刹车所需前轮操纵力矩为

$$M_{\mathrm{brake}} = R_{\mathrm{N}}(a + b + c) \tag{7-46}$$

不对称刹车情况与侧风着陆情况一样，其前轮偏角很小，可以认为轮胎的摩擦和其他因素引起的操纵力矩，在前轮动态操纵力矩计算中可以忽略。

实践表明，有些情况下动态转弯操纵力矩比静态操纵力矩还要大，此时可作为操纵力矩的设计输入。需作对比分析计算，确定最终所需操纵力矩设计值。

7.4.3 减摆器阻尼计算

7.4.3.1 模型、符号及坐标系定义

1. 符合定义

为方便表达减摆阻尼的计算过程，首先明确下文分析计算所用到的数学符号的含义，如表 7 - 2 所示。

表 7 - 2　符号及含义

符号	含义
α	前轮侧向倾角
θ	前轮摆动角
y_0	轮胎触地中心侧向位移
φ	轮胎扭转角
λ	轮胎触地中心侧向变形
$\boldsymbol{i}, \boldsymbol{j}, \boldsymbol{k}$	惯性坐标系的坐标基
$\boldsymbol{e}_1, \boldsymbol{e}_2, \boldsymbol{e}_3$	起落架支柱本体坐标系坐标基
$\boldsymbol{n}, \boldsymbol{s}, \boldsymbol{e}_3$	起落架支柱运动 Resal 坐标系坐标基
L	前轮稳定距
H	起落架支柱固定点到机轮转动轴距离
R	机轮半径
F_n	地面对轮胎侧向力
F_z	垂向载荷
M_n	地面对轮胎的扭转力矩
$\boldsymbol{F}$	起落架支柱对机轮的作用力
$\boldsymbol{\Omega}$	起落架支柱相对惯性坐标系的角速度
$\boldsymbol{r}_w$	机轮质心的位置矢量
M_w	机轮的质量
V	滑跑速度

续表

符号	含义
$\boldsymbol{G}_w$	机轮角动量
I_w	机轮绕转动轴的转动惯量
$\boldsymbol{M}$	起落架支柱对机轮的力矩
I_{TG}	起落架支柱绕定向轴的转动惯量
I_{LG}	起落架支柱绕水平轴的转动惯量
$\boldsymbol{r}_{LG}$	起落架支柱质心的位置矢量
W_{LG}	起落架支柱的质量
H_{cg}	起落架支柱质心到固定点的距离
K_s	起落架支柱的侧向弯曲刚度
K_T	减摆器的扭转刚度
C_t	减摆器的扭转阻尼
λ_1	轮胎触地前缘的侧向变形
λ_i	轮胎触地前缘前方未触地部分的侧向变形
y_1	轮胎触地前缘的侧向位移
K_λ	轮胎的侧向刚度系数
C_λ	轮胎的侧向阻尼系数
K_φ	轮胎的扭转刚度系数
C_φ	轮胎的扭转阻尼系数
$\boldsymbol{r}_0$	轮胎触地中心的位置矢量
H_{AC}	轮胎触地面积半长
L_R	轮胎松弛长度

实际 y_0，φ，λ 三个自由度中只有一个变量是独立的。

2. 动力学模型及坐标系

摆振分析模型及坐标系定义如图 7 - 29 所示。

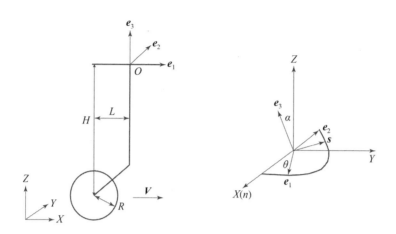

图 7 - 29　摆振分析模型及坐标系定义

地面惯性坐标系为 XYZ，其中 X 轴为滑跑方向，Z 轴为垂直地面向上方向，Y 轴垂直 XZ 平面满足右手定则。

缓冲器本体固连坐标系 $e_1e_2e_3$，原点 O 做定点运动，机轮转动轴方向为 e_2，起落架支柱定向轴方向为 e_3，e_1 轴与 e_2 轴和 e_3 轴垂直，并满足右手定则。

绕转动轴坐标系，nse_3 为绕起落架缓冲器定轴转动的 Resal 坐标系，n 轴与惯性系中的 X 轴方向相同，s 轴与 n 轴和 e_3 轴垂直，并满足右手定则。

3. 坐标基转换关系

在起落架缓冲器本体坐标系下的表示如下：

$$s = \cos\theta e_2 + \sin\theta e_1$$

$$k = \cos\alpha e_3 + \sin\alpha s$$

$$= \cos\alpha e_3 + \sin\alpha\cos\theta e_2 + \sin\alpha\sin\theta e_1 \approx e_3 + \alpha e_2 \qquad (7-47)$$

$$i = \cos\theta e_1 - \sin\theta e_2 \approx e_1 - \theta e_2$$

起落架缓冲器的角速度为 Resal 坐标系相对惯性坐标系的角速度与本体坐标系相对 Resal 坐标系的角速度之和，即

$$\boldsymbol{\Omega} = \dot{\alpha}i + \dot{\theta}e_3 = \dot{\alpha}e_1 - \dot{\alpha}\theta e_2 + \dot{\theta}e_3 \approx \dot{\alpha}e_1 + \dot{\theta}e_3 \qquad (7-48)$$

机轮质心在缓冲器本体坐标系中的坐标为

$$r_w = -Le_1 - He_3 \qquad (7-49)$$

7.4.3.2 摆振动力学方程

摆振动力学模型主要涉及机轮、缓冲器及轮胎相关运动学和动力学模型
(图 7-30、图 7-31)。

1. 机轮运动学模型 (图 7-31)

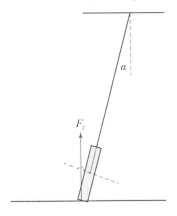

图 7-30 机轮受力及倾斜角　　　图 7-31 机轮运动学模型

对机轮质心位置矢量微分，得到机轮质心的速度和加速度分别为

$$\dot{\boldsymbol{r}}_{\mathrm{w}} = -L\boldsymbol{\Omega} \times \boldsymbol{e}_1 - H\boldsymbol{\Omega} \times \boldsymbol{e}_3 = (-L\dot{\theta} + H\dot{\alpha})\boldsymbol{e}_2 \tag{7-50}$$

$$\ddot{\boldsymbol{r}}_{\mathrm{w}} = (-L\ddot{\theta} + H\ddot{\alpha})\boldsymbol{e}_2 \tag{7-51}$$

对机轮质心的动量方程

$$M_{\mathrm{w}}\ddot{\boldsymbol{r}}_{\mathrm{w}} = (F_z - M_{\mathrm{w}}g)\boldsymbol{k} + F_n\boldsymbol{e}_2 + \boldsymbol{F} \tag{7-52}$$

式中：M_{w}——机轮的质量；

$\quad\quad\boldsymbol{F}$——起落架支柱对机轮的作用力；

$\quad\quad F_z$——垂向载荷；

$\quad\quad F_n$——地面对轮胎的侧向力。

$$\boldsymbol{F} = M_{\mathrm{w}}(-L\ddot{\theta} + H\ddot{\alpha})\boldsymbol{e}_2 - (F_z - M_{\mathrm{w}}g)\boldsymbol{k} - F_n\boldsymbol{e}_2 =$$

$$[M_{\mathrm{w}}(-L\ddot{\theta} + H\ddot{\alpha}) - F_n - \alpha(F_z - M_{\mathrm{w}}g)]\boldsymbol{e}_2 - (F_z - M_{\mathrm{w}}g)\boldsymbol{e}_3 \tag{7-53}$$

认为机轮绕轮轴转动的角速度远远大于其随起落架缓冲器摆振的角速度，即

$$\frac{V}{R} \ll \Omega \tag{7-54}$$

式中：V——滑跑速度；

$\quad\quad R$——机轮半径。

则机轮的角动量主要集中在轮轴 e_2 方向上，即机轮的角动量近似为

$$\boldsymbol{G}_w \approx I_w \frac{V}{R} \boldsymbol{e}_2 \tag{7-55}$$

对机轮质心的角动量方程

$$\frac{\mathrm{d}}{\mathrm{d}t}\boldsymbol{G}_w = M_n\boldsymbol{e}_3 - R\boldsymbol{e}_3 \times (F_z\boldsymbol{k} + F_n\boldsymbol{e}_2) + \boldsymbol{M}$$

$$I_w \frac{V}{R}(\dot{\alpha}\boldsymbol{e}_3 - \dot{\theta}\boldsymbol{e}_1) = M_n\boldsymbol{e}_3 - R(-F_z\alpha - F_n)\boldsymbol{e}_1 + \boldsymbol{M} \tag{7-56}$$

式中：$\boldsymbol{M}$——起落架支柱对机轮的力矩；

M_n——地面对轮胎的扭转力矩。

$$\boldsymbol{M} = \left(-I_w\frac{V}{R}\dot{\theta} - \alpha F_z R - F_n R\right)\boldsymbol{e}_1 + \left(I_w\frac{V}{R}\dot{\alpha} - M_n\right)\boldsymbol{e}_3 \tag{7-57}$$

2. 起落架缓冲器的运动方程

对起落架缓冲器的运动定点，由角动量定理（已忽略非线性项）

$$I_{LG}\ddot{\alpha}\boldsymbol{e}_1 + I_{TG}\ddot{\theta}\boldsymbol{e}_3 = -\boldsymbol{r}_w\boldsymbol{F} - \boldsymbol{M} - \boldsymbol{r}_{LG}W_{LG}\boldsymbol{k} - K_s\alpha\boldsymbol{e}_1 - (K_T\theta + C_t\dot{\theta})\boldsymbol{e}_3 \tag{7-58}$$

式中：I_{LG}，I_{TG}——起落架支柱绕本体 e_1，e_3 两个本体轴的转动惯量；

K_s——起落架缓冲器的侧向弯曲刚度；

K_T——减摆器的扭转刚度；

C_t——减摆器的阻尼系数。

$$I_{LG}\ddot{\alpha}\boldsymbol{e}_1 + I_{TG}\ddot{\theta}\boldsymbol{e}_3 = -\boldsymbol{r}_w\boldsymbol{F} - \boldsymbol{M} - \alpha W_{LG}H_{cg}\boldsymbol{e}_1 - K_s\alpha\boldsymbol{e}_1 - (K_T\theta + C_t\dot{\theta})\boldsymbol{e}_3 \tag{7-59}$$

其中

$$\boldsymbol{r}_w\boldsymbol{F} = (-L\boldsymbol{e}_1 - H\boldsymbol{e}_3) \cdot$$

$$\{[M_w(-L\ddot{\theta} + H\ddot{\alpha}) - F_n - \alpha(F_z - M_wg)]\boldsymbol{e}_2 - (F_z - M_wg)\boldsymbol{e}_3\}$$

$$= -[M_w(-L\ddot{\theta} + H\ddot{\alpha}) - F_n - \alpha(F_z - M_wg)]L\boldsymbol{e}_3 - (F_z - M_wg)L\boldsymbol{e}_2 +$$

$$[M_w(-L\ddot{\theta} + H\ddot{\alpha}) - F_n - \alpha(F_z - M_wg)]H\boldsymbol{e}_1$$

$$\tag{7-60}$$

在 e_1 轴上

$$I_{LG}\ddot{\alpha} + K_s\alpha + \alpha W_{LG}H_{cg} + [M_w(-L\ddot{\theta} + H\ddot{\alpha}) - F_n - \alpha(F_z - M_wg)]H -$$

$$I_w\frac{V}{R}\dot{\theta} - \alpha F_z R - F_n R = 0 \tag{7-61}$$

整理得到

$$(I_{LG} + M_w H^2)\ddot{\alpha} - M_w LH\ddot{\theta} - I_w \frac{V}{R}\dot{\theta} +$$

$$[W_{LG}H_{cg} - F_z(H + R) + M_w gH + K_s]\alpha - F_n(H + R) = 0$$

(7 – 62)

在 e_3 轴上

$$I_{TG}\ddot{\theta} + K_T\theta + C_t\dot{\theta} - [M_w(-L\ddot{\theta} + H\ddot{\alpha}) - F_n - \alpha(F_z - M_w g)]L + I_w \frac{V}{R}\dot{\alpha} - M_n = 0$$

(7 – 63)

整理得到

$$(I_{TG} + M_w L^2)\ddot{\theta} - M_w LH\ddot{\alpha} + I_w \frac{V}{R}\dot{\alpha} + C_t\dot{\theta} + K_T\theta +$$

$$(F_z - M_w g)L\alpha - M_n + F_n L = 0$$

(7 – 64)

3. 轮胎的动力学模型（图 7 – 32）

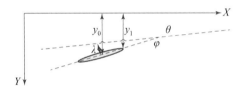

图 7 – 32　轮胎的动力学模型

根据 GJB 5097—2002 中 4.2.1.2.1 节中的建模要求，轮胎与地面的作用模型采用张线理论进行分析。

地面对轮胎的作用力和力矩分别为

$$F_n = K_\lambda \lambda + C_\lambda \dot{\lambda}$$

(7 – 65)

$$M_n = K_\varphi \varphi + C_\varphi \dot{\varphi}$$

(7 – 66)

式中：K_λ，C_λ，K_φ，C_φ——轮胎侧向刚度、轮胎侧向阻尼系数、轮胎扭转刚度、轮胎扭转阻尼系数。

7.4.3.3　边界约束条件

1. 几何约束条件

y_0，φ，λ 三个自由度中只有一个变量是独立的，其几何约束关系为

轮胎触地中心的坐标

$$r_0 = -(H + R)e_3 - Le_1 + \lambda j \qquad (7-67)$$

其中

$$e_3 = \cos\alpha k - \sin\alpha j \qquad (7-68)$$

$$e_1 = \cos\theta i + \sin\theta j \qquad (7-69)$$

代入到式（7-67）得到

$$r_0 = -(H+R)k + [\alpha(H+R) + \lambda - L\theta]j - Li \qquad (7-70)$$

则触地中心的侧向位移

$$y_0 = \alpha(H+R) + \lambda - L\theta \qquad (7-71)$$

得到触地中心的侧向变形量

$$\lambda = y_0 - (H+R)\alpha + L\theta \qquad (7-72)$$

触地中心轨迹切线方向

$$\varphi + \theta = -\frac{\dot{y}_0}{V} \qquad (7-73)$$

2. 轮胎运动约束

1）轮胎触地前缘点的轨迹方向与该点张线的切线方向一致

$$\frac{dy_1}{ds} = -\theta + \left(\frac{d\lambda_i}{ds}\right)_{\lambda=\lambda_1} \qquad (7-74)$$

其中

$$\lambda_i = \lambda_1 e^{-\frac{s - H_{AC}}{L_R}} \qquad (7-75)$$

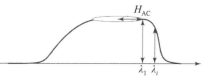

为试验经验中轮胎触地前缘前方非触地区域的侧向变形规律，λ_1 为轮胎触地前缘的侧向变形量，如图 7-33 所示，椭圆形部分为轮胎触地部分，H_{AC} 为轮胎触地面积半长，L_R 为轮胎松弛长度（通常可由试验测得）。

图 7-33 轮胎触地侧向变形量

轮胎张线与测量变形量

$$\frac{d\lambda_i}{ds} = -\frac{\lambda_1}{L_R} e^{-\frac{s - H_{AC}}{L_R}} \qquad (7-76)$$

$$\left(\frac{d\lambda_i}{ds}\right)_{\lambda=\lambda_1} = \left(\frac{d\lambda_i}{ds}\right)_{s=H_{AC}} = -\frac{\lambda_1}{L_R} \qquad (7-77)$$

代入约束方程得到

$$\frac{\mathrm{d}y_1}{\mathrm{d}s} = -\theta - \frac{\lambda_1}{L_\mathrm{R}} \tag{7-78}$$

由几何关系

$$(y_1 - \lambda_1) + \theta H_\mathrm{AC} = y_0 - \lambda \tag{7-79}$$

整理得到

$$\lambda_1 = \lambda + y_1 - y_0 + \theta H_\mathrm{AC} \tag{7-80}$$

从而

$$L_\mathrm{R}\frac{\mathrm{d}y_1}{\mathrm{d}s} = -(L_\mathrm{R} + H_\mathrm{AC})\theta - \lambda - (y_1 - y_0) \tag{7-81}$$

2）触地面内的张线完全没有滑动

机轮在滚动过距离 H_AC 后，轮胎触地中心点将变为前缘点，即

$$y_1(s) = y_0(s + H_\mathrm{AC}) \tag{7-82}$$

进行泰勒级数展开，得到

$$y_1(s) = y_0(s) + \sum_{n=1}^{\infty}\frac{H_\mathrm{AC}^n}{n!}y_0^{(n)}(s) \tag{7-83}$$

代入约束方程，得到

$$L_\mathrm{R}\sum_{n=1}^{\infty}\frac{H_\mathrm{AC}^{n-1}}{(n-1)!}y_0^{(n)}(s) = -(L_\mathrm{R} + H_\mathrm{AC})\theta - \lambda - \sum_{n=1}^{\infty}\frac{H_\mathrm{AC}^n}{n!}y_0^{(n)}(s) \tag{7-84}$$

$$\sum_{n=1}^{\infty}\left[L_\mathrm{R}\frac{H_\mathrm{AC}^{n-1}}{(n-1)!} + \frac{H_\mathrm{AC}^n}{n!}\right]y_0^{(n)}(s) = -(L_\mathrm{R} + H_\mathrm{AC})\theta - \lambda \tag{7-85}$$

取

$$l_n = \frac{(nL_\mathrm{R} + H_\mathrm{AC})H_\mathrm{AC}^{n-1}}{n!} \tag{7-86}$$

同时由滑跑速度

$$V = \frac{\mathrm{d}s}{\mathrm{d}t} \tag{7-87}$$

得到触地中心的侧向位移随时间的关系

$$y_0^{(n)}(s) = \frac{1}{V^n}y_0^{(n)}(t) \tag{7-88}$$

代入约束方程，得到

$$\sum_{n=1}^{\infty} \frac{l_n}{V^n} y_0^{(n)}(t) = -(L_R + H_{AC})\theta - \lambda \tag{7-89}$$

以上约束方程取二阶近似，得到

$$l_2 \ddot{y}_0 + V l_1 y_0 + V^2 \lambda + V^2 l_1 \theta = 0 \tag{7-90}$$

其中

$$l_1 = H_{AC} + L_R \tag{7-91}$$

$$l_2 = \frac{H_{AC}(H_{AC} + 2L_R)}{2} \tag{7-92}$$

7.4.3.4　稳定性条件及阻尼设置

将几何关系代入轮胎侧向力的表达式，得到

$$F_n = K_\lambda [y_0 - (H + R)\alpha + L\theta] + C_\lambda [\dot{y}_0 - (H + R)\dot{\alpha} + L\dot{\theta}] \tag{7-93}$$

代入起落架缓冲器侧向摆动方程，整理得到

$$(I_{LG} + M_w H^2)\ddot{\alpha} - M_w L H \ddot{\theta} + C_\lambda (H + R)^2 \dot{\alpha} +$$

$$\left[-I_w \frac{V}{R} - C_\lambda L(H + R) \right]\dot{\theta} - C_\lambda (H + R)\dot{y}_0 + \tag{7-94}$$

$$[W_{LG} H_{cg} - F_z(H + R) + M_w g H + K_s + K_\lambda (H + R)^2]\alpha -$$

$$K_\lambda L(H + R)\theta - K_\lambda (H + R)y_0 = 0$$

设

$$a_1 \ddot{\alpha} + a_2 \ddot{\theta} + b_1 \dot{\alpha} + b_2 \dot{\theta} + b_3 \dot{y}_0 + c_1 \alpha + c_2 \theta + c_3 y_0 = 0 \tag{7-95}$$

其中

$$a_1 = I_{LG} + M_w H^2$$

$$a_2 = -M_w L H$$

$$b_1 = C_\lambda (H + R)^2$$

$$b_2 = -I_w \frac{V}{R} - C_\lambda L(H + R) \tag{7-96}$$

$$b_3 = -C_\lambda (H + R)$$

$$c_1 = W_{LG} H_{cg} - F_z(H + R) + M_w g H + K_s + K_\lambda (H + R)^2$$

$$c_2 = -K_\lambda L(H + R)$$

$$c_3 = -K_\lambda (H + R)$$

将几何约束关系代入地面对轮胎的力矩，得到

$$M_n = K_\varphi \left(-\frac{\dot{y}_0}{V} - \theta \right) + C_\varphi \left(-\frac{\ddot{y}_0}{V} - \dot{\theta} \right) \tag{7-97}$$

代入起落架支柱扭转摆动方程，得到

$$(I_{TG} + M_w L^2)\ddot{\theta} - M_w LH\ddot{\alpha} + \frac{C_\varphi}{V}\ddot{y}_0 + \left[I_w \frac{V}{R} - C_\lambda (H+R)L \right]\dot{\alpha} +$$

$$(C_t + C_\varphi + C_\lambda L^2)\dot{\theta} + \left(\frac{K_\varphi}{V} + C_\lambda L \right)\dot{y}_0 + (K_T + K_\varphi + K_\lambda L^2)\theta + \tag{7-98}$$

$$\left[F_z - M_w g - K_\lambda (H+R) \right]L\alpha + K_\lambda L y_0 = 0$$

重新整理，简写为

$$a_3\ddot{\alpha} + a_4\ddot{\theta} + a_5\ddot{y}_0 + b_4\dot{\alpha} + b_5\dot{\theta} + b_6\dot{y}_0 + c_4\alpha + c_5\theta + c_6 y_0 = 0 \tag{7-99}$$

其中

$$a_3 = -M_w LH$$

$$a_4 = I_{TG} + M_w L^2$$

$$a_5 = \frac{C_\varphi}{V}$$

$$b_4 = I_w \frac{V}{R} - C_\lambda (H+R)L \tag{7-100}$$

$$b_5 = C_t + C_\varphi + C_\lambda L^2$$

$$b_6 = \frac{K_\varphi}{V} + C_\lambda L$$

$$c_4 = \left[F_z - M_w g - K_\lambda (H+R) \right]L$$

$$c_5 = K_T + K_\varphi + K_\lambda L^2$$

$$c_6 = K_\lambda L$$

将几何约束关系代入轮胎运动的约束方程，得到

$$l_2\ddot{y}_0 + Vl_1\dot{y}_0 - V^2(H+R)\alpha + V^2(l_1 + L)\theta + V^2 y_0 = 0 \tag{7-101}$$

设

$$a_6\ddot{y}_0 + b_7\dot{y}_0 + c_7\alpha + c_8\theta + c_9 y_0 = 0 \tag{7-102}$$

则其中

$$a_6 = l_2$$

$$b_7 = Vl_1$$

$$c_7 = -V^2(H+R) \tag{7-103}$$

$$c_8 = V^2(l_1+L)$$

$$c_9 = V^2$$

设

$$\boldsymbol{X} = \begin{bmatrix} \dot{\alpha} & \dot{\theta} & \dot{y}_0 & \alpha & \theta & y_0 \end{bmatrix}^{\mathrm{T}} \tag{7-104}$$

则摆振系统的微分方程组可以写成以下形式

$$\boldsymbol{M}\dot{\boldsymbol{X}} + \boldsymbol{K}\boldsymbol{X} = \boldsymbol{0} \tag{7-105}$$

矩阵 $\boldsymbol{M}$ 和 $\boldsymbol{K}$ 分别为以下形式：

$$\boldsymbol{M} = \begin{bmatrix} a_1 & a_2 & 0 & 0 & 0 & 0 \\ a_3 & a_4 & a_5 & 0 & 0 & 0 \\ 0 & 0 & a_6 & 0 & 0 & 0 \\ 0 & 0 & 0 & 1 & 0 & 0 \\ 0 & 0 & 0 & 0 & 1 & 0 \\ 0 & 0 & 0 & 0 & 0 & 1 \end{bmatrix}, \quad \boldsymbol{K} = \begin{bmatrix} b_1 & b_2 & b_3 & c_1 & c_2 & c_3 \\ b_4 & b_5 & b_6 & c_4 & c_5 & c_6 \\ 0 & 0 & b_7 & c_7 & c_8 & c_9 \\ -1 & 0 & 0 & 0 & 0 & 0 \\ 0 & -1 & 0 & 0 & 0 & 0 \\ 0 & 0 & -1 & 0 & 0 & 0 \end{bmatrix}$$

$$\tag{7-106}$$

$$\dot{\boldsymbol{X}} = \boldsymbol{D}\boldsymbol{X} \tag{7-107}$$

则

$$\boldsymbol{D} = -\boldsymbol{M}^{-1}\boldsymbol{K} \tag{7-108}$$

根据常微分方程组的稳定性条件，系统稳定的条件为矩阵 $\boldsymbol{D}$ 的全部特征值的实部都小于 0。但一个具体的起落架未必能够满足这样的稳定性条件，这时就需要加入阻尼。

对于某一给定的滑跑速度 V，首先给定一个较小的减摆器阻尼 C_t，根据前起落架的相关参数计算此时的系数矩阵 $\boldsymbol{D}_1$，计算系数矩阵 $\boldsymbol{D}_1$ 的特征值，其中具有实部绝对值最小特征值 λ_{m1}，若此时 λ_{m1} 的实部绝对值小于给定的迭代精度 ε

$$|\mathrm{Re}(\lambda_{m1})| < \varepsilon \tag{7-109}$$

且其与全部特征值实部均小于 0，则此时的减摆器阻尼 C_t 即对应滑跑速度 V 保证摆振稳定的临界阻尼。若 $\mathrm{Re}(\lambda_{m1}) > 0$，则增大减摆器阻尼 C_t；否则减小减摆器阻尼 C_t，随后再次计算系数矩阵 $\boldsymbol{D}_2$，以及 $\boldsymbol{D}_2$ 的具有实部绝对值最小特征值 λ_{m2}，如此迭代直到得到对应滑跑速度 V 摆振稳定的临界阻尼。摆振稳定性分析流程如图 7 - 34 所示。

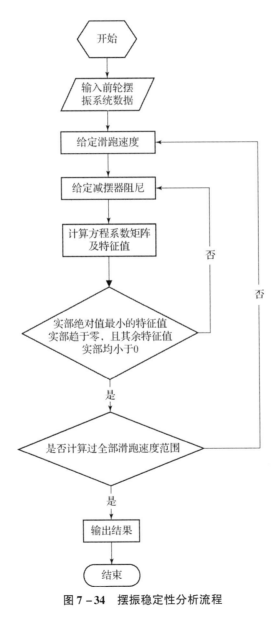

图 7 - 34　摆振稳定性分析流程

然后再选择另一个滑跑速度 V 重复上述过程，就可以求出前轮摆振系统的临界阻尼，并绘制临界阻尼参数曲线。临界阻尼曲线边界哪一边是稳定区域，可以根据改变减摆阻尼的大小来判断，当临界阻尼点的减摆阻尼减小时，如果系统出现实部为正的特征值，则可以判定对应的区域是不稳定的，否则是稳定的。

7.5　油液阻尼特性计算

在起落架防摆装置结构方案确定后，就可以进行油液阻尼特性的计算，看其能否满足所要求的阻尼值。本节介绍了油液减摆器的阻尼实用计算方法，对油液阻尼计算的基本理论公式也作了简单介绍。

7.5.1　基础理论

在前轮摆振过程中，减摆器内油液的流动限制在阻尼管路及节流装置等密闭的回路内。对于这种液压回路，液体流动的连续方程和能量方程是阻尼计算中的两个基本公式。所谓连续方程，是指油液的流量 Q 不变，即

$$Q = A_1 V_1 = A_2 V_2 \tag{7-110}$$

式中：Q——单位时间流过的体积；

　　　A——截面积，下脚标 1，2 为截面号；

　　　V——截面处的平均流速。

能量方程即伯努利方程，指液体在流动中具有的各项能量间的关系，为

$$H = \rho g Z_1 + p_1 + \alpha_1 \frac{\rho V_1^2}{2} = \rho g Z_2 + p_2 + \alpha_2 \frac{\rho V_2^2}{2} + H_r \tag{7-111}$$

式中：H——单位质量油液的总能量；

　　　$\rho g Z$——单位质量油液的位能；

　　　p——单位质量油液的静压能；

　　　$\rho V^2 / 2$——单位质量油液的动能；

　　　H_r——单位质量油液自截面 1 流至截面 2 的能量损失；

　　　ρ——油液密度；

V——截面平均流速；

g——重力加速度；

α——动能修正系数，层流取 2，湍流取 1。

伯努利方程的应用条件是：

（1）流动是定常的，即每一截面的流动不随时间变化。

（2）流量沿流程不变，即没有流入或流出的分支。

（3）液体不受牵连的惯性力，即假设防摆装置壳体处于匀速运动或静止状态。

（4）液体是不可压缩的，其密度不变。

在液压系统计算中，常略去液体高度位置的变化，对于动能可略的各个截面，能量方程中就只包含压力能和能量损失两项，所以能量损失 h_r 往往用压力损失 Δp 表示。

压力损失可分为两大类，即沿程压力损失和局部压力损失。

沿程压力损失是指油液在管路中流动时，由于管壁对油液以及流体内各部分之间的黏性摩擦作用而产生的压力损失，通常表示为

$$\Delta p = \lambda \frac{L}{d} \frac{1}{2} \rho V^2 \qquad (7-112)$$

式中：d——管路截面尺寸，对圆管取直径，对非圆截面，见后；

　　　L——管长；

　　　λ——沿程流动阻力系数。

局部压力损失是指当油液流经局部障碍（如管壁突然扩大、突然缩小、逐渐扩大、逐渐缩小、节流装置等）时，由于液流发生显著的变化和旋涡，加上黏性摩擦而引起的能量损失，通常表示为

$$\Delta p = \xi \frac{1}{2} \rho V^2 \qquad (7-113)$$

式中：ξ——局部流动阻力系数。

油液在管内的流动状由可用雷诺数 Re 的大小决定，当 Re 小于临界雷诺数 Re_{cr} 时为层流，当 Re 大于 Re_{cr} 时为湍流。Re 由下列公式计算：

对圆管

$$Re = \frac{\rho V d}{\mu} = \frac{V d}{\upsilon} \qquad (7-114)$$

对非圆管

$$Re = \frac{4 V r_{\mathrm{h}}}{\upsilon} \qquad (7-115)$$

式中：υ——油液运动黏度，$\upsilon = \mu / \rho$；

μ——油液黏度；

r_{h}——截面的平均液体深度，$r_{\mathrm{h}} = A/S$，A——截面积，S——湿周长度。

其他符号同前。当油在环形狭窄间隙内流动时，则

$$r_{\mathrm{h}} = \frac{A}{S} = \frac{\dfrac{\pi}{4}(d_2^2 - d_1^2)}{\pi(d_1 + d_2)} = \frac{d_2 - d_1}{4} \qquad (7-116)$$

临界雷诺数 Re_{cr} 随流动断面形状不同大致可如下取值：

对于光滑圆管　　　　　　　$Re_{\mathrm{cr}} = 2\,320$

对于环形圆管

同心时　　　　　　　　　　$Re_{\mathrm{cr}} = 1\,100$

偏心时　　　　　　　　　　$Re_{\mathrm{cr}} = 1\,000$

带沟槽同心时　　　　　　　$Re_{\mathrm{cr}} = 700$

带沟槽偏心时　　　　　　　$Re_{\mathrm{cr}} = 400$

7.5.2　管路沿程压力损失

1. 圆形截面管路中的流动和压力损失

减摆器的阻尼管路通常采用圆形断面。在管路中，液体流态可分为层流与湍流，流程又可分为起始段和稳定段，现分别讨论如下。

层流起始段是指从液体进入圆管开始至它形成稳定的层流流动（速度按抛物线分布）的过渡段。层流起始段长度以 L_{qs} 表示，实验得出：

$$L_{\mathrm{qs}} = 0.065 d Re \qquad (7-117)$$

层流起始段内的流动特征是：

（1）沿流程是非均匀流动，在边界层内是减速流，边界层外是加速流。

（2）在各个截面上，边界层内的速度梯度很大，边界层外则较小。

由此可知，层流起始段的压力损失除了消耗在黏性摩擦外，还消耗在加速流上，下面以 $K_p \rho V^2/2$ 表示这个附加损失。

此外，减摆器工作时油液是从较大的油腔进入较小的阻尼管路的，在进口处总有一个转化为动能的进口压力损失 $\rho V^2/2$，所以包括进口损失的层流起始段向总的压力损失为

$$\Delta p = \lambda \frac{L}{d} \frac{1}{2} \rho V^2 + (1 + K_p) \frac{1}{2} \rho V^2 \qquad (7-118)$$

式中：$\lambda = 64/Re$，$V = 4Q/(\pi d^2)$，代入得到

$$\Delta p = c \frac{128 \mu L}{\pi d^4} Q \qquad (7-119)$$

式中：c——考虑起始段影响的修正系数，为

$$c = 1 + \xi \frac{Re}{64} \frac{d}{L} \qquad (7-120)$$

$\xi = 1 + K_p$，使用时按下式计算：

$$\xi = \begin{cases} 1 + 2.62 \left(\dfrac{L}{dRe}\right)^{1/4} & \left(\dfrac{L}{dRe} \leqslant 0.065\right) \\ 2.28 & \left(\dfrac{L}{dRe} > 0.065\right) \end{cases} \qquad (7-121)$$

图 7 – 35、图 7 – 36 表示 ξ、c 与 $L/(dRe)$ 的关系。

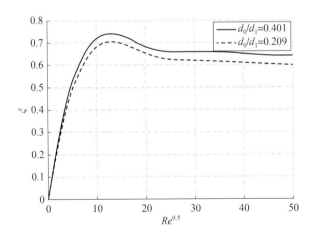

图 7 – 35　$\xi - L/(dRe)$ 关系图

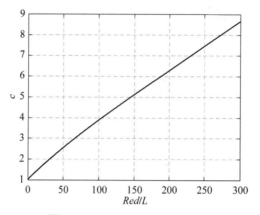

图 7 – 36 c – $L/(dRe)$ 关系图

在减摆器阻尼近似计算时，可把层流起始段的压力损失归入稳定段一起计算。

湍流起始段：湍流起始段的长度比较短，一般情况下不予单独考虑，而只考虑管路入口的局部损失和稳定段的压力损失。

层流稳定段：圆管中稳定的层流流动具有轴对称性，且由于黏性作用，在壁面边界上速度为零。根据力的平衡条件，可证其速度分布呈抛物线：

$$u = \frac{\Delta p}{4\mu L}\left(\frac{d^2}{4} - z^2\right) \qquad (7 - 122)$$

由流量为

$$Q = \int_0^{d/2} u2\pi z\mathrm{d}z = \frac{\pi d^4}{128\mu L}\Delta p \qquad (7 - 123)$$

且平均速度 $V = 4Q/(\pi d^2)$，得

$$\Delta p = \frac{32\mu L V}{d^2} \qquad (7 - 124)$$

对照得

$$\lambda = \frac{64}{Re} \qquad (7 - 125)$$

在减摆器近似计算中，可把前述层流起始段和稳定段合并计算，取

$$\lambda = \frac{75}{Re} \qquad (7 - 126)$$

湍流稳定段：湍流运动的特征是，除了沿管轴流动外，还有剧烈的掺混或脉

动，湍流的沿程压力损失比层流大。

实验指出，对光滑管，当 $4 \times 10^3 < Re < 10^5$ 时

$$\lambda = \frac{0.316\,4}{Re^{0.25}} \qquad (7-127)$$

减摆器内油液流动的雷诺数 Re 一般小于 10^5。如果 Re 超出上述范围，则可取

$$\lambda = \frac{1}{(1.8\lg Re - 1.5)^2} \qquad (7-128)$$

2. 非圆形断面管路中的流动和压力损失

在叶轮式减摆器中或在某些活塞式减摆器中会遇到环形断面和矩形断面阻尼通路，下面也分层流和湍流分别加以讨论。

层流：

对于同心环形截面，沿程压力损失，取 $d = 4r_h$，即

$$\Delta p = \lambda \frac{L}{4r_h} \frac{1}{2} \rho V^2 \qquad (7-129)$$

其中：

$$\lambda = \frac{64}{Re} = \frac{\left[1 - \left(\dfrac{d_1}{d_2}\right)\right]^2}{1 + \left(\dfrac{d_1}{d_2}\right)^2 - \dfrac{1 - \left(\dfrac{d_1}{d_2}\right)^2}{\ln \dfrac{d_2}{d_1}}} \qquad (7-130)$$

对于矩形截面，沿程压力损失仍按以上计算，但

$$\lambda = \frac{64}{Re} = \frac{8a^2}{(a+b)^2 f(a,b)} \qquad (7-131)$$

$$r_k = \frac{A}{S} = \frac{ab}{2(a+b)} \qquad (7-132)$$

其中：

$$f(a,b) = \frac{16}{3} - \frac{1\,024}{\pi^5} - \frac{b}{a}\left(\tan h \frac{\pi a}{2b} + \frac{1}{3^3}\tan h \frac{3\pi a}{2b} + \cdots\right) \qquad (7-133)$$

a、b 为矩形的边长，且 $a > b$。对于正方形断面，$a = b$，则

$$\lambda = \frac{56.9}{Re} \qquad (7-134)$$

对于两平行平面间的流动，$b \ll a$，则

$$\lambda = \frac{96}{Re} \qquad (7-135)$$

湍流沿程压力损失公式同层流，但阻力系数 λ 可借用圆管中湍流段的值。实验指出，矩形断面的 λ 值和圆管相同，而环形断面的 λ 值要大 $1\% \sim 10\%$。

间隙中的流动和压力损失在活塞式减摆器的活塞与壳体之间，叶轮式减摆器的活门与活门座、叶片与壳体间存在间隙。实践表明，间隙的大小对减摆器的性能有颇大影响。因此，就有必要讨论与计算它们的影响。

在叶轮式减摆器中，叶片与壳体间的间隙是平行的。在活塞式减摆器中间隙是环形的，但因间隙比活塞或壳体的半径小得多，所以也近似地看作是平行的。下面我们只讨论在两平行平板间的流动。

油液在减摆器间隙中有两种流动情况：

（1）间隙两端有压力差，且两平行平极做相对运动，如活塞式减摆器的活塞与壳体间油液流动。

（2）间隙两端有压力差，但两平行平板是静止的，如叶轮式减摆器的活门与活门座间油液流动。

第一种情况的流动：

由微元体的平衡条件可知

$$\frac{\mathrm{d}p}{\mathrm{d}x} = \frac{\mathrm{d}\tau}{\mathrm{d}y} \qquad (7-136)$$

而由黏性摩擦定律

$$\tau = \mu \frac{\mathrm{d}u}{\mathrm{d}y} \qquad (7-137)$$

故

$$\frac{\mathrm{d}p}{\mathrm{d}x} = \mu \frac{\mathrm{d}^2 u}{\mathrm{d}y^2} \qquad (7-138)$$

假设为稳定流动，取

$$\frac{\mathrm{d}p}{\mathrm{d}x} = \frac{p_2 - p_1}{L} = -\frac{\Delta p}{L} \qquad (7-139)$$

代入，经积分得到

$$u = \frac{1}{2\mu}\frac{\Delta p}{L}y^2 + c_1 y + c_2 \tag{7-140}$$

由边界条件

$$\begin{aligned} y = 0, u = 0 \\ y = h, u = u_k \end{aligned} \tag{7-141}$$

确定 c_1，c_2 后得

$$u = \frac{1}{2\mu}\left(-\frac{\Delta p}{L}\right)(h-y)y + \frac{u_h}{h}y \tag{7-142}$$

式中：u_k——平板运动速度，若与压力降的方向相反，则取负值。

第二种情况为 $u_h = 0$ 的特例：

$$u = \frac{1}{2\mu}\left(-\frac{\Delta p}{L}\right)(h-y)y \tag{7-143}$$

令间隙宽为 b，则流置的一般公式为

$$Q = b\int_0^h u\mathrm{d}y = \frac{bh^3}{12\mu L}\Delta p + \frac{bh}{2}u_h \tag{7-144}$$

当 $u_h = 0$ 时

$$Q = \frac{bh^3}{12\mu L}\Delta p \tag{7-145}$$

或

$$\Delta p = \frac{12L}{h^2}\mu V \tag{7-146}$$

运动平板（如活塞柱面）受到的摩擦力为

$$F = -\tau bL = -\mu\left(\frac{\mathrm{d}u}{\mathrm{d}y}\right)_h bL = -\frac{\Delta p b h}{2} + \frac{\mu u_h bL}{h} \tag{7-147}$$

当平板不动时，$u_h = 0$，

$$F = -\frac{\Delta p b h}{2} \tag{7-148}$$

对应的总的能量损失为间隙泄漏损失和摩擦损失之和，即

$$E = \Delta p Q + F u_h = b\left(\frac{h^3 \Delta p^2}{12\mu L} + \frac{\mu u_h L}{h}\right) \tag{7-149}$$

当 $u_h = 0$ 时

$$E = \frac{bh^3 \Delta p^2}{12 \mu L} \quad (7-150)$$

7.5.3 管路局部压力损失

局部压力损失往往是减摆器阻尼的主要形式，在本节中介绍它的计算方法。

1）突然扩大的局部压力损失

我们讨论由截面 A_1 突然扩大到截面 A_2 的湍流运动。

假设为定常流动，列出能量方程

$$p_1 + \alpha_1 \frac{\rho V_1^2}{2} = p_2 + \alpha_2 \frac{\rho V_2^2}{2} + H_r \quad (7-151)$$

因两截面很近，沿程压力损失可略，故局部压力损失：$H_r = H\xi$。把旋涡区视为死水区，其静压保持常数 p_1，则由动量方程

$$(p_1 - p_2)A_2 = (\beta_2 V_2 - \beta_1 V_1)Q\gamma \quad (7-152)$$

式中：β_1，β_2——考虑流量非均布的修正系数。

代入式（7-152），并注意到 $Q = V_1 A_1 = V_2 A_2$，a_1、a_2、β_1、β_2 在湍流时可近似取1，可得

$$H_\xi = \frac{\rho}{2}(V_1 - V_2)^2 \quad (7-153)$$

式中

$$\xi_1 = \left(1 - \frac{A_1}{A_2}\right)^2$$
$$\xi_2 = \left(\frac{A_2}{A_1} - 1\right)^2 \quad (7-154)$$

对于层流，则作如下修正：

$$\xi_1 = K\left(1 - \frac{A_1}{A_2}\right)^2$$
$$\xi_2 = K\left(\frac{A_2}{A_1} - 1\right)^2 \quad (7-155)$$

式中

$$K = 1.025 + 0.0025\left(\frac{A_2}{A_1}\right) - 0.8d_1 \tag{7-156}$$

相应地，突然扩大的局部压力损失为

$$\Delta p = \xi_{扩}\frac{1}{2}\rho V^2 \tag{7-157}$$

2）突然缩小的局部压力损失

$$\Delta p = \xi_{缩}\frac{1}{2}\rho V^2 \tag{7-158}$$

7.5.4　节流元件的压力损失

在操纵减摆器中，阻尼主要是由节流活门提供的。节流活门的压力损失计算如下。

节流孔直径为 d_0，面积为 S_0，液流收缩后有效面积为 S_c，而且 $S_c < S_0$，令

$$S_c = c_c S_0 \tag{7-159}$$

式中：c_c——液流收缩系数。对于管路断面 1 与收缩断面 c 写出能量方程

$$p_1 + \alpha_1\frac{\rho V_1^2}{2} = p_c + \alpha_c\frac{\rho V_c^2}{2} + \xi_c\frac{\rho V_c^2}{g} \tag{7-160}$$

式中：ξ_c——节流孔的阻力系数。

因

$$V_1 S_1 = V_c S_c = V_c S_0 c_c \tag{7-161}$$

可解出

$$V_c = c_v\sqrt{\frac{2\Delta p}{\rho}} \tag{7-162}$$

$$Q = V_c S_c = cS_0\sqrt{\frac{2\Delta p}{\rho}} \tag{7-163}$$

式中：c_v——速度系数

$$c_v = \frac{1}{\sqrt{\alpha_c + \xi_c - \alpha_1 c_c^2\left(\dfrac{S_0}{S_1}\right)^2}} \tag{7-164}$$

c——流量系数，$c = c_c c_v$；

Δp——压力差，$\Delta p = p_1 - p_c$。

将流经孔口的压力降 Δp 写成

$$\Delta p = \xi \frac{1}{2} \rho V_0^2 \qquad\qquad (7-165)$$

可知阻力系数为

$$\xi = \frac{1}{c^2} \qquad\qquad (7-166)$$

而流量系量 c 需由实验确定。实验指出，c 与雷诺数有关，而与孔口形状关系不大。

在圆管中，当 $d_0/d_1 = 0.209$，0.401 时，流量系量的实验曲线如图 7-37 所示。

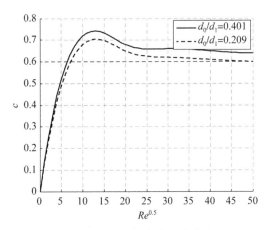

图 7-37　流量系量的实验曲线

当雷诺数 Re 大于 1 000 后，流量系数 c 几乎不再变化。当 Re 很大时，对于小的圆形孔和窄的矩形孔，流量系数如表 7-3 所示。

表 7-3　流量系数

(b/B) 或 $(d_0/d_1)^2$	0.04	0.25	0.50	0.75	1.00
矩形	0.611	0.644	0.689	0.757	1.00
圆形	0.612	0.644	0.691	0.757	1.00

上面介绍了各种阻尼管路和节流元件的阻尼损失计算公式。减摆器的实际阻尼管路，在计及间隙时一般比较复杂，为了详细计算，可先画出阻尼管路系统草

图，分清串联、并联关系，仿照复杂电路的电阻计算方法，根据前述各阻尼公式可以算出整个系统的静态阻尼特性。在计算中，选定几个典型的工作温度（常温、高温、低温），以考虑不同的油液特性。在减摆器初步设计时，常常略去系统中一些次要的管路或阻尼环节，对其阻尼特性进行近似估算。下面我们将以活塞式和叶轮式减摆器为例分节加以介绍，其中除具体细节不同外，计算原理是一致的。

对于摆振，理论上应该考虑阻尼管路系统的动态阻抗特性。对于构造上集中于一体的减摆器，阻尼管路短，刚性大，液柱质量小，经估计可知，在摆振频率下的动态阻抗特性可用静态阻尼特性代替。对于构造上分散的减摆装置，若油液管路长，刚性小，液柱质量大，则必须计算或测试其动态特性。因为这种系统的惯性和弹性是分布的量，计算极其复杂，本书不再讨论。

7.5.5　活塞式减摆器阻尼近似计算

在本节中，我们将介绍串联管路和并联管路的阻尼计算方法，除了视具体情况所取的阻尼项有不同外，其原理也适用于叶轮式减摆器或其他一般管路系统。

计算和实验结果都表明，在常温和高温条件下，活塞式减摆器的阻尼力矩呈两次幂函数特征，这说明局部压力损失起主要作用。沿程压力损失一方面很小，另一方面由于实际减摆器各段阻尼管路的长度都比较小，各局部障碍（突然扩大、突然缩小等）距离很近，互相的干扰颇大，无法算准，故在近似计算中略去。

1）串联管路的阻尼计算

减摆器阻尼管路常由不同直径的管段串联而成。在串联管路中，各段的流量相同，整个管路的压力损失为各段管路压力损失之和，如前所述，近似计算中，只计局部压力损失，则有

$$Q = V_1 A_1 = V_2 A_2 = V_3 A_3 = \cdots \tag{7 - 167}$$

$$H_{\mathrm{r}} \approx H_{\xi} = \sum_i \xi_i \frac{\rho V_i^2}{2} = \xi_{\Sigma} \frac{\rho V_{\mathrm{H}}^2}{2} \tag{7 - 168}$$

式中

$$\xi_{\sum} = \sum_i \xi_i \left(\frac{A_H}{A_i}\right)^2 \tag{7-169}$$

若无其他并联油路，则减摆器油液阻尼力矩为

$$M = H_\xi A_H R = \xi_{\sum} A_H R \frac{\rho V_H^2}{2} \tag{7-170}$$

式中：M——阻尼力矩；

$\quad A_H$——活塞面积；

$\quad V_H$——活塞速度；

$\quad R$——力臂。

注意到 $V_H = R\theta$，则

$$M = h_2 \dot{\theta}^2 \tag{7-171}$$

式中

$$h_2 = \frac{\xi_{\sum} \rho A_H R^3}{2} \tag{7-172}$$

2）并联管路的阻尼计算

在减摆器中，考虑到活塞与壳体间的间隙和活塞上充油时的矩形排气槽，它们就和阻尼管路一起形成并联管路。在并联管路中，各分钟的压力损失相同，而其流量之和等于总流量，若先计及沿程压力损失，则有

$$Q = Q_1 + Q_2 + Q_3 + \cdots \tag{7-173}$$

$$H_r = H_{r1} = H_{r2} = H_{r3} = \cdots \tag{7-174}$$

$$H_{ri} = \left(\sum \lambda \frac{L}{d} + \sum \xi\right)_i \frac{\rho V_i^2}{2} \tag{7-175}$$

令

$$H_r = KQ^2$$
$$\tag{7-176}$$
$$H_{ri} = K_i Q_i^2$$

并注意到（对于圆管）

$$Q_i = V_i A_i = V \frac{\pi d_i^2}{4} \tag{7-177}$$

可得

$$K = \cfrac{1}{\left(\cfrac{1}{\sqrt{K_1}} + \cfrac{1}{\sqrt{K_2}} + \cfrac{1}{\sqrt{K_3}} + \cdots \right)^2} = \cfrac{1}{\left(\displaystyle\sum_i \cfrac{1}{\sqrt{K_i}} \right)^2} \tag{7-178}$$

式中

$$K_i = \left(\sum \lambda \frac{L}{d} + \sum \xi \right)_i \frac{8}{\pi^2 d_i^4 g} \tag{7-179}$$

而各支路的流量为

$$Q_j = \frac{Q}{\displaystyle\sum_i \sqrt{\cfrac{K_j}{K_i}}} = \sqrt{\frac{K}{K_j}} Q \tag{7-180}$$

在计算中，由于沿程阻力系数 λ 和流量 V_i 有关，因此需用逐次渐进法求解。先初步选定各 λ 值，代入算出 K_i，再求出 K，Q_i，就可以计算各支路的流速 V_i 和雷诺数，由此修正各 λ 值，重复上述计算，直到前后两次结果相近为止。

如前所述，在近似计算中，略去沿程压力损失，则简化为

$$H_{ri} = H_{\xi i} = \xi_{\sum i} \frac{\rho V_i^2}{2}$$

$$K_i = \frac{\xi_{\sum i}}{2g A_i^2} = \xi_{\sum i} \frac{8}{\pi^2 d_i^4 g} \tag{7-181}$$

■ 7.6　摆振试验

7.6.1　摆振试验项目

为验证前轮操纵与减摆系统能够满足技术要求，需进行元件、系统、模拟器及装机各级别的试验验证和鉴定。在鉴定试验期间，可以使用合理的机械 - 液压 - 电路模拟。前轮转弯操纵与减摆系统的试验项目除了机电产品通常要求的环境试验、结构强度试验、寿命试验外，还需重点开展摆振试验。

在飞机起落架系统的研制中，为防止起落架在所有地面载荷条件起飞和着陆滑跑中发生摆振，飞机起落架应进行前轮防摆振系统试验。飞机前轮防摆振系统试验包括下列试验项目：

（1）摆振阻尼特性试验。通过模拟减摆器工作环境和真实工作状态的试验，确定最佳阻尼特性，发现摆振系统潜在问题，为起落架设计和制定防摆措施提供分析依据。

（2）轮胎刚度、阻尼试验。轮胎刚度、阻尼是影响起落架摆振性能的重要参数。通过机轮刚度试验测出不同轮胎气压时的轮胎刚度、阻尼，为防摆设计和摆振分析提供原始参数，为分析轮胎对摆振的影响、排除摆振故障和制定防摆措施提供依据。

（3）起落架摆振试验。通过模拟试验确定起落架在地面操作（起飞和着陆滑行）中受到初始干扰作用后引起的飞机动态响应是否存在不稳定问题。在滑跑载荷、速度、轮胎气压的所有可能组合下，验证飞机起落架是否发生摆振。在设计阶段应尽早发现可能存在的问题，为设计更改提供依据。

（4）滑跑验证试验。滑跑目的是验证在滑跑过程中起落架系统是否发生摆振。

7.6.2　试验原理

防摆阻尼应在动态工作条件下以当量阻尼确定。

根据外激振力在一个周期内做功与减摆器工作一周消耗的能量等效的原理，利用强迫振动的方法，模拟减摆器的工作状态，按照任务书规定的频率和振幅进行试验，测量外力在一个工作周期内的做功，在谐振动状态下防摆阻尼按线性处理，用能量等效的方法计算出减摆器相对起落架提供的当量防摆阻尼。

轮胎受力变形后，由于阻尼的存在，加载力随变形的关系曲线为如图 7 - 38 所示迟滞曲线（以侧向为例），迟滞曲线的斜率反映轮胎的刚度，变形为零时力的大小反映轮胎的阻尼。机轮刚度和阻尼应根据轮胎在不同垂直载荷下，按正、反方向连续加载与卸载的迟滞曲线（力与轮胎的弹性变形曲线）确定。

起落架摆振试验基于模拟飞机滑跑状态的起落架受力条件下，记录和分析起落架在施加瞬态初始扰动后的响应，验证起落架的摆振稳定性。

飞行器在真实的使用环境下滑跑，利用来自地面的干扰、侧风或通过人为设置路障等激励影响，检验飞机起落架系统受到干扰后的摆振稳定性。

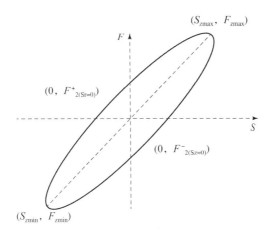

图 7 - 38　加载力随变形的关系曲线

7.6.3　结果分析

试验实测的起落架防摆阻尼值（当量值）达到设计指标，则满足防摆要求，同时也为选择最佳防摆阻尼提供依据。

在试验结果分析时，摆振稳定性按以下方法判定：

给起落架施加激励，当这种初始扰动消失后，起落架摆振幅度经三个周期摆动后衰减到初始扰动的 1/4 或更小，则该起落架系统具有足够的稳定度。

如果发生摆振，应根据试验记录曲线确定摆振频率、幅度和其他测量参数。根据测量参数变化及摆振特征分析，确定摆振类型，分析发生摆振的原因，采取防摆措施，最终经试验验证使起落架系统达到稳定要求。

依据滑跑试验结果和分析，评定起落架系统是否发生摆振和其他不稳定性问题。滑跑试验结果评定，飞机在滑跑过程中，如果起落架系统无摆振和其他不稳定性问题发生，则认为滑跑试验满足试验设计要求。

■ 参考文献

[1] 顾诵芬, 解思适. 飞机总体设计 [M]. 北京: 北京航空航天大学出版社, 2001.

［2］绪德培，等．摆振理论及防摆措施［M］．北京：国防工业出版社，1984.

［3］聂宏，魏小辉，等．飞机起落架动力学设计与分析［M］．西安：西北工业大学出版社，2012.

［4］聂青．飞机全电式前轮转弯系统设计与分析［D］．南京：南京航空航天大学，2012.

［5］崔玉伟，徐艳玲，罗川，等．分布式前轮转弯控制系统技术研究［C］．第八届中国航空学会青年科技论坛论文集，2018.

［6］中华人民共和国国家军用标准．GJB 8610—2015 飞机前轮摆振实验要求［M］．北京：总装备部军标出版发行部，2016.

空天飞行器着陆过程中，气动减速的方式包括阻力伞、阻力板和舵面等，这里特指阻力伞减速装置。阻力伞减速装置是一种高效率气动减速方式，非常适合着陆速度较高的空天飞行器着陆减速。

8.1 功能和性能

阻力伞是一种柔性的可展开气动减速装置，质量轻，包装体积小，开伞和抛伞操作简单、方便。在飞行器着陆后，抛出阻力伞，可以很快展开并产生很大的气动阻力，缩短着陆滑跑距离 30% 以上，提高刹车装置的使用寿命，尤其是在中高速段的减速效果更为显著。还可用于特殊情况，如起飞失败时中止起飞、刹车装置故障、无襟翼、超速着陆或者在潮湿、结冰不利跑道条件下着陆。

使用阻力伞可以提高飞行器的着陆速度，一般在 200～400 km/h 和 15 m/s 以下（角度 60°范围内）侧风条件下，允许用阻力伞着陆。能够在飞行器尾流中实现可靠开伞，摆动小，对飞行器的操纵影响较小。在常规伞舱位置布局及着陆条件使用的阻力伞，一般可以使用 30～50 次，经济性好，维护安装方便。

8.2 组成和使用

8.2.1 一般组成

阻力伞子系统包括引导伞、主伞、伞包、伞舱组件等主要组件，以及一些保护套等附件，如图8-1所示。当主伞的面积较小时，可不使用引导伞。在伞舱门连接或活动位置，还安装有位置传感器，以获取舱门开闭、是否脱伞等信息。

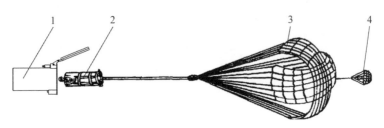

图8-1 阻力伞的组成

1—伞舱组件；2—伞包；3—主伞；4—引导伞

8.2.1.1 引导伞

引导伞（图8-2）的作用是将主伞从伞舱内拉出、拉直，使主伞充气、张满，以实现气动减速。引导伞张满时产生的气动阻力必须大于主伞与伞舱或伞包之间的摩擦力。它工作正常与否是决定阻力伞使用的成败。

引导伞的结构形式主要有两种：一种是带有锥形弹簧骨架，用于上伞舱布局，开伞时锥形弹簧提供开伞动力，能有效地克服飞机尾流场对开伞的影响；另一种是带中心绳的软式结构引导伞，用于下伞舱布局，开伞时靠自重进入气流。

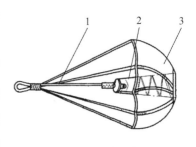

图8-2 引导伞

1—伞绳；2—锥形弹簧；3—伞衣

引导伞的伞衣形状多数是正方形、八角形或多角形，其面积一般为主伞衣面积的3%左右。

8.2.1.2 主伞

主伞由引导伞拉出，经过拉直、充气、张满后，能够产生很大的气动阻力，达到减速、缩短滑跑距离等目的。

主伞的伞型主要有环缝伞、十字伞和带条伞等。由于环缝伞和十字伞具有稳定性好、阻力系数大、质量轻、体积小、开伞时间短、动载小、加工工艺简单、工作可靠等优点，目前得到广泛应用。其缺点是伞衣本身几何对称性要求高，对制造公差控制要求严格，否则将出现开伞异常，增加自旋次数，造成纵向不稳定、横向摆动等异常现象，甚至失去减速功能。

8.2.1.3　伞包

伞包（图 8-3）用于将折叠好的阻力伞组件按一定顺序包装成规定的形状，以便安装在伞舱内，保护伞衣、伞绳在开伞时不被气流吹乱，并保证在开伞时能按规定的开伞程序工作。伞包的形状大小必须与伞舱一致，具有隔热、耐温、耐摩擦、耐用等特点。

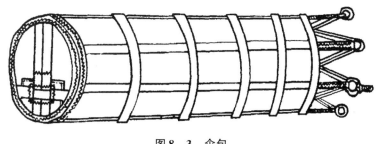

图 8-3　伞包

8.2.1.4　伞舱组件

伞舱组件的功能是容纳和封闭阻力伞和伞包，并防止气流和热流吹袭而造成散乱和烧损而失效，在阻力伞工作过程中，传递气动阻力至飞行器结构，当减速到一定速度时，通过解锁机构释放掉连接绳，以抛掉阻力伞回收再用。对伞舱组件的要求主要有：

（1）伞舱内壁应光滑，拐角圆钝，不得有锐角和锐边、凸出物和障碍物。

（2）伞舱盖应能够防止发动机或气动热流进入舱内，必要时还需隔热层和防潮保护层。

（3）伞舱开启机构应具有可靠的自锁功能，防止自动打开。

（4）解锁机构应具有足够的承载力载荷和可靠的解锁功能。

对于飞行频度不高的空天飞行器，可采用模块化的伞舱组件，如图 8-4 所示，包括筒状伞舱和防热舱盖，安装在中心部位的弹射器，以及火工解锁机构等，具有结构形式简单、可靠性高、安装和更换方便等特点。

伞舱组件在航空工业通常归为飞机结构，其典型结构形式如图 8-5 所示。

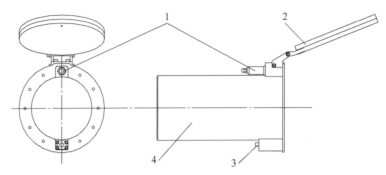

图 8 - 4　空天飞行器模块化伞舱结构外形

1—解锁机构；2—舱盖和防热结构；3—舱盖解锁器；4—舱体结构

图 8 - 5　飞机阻力伞舱结构外形

8. 2. 1. 5　其他附件

除上面介绍的主要单机外，还有一些连接附件，包括载荷限制器、保护装置等。

载荷限制器用于消除阻力伞与飞行器间的转动，避免因阻力伞旋转而导致缠绕甚至失效，并起到载荷限制作用，当开伞载荷超出规定值而自动断开，将阻力伞抛掉，确保起飞或空中意外开伞时的飞行安全。载荷限制器多采用定载荷断裂轴颈结构形式。

保护装置包括各种保护套，用来将各部件的连接部位保护起来，防止阻力伞凸出处或金属件直接与跑道碰击、摩擦、断裂而失效。

8. 2. 2　安装位置及工作方式

8. 2. 2. 1　安装布局

根据阻力伞舱安装在机身尾部的位置，分为上伞舱和下伞舱两种布局方式。

上伞舱阻力伞（图 8-6）的阻力连接点在飞行器重心之上，开伞后能使飞行器产生抬头力矩，一般安装在机身尾部，如垂尾翼根处，也有少数布置在机身背部，是一种广泛应用的布局安装形式。

图 8-6　上伞舱阻力伞

下伞舱阻力伞（图 8-7）的阻力连接点在飞行器重心之下，开伞后能使飞行器产生低头力矩，一般安装在机身尾部。当伞舱门打开后，阻力伞靠自重掉出并开伞工作。优点是开伞简单方便，所用引导伞结构简单；缺点是引导伞来不及拉直主伞，伞衣掉在跑道上被拖曳磨损，影响使用寿命，并且只允许在前轮接地后才能放伞，导致滑跑距离增加，目前已较少采用这种安装布局形式。

图 8-7　下伞舱阻力伞

8.2.2.2　使用方式

阻力伞的工作过程，根据打开其放伞时机的不同，分空中放伞（主轮接地前）、主轮接地时放伞和前轮接地后放伞三种使用方式。

1）空中放伞

空中放伞是指飞行器由下滑转至平飞段后，在离地面 0.5～1.0 m 高度时，抛出阻力伞，使阻力伞在空中打开。空中放伞提前使用了阻力伞减速，可以显著缩短滑跑距离。空中放伞只适用于上伞舱布局，且对放伞时机要求很高，飞行员驾驶着陆时必须准确无误地操作。空中放伞方式工作过程如图 8-8 所示。

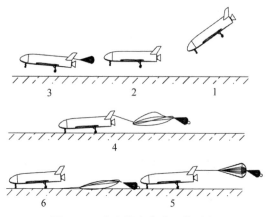

图 8 - 8　空中放伞方式工作过程

1—下滑；2—拉平；3—离地 0.5 ~ 1.0 m 打开伞舱门放出引导伞；

4—引导伞拉出主伞并张满；5—主伞张满减速；6—丢掉阻力伞

2）主轮接地时放伞

在主轮接地后在前轮尚未接地时，打开阻力伞舱门，放出阻力伞工作。优点是能够较好地缩短着陆滑跑距离，但只适用于上伞舱安装布局。主轮接地放伞减速工作过程如图 8 - 9 所示。

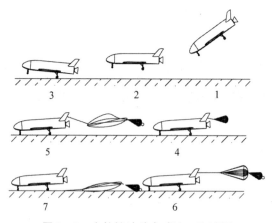

图 8 - 9　主轮接地放伞减速工作过程

1—飞机下滑；2—平飞；3—飘落；4—引导伞抛出并充气；5—引导伞拉直伞系统；

6—主伞衣充气张满；7—丢掉阻力伞

3）前轮接地后放伞

在主轮和前轮均接地后，打开阻力伞舱门，放出阻力伞工作。优点是安全平稳可靠，缺点是滑跑距离较长，是目前常用的方式，适用于各种阻力伞安装布局，且下伞舱安装布局只能采用此放伞方式。前轮接地后放伞减速工作过程如图 8 - 10 所示。

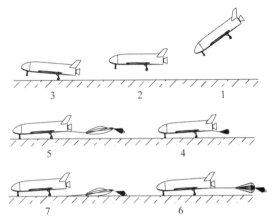

图 8 - 10　前轮接地后放伞减速工作过程

1—飞机下滑；2—平飞；3—主轮接地；4—前轮接地抛引导伞；5—引导伞拉直主伞张满；

6—主伞衣充气张满减速；7—丢掉阻力伞

8.2.2.3　出伞方式

阻力伞的出伞方式可分为：直接弹射主伞；弹射引导伞，由引导伞拉出主伞。其中引导伞也有两种开伞方式：

一种是顺拉法，即先拉伞衣，再循序拉直伞绳和连接带。顺拉开伞，开伞快，可以缩短着陆滑跑距离，但开伞载荷系数较大。

另一种是倒拉法，即先拉伞包和连接带，然后依次拉出伞绳和伞衣。倒拉开伞，开伞缓慢，开伞时动载较小，但对缩短滑跑距离不利。

8.2.3　多伞系统

对于水平着陆的空天飞行器，采用多伞系统是增加阻力特征面积的有效方法，多伞系统具有以下特点：

1）阻力系数损失

群伞阻力系数的损失是群伞设计中必须考虑的一个因素。在群伞系统中，由于单一降落伞偏离中心轴线、伞间气动力的干扰及伞间碰撞的存在，使得群伞系统的阻力面积存在损失现象。通常用群伞效率因子描述群伞阻力系数的损失，根据国内外空投试验数据及仿真研究，群伞的阻力系数介于 0.80 ~ 0.95。

2）开伞不同步对开伞载荷的影响

由于群伞系统中单个伞的开伞过程无法做到完全同步，故群伞的最大开伞载荷小于单伞的最大开伞载荷之和。

采用多伞系统与相同阻力面积的单伞系统相比，开伞力要小，因此多伞系统具有减小最大开伞力的效果，减小对飞机的冲击力。但是开伞不同步的存在，会导致单一降落伞的设计载荷提高。

■ 8.3　性能表征

8.3.1　阻力特征面积

阻力特征面积是表征阻力伞减速性能的重要指标参数，是与任何伞形都无关但有实际物理意义的物理量，在制定着陆减速方案时确定。

当定量描述阻力伞指标参数时，通常定义阻力伞的名义面积 S_0 作为参考面积，以名义面积作为参考面积的阻力系数记为 C_D，与伞形结构、流体特性及相对流体速度等因素有关。除部分平面形伞的伞衣面积与名义面积相等外，大部分伞形是不等的。

阻力特征面积 S_D 是伞衣名义面积与其气动阻力系数的乘积，表示为

$$S_D = S_0 C_D \qquad (8-1)$$

8.3.2　摆动角

阻力伞是在飞行器尾部工作，受尾流、发动机气流、地面效应、侧风等影响严重，工作环境恶劣。若阻力伞工作不稳定，将影响飞行器的着陆安全。阻力伞的稳定性通过摆动角来表征，即阻力伞在工作过程中相对理论稳定位置的摆动角度，一般上摆角在 15° 以内，左右摆角为 10°，下摆角在 5° 以内。

8.3.3　开伞动载

稳定状态单个阻力伞产生的气动阻力为

$$F = qS_{\mathrm{D}} = \frac{1}{2}\rho V^2 S_{\mathrm{D}} \qquad\qquad (8-2)$$

式中：q——阻力伞动压；

　　　ρ——大气密度；

　　　V——飞行器滑跑时气流相对阻力伞速度。

阻力伞的最大开伞载荷

$$F_{\mathrm{kmax}} = (n - 1 + k_{\mathrm{d}})F \qquad\qquad (8-3)$$

式中：n——多伞系统伞衣数量，$n=1$ 时即单伞；

　　　k_{d}——动载系数。

最大开伞动载值直接影响到阻力伞的结构强度、机身结构承力及飞行器的滑跑稳定性，一般要求阻力大而开伞动载低。动载系数与开伞时间、开伞方法、织物透气量、连接带刚度特性等有关，可以通过增加织物的结构透气量、延缓开伞时间、使用伸长率大的材料作连接带、用倒拉法开伞或采用多伞制等措施来实现。

8.3.4　质量和体积

阻力伞的质量和体积之间影响到飞行器的质量、重心位置及机体内的结构空间。在保证性能和指标的前提下，应尽量减轻质量和减小体积。一般阻力伞的包装密度在 0.3~0.6 kg/L，较高的包伞密度可通过包伞机辅助包装。

8.3.5　使用寿命

阻力伞的使用寿命取决于使用条件和储存环境。空天飞行器一般无重复使用次数要求。飞机阻力伞一般使用次数在 30~50 次，使用、储存、运输、保管期为 8~10 年。

8.3.6　可靠性设计

阻力伞子系统的工作必须安全可靠。可靠性的高度是通过分配到伞系统各部件的可靠性来实现的，因此各部件也应采取相应的可靠性措施。

为确保阻力伞的可靠连接，应在舱盖、挂锁等机构环节设置传感器进行状态监测，或者能够观察的窗口。

在阻力伞的可靠性设计中，通常采用以下手段：

（1）采用成熟技术。

（2）保证设计系数。阻力伞各产品、零部件的安全系数均不小于1.5，重要承力件的安全系数不小于2.0。由于阻力伞的制作材料多为非金属特纺材料，在特纺材料的缝纫、连接等加工环节会有阻力系数的损失，考虑到阻力伞的工作特点，许用强度系数综合考虑了缝合效率、磨损、潮湿、疲劳、温度、真空、不均匀载荷、汇交角等各种影响材料强度损失的因素后，许用强度系数一般取为0.65。设计系数为安全系数与许用强度系数的比值，一般为2.3，重要承力件为3.0。

（3）为确保阻力伞的可靠连接，针对不容易检测的项目，可在舱盖、挂锁等机构环节设置传感器进行状态监测，或者能够观察的窗口。

8.3.6.1 可靠性评估方法

阻力伞工作主要承受气动载荷，其可靠性受材料性能、加工、包装、装配等多因素影响，在各环节中存在许多不可量化、难以精确量化的人为因素，因此在降落伞的可靠性评估中，首先需要假设所有的原材料均符合设计要求，加工、包装、装配严格按照设计工艺进行，仅从阻力伞结构强度的角度来分析阻力伞的结构强度可靠性，融合阻力伞结构强度数据信息和试验信息来计算阻力伞的可靠性。

8.3.6.2 可靠性试验

阻力伞的可靠性试验包含可靠性验收试验与可靠性鉴定试验，典型试验项目如表8-1所示。

表8-1 阻力伞可靠性试验

序号	试验项目	试验性质	试验方法	试验时机
1	金属连接结构强度抽检试验	可靠性验收	静力拉伸试验	产品批生产结束后
2	特纺材料性能复验	可靠性验收	静力拉伸试验	产品批生产开始前

续表

序号	试验项目	试验性质	试验方法	试验时机
3	阻力伞强度试验	可靠性验收	风洞、高塔投放、空投	产品加工完成
4	开伞程序试验	可靠性验收	风洞、高塔投放、空投	产品加工完成
5	寿命试验	可靠性鉴定	静力拉伸、风洞、空投	储存期满

8.4　伞型设计

8.4.1　十字形伞

十字形伞的伞衣由两个相同的矩形织物面垂直连接而成，形成一个有 4 个相同矩形幅的十字形平表面，如图 8-11 所示，伞绳连接在 4 个矩形幅的外边缘，有时在相邻矩形幅的幅角之间用扎绳或透气性大的尼龙纱连接，可以防止矩形伞衣幅翻转或者伞绳缠绕伞衣。

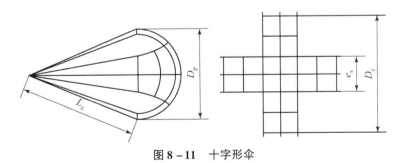

图 8-11　十字形伞

十字形伞稳定性好，摆动角小，一般为 0° ~ ±3°，阻力系数为 0.65 ~ 0.75，开伞动载系数为 1.15 ~ 1.20，制造工艺较简单，是空天飞行器、飞机和空投武器等常用的阻力伞伞型。十字伞对结构的对称性要求尤其严格，设计及加工时的公差带应从严控制，否则容易旋转。

影响十字形伞性能的主要参数是臂长比（长与宽的比值），一般大质量比系统的臂长比取值大于 3，小质量比可以小于 3。

名义面积：$S_0 = 2D_c e_s - e_s^2$；

臂长比：$D_c / e_s = 3.0 \sim 3.8$；

伞绳长度：$L_e = (0.77 \sim 1) D_c$。

当给定阻力特征面积后，再通过设定臂长比，可估算初伞衣展开结构直径 D_c，进而估算出伞衣充满投影直径 $D_p = 0.55 D_c \sim 0.65 D_c$，以评估阻力伞在摆动时是否擦地。

8.4.2　环缝伞

环缝伞伞衣由若干同心宽织物带组成，伞衣呈锥形或平面圆形。外形似圆形伞上开了几圈环形缝，故称为环缝伞，如图 8-12 所示。

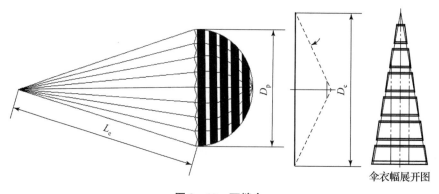

伞衣幅展开图

图 8-12　环缝伞

环缝伞的稳定性较好，偏摆角 $\pm 5° \sim \pm 10°$。环缝伞结构透气量（总缝隙面积与伞衣表面积之比）一般为 $10\% \sim 20\%$。因结构透气量大，开伞缓慢，阻力系数较小，一般为 $0.51 \sim 0.65$，平均值为 0.55，开伞动载系数为 $1.05 \sim 1.10$。它的工艺性较好，成本低，是空天飞行器、飞机阻力伞和牵引伞的常用伞形。

伞绳长度：$L_e = (1.43 \sim 1.50) D_c$。

8.4.3　带条伞

带条伞与环缝伞类似，伞衣由多条同心带条组成，在展开状态下为多边锥形或平面多边形,充满后接近于半球形,如图 8-13 所示。通常所谓的带条伞一般采用等宽度和等缝隙结构,宽度在 6 cm 以下的窄带条。在伞顶孔口和伞衣底边处有加强带,伞衣幅呈三角形。

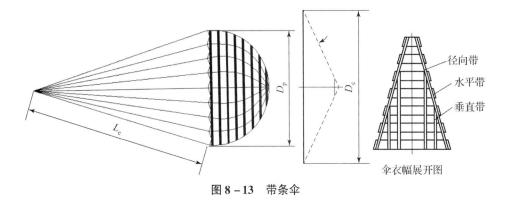

图 8-13　带条伞

带条伞结构透气量一般为 0.15~0.30。因结构透气量大,稳定性较好,平均摆动角为 ±5°,无限大质量下开伞动载系数约为 1.05,承载能力强。但充气缓慢,阻力系数低,一般仅为 0.45~0.50。带条伞的工艺性要求高,必须保证有良好的对称性,否则伞衣容易旋转。

8.4.4　常用伞型性能参数

常用阻力伞伞型性能参数如表 8-2 所示。

表 8-2　常用阻力伞伞型性能参数

| 类型 | 结构形状 | | | 充满形状 | 阻力系数 | 开伞动载系数 | 平均摆动角 |
	平面图	侧面图	D_c/D_0	D_p/D_0	C_D 范围	k_d	/(°)
十字形伞	✚	——	1.15~1.19	0.66~0.72	0.66~0.75	1.15~1.20	0~±3
环缝伞	◎	- - - - -	1.00	0.67~0.70	0.51~0.65	1.05~1.10	±5~±10

续表

| 类型 | 结构形状 | | 充满形状 | 阻力系数 | 开伞动载系数 | 平均摆动角 |
	平面图	侧面图	D_c/D_0	D_p/D_0	C_D 范围	k_d	/(°)
平面带条伞	◎	- - - - -	1.00	0.67	0.45 ~ 0.50	≈1.05	0 ~ ±5

注：D_c 为伞衣展开结构直径，D_0 为名义直径，D_p 为伞衣充满投影直径，C_D 为对应名义面积的阻力系数，k_d 为无限质量条件下开伞动载系数

8.5　阻力伞材料及选用

阻力伞是气动减速装置核心组成，基本上采用低成本合成纤维制造，较少采用棉、丝、毛、麻的天然纺织纤维，只有极少金属件等。合成纤维比较柔软而有弹性，能承受拉伸、剪切、扭转和反复应力，具有适当的长度、细度和化学稳定性等性能。而制造阻力伞的纤维熔点要高，热稳定性要好，防腐、相对密度小、强度高、柔软、易包装等。阻力伞对材料有透气量、强度、弹性模量、耐热、耐辐射等要求，需要根据使用环境和工况选择具体零部件的材料。

8.5.1　合成纤维材料

合成纤维具有强度大、质量轻、弹性好、耐磨、不霉、不蛀、耐酸碱等优良特性，目前已成为降落伞应用最重要的材料。其中锦纶、芳纶、聚乙烯（Poly-Ethene，PE）、涤纶等是制造阻力伞最主要的原材料。

1）锦纶

锦纶为聚酰胺纤维，是工业化生产最早的合成纤维，产量仅次于涤纶，原料广泛易得，是降落伞使用最广泛的一种材料，常用的有锦纶 6、锦纶 66。具有以下特点：

柔性好：大分子上含有酰胺键（—CONH）和氨基（—NH₂），大分子的柔曲性较好，因此织物柔性好、伸长能力较强；锦纶 6 的伸长率为 16%~60%，锦纶 66 的伸长率为 16%~70%。

相对密度小：锦纶纤维的相对密度较小，约为 1.14 g/cm^3。

强度高：锦纶 6 的断裂强度为 3.8~8.4 cN/dtex，锦纶 66 的断裂强度为 3.1~8.4 cN/dtex，远高于天然纤维。其湿强度达到干强度的 80%~90%，湿度对锦纶强度影响不大。

耐磨性：锦纶耐磨性好，高于一切天然纤维，为棉的耐磨性的 10 倍，为粘胶纤维耐磨性的 50 倍。

化学性能稳定：锦纶不发霉，不虫蛀，稀酸对其无影响，耐碱性好，在室内自然条件下保管，性能较稳定。

耐热性：锦纶耐热性能较差，锦纶 6 的安全使用温度为 93 ℃以下。锦纶 66 的安全使用温度为 130 ℃以下，遇火种易产生融孔。

耐辐照性能：锦纶材料耐受原子氧和紫外辐照的能力较低，紫外辐照的能量可以使得锦纶 66 中的大部分化学键断裂，造成材料力学性能的退化；原子氧使得锦纶 66 中的碳链骨架易发生氧化反应使材料的力学性能退化。

2）芳纶

芳纶为芳族聚酰胺纤维材料，分为间位芳纶纤维（如 Nomex）、对位芳纶纤维（如 Kevlar）、杂环芳纶（芳纶Ⅲ），芳纶具有以下特点：

强度高：芳纶具有极高的强度，抗拉强度可以达到锦纶的 3~4 倍。使用芳纶代替锦纶材料，在相同的强度下，降落伞的质量和体积可以减小近一半。

耐热性好：芳族聚酰胺纤维不熔融，从火源离开能自熄，安全使用温度在 220 ℃以下。

芳纶具有强度高和耐热性好的特点，使得其在高性能降落伞中得到广泛应用。然而芳纶的延伸率低，耐冲击性能较差，不耐摩擦，一定程度上限制了其在阻力伞中的使用。

3）聚乙烯

聚乙烯简称 PE，其纤维密度仅为 0.97 g/cm^3，是目前拉伸强度最高的纤维之一。具备强重比高、耐磨、耐冲击、化学性能稳定等优良性能，由于其杨氏模量高，断裂伸长率较其他特种纤维高，断裂功大，多被作为降落伞伞绳的使用材料。

耐热性能差，安全使用温度在 70 ℃以下，限制了其在高温和高速摩擦下的使用。

4）涤纶

涤纶为聚酯纤维，简称 PET。其强度高、模量高、吸水性低，耐磨性及尺寸稳定性好。

降落伞常用高强合成纤维及其性能介绍如表 8 - 3 所示。

表 8 - 3　降落伞常用高强合成纤维及其性能介绍

名称	分类	密度 /(g·cm⁻³)	强度 /(g·d⁻¹)	安全使用温度	常用国外商品名
聚酰胺（锦纶）	锦纶 6	1.14	7.5~10.0	安全使用温度 93 ℃，熔点 215 ℃	Nylon 6
	锦纶 66	1.14	8.0~11.5	安全使用温度 130 ℃，熔点 250 ℃	Nylon 66
聚酯（涤纶）	—	1.38	6.5~9.6	150 ℃以下加热 168 h 后，强度损失不超过 3%；熔点 255 ℃	Dacron
超高强聚乙烯（PE）	—	0.97	32.0	80 ℃，强度保持率 78%；熔点 145 ℃	Spectra、Dyneema
芳香族聚酰胺（芳纶/芳Ⅲ）	对位芳纶	1.44	20.3	长期使用温度 220 ℃，400 ℃以上开始烧焦	Kevlar、Twaron
	杂环芳纶	1.39	22.0	点燃温度 500 ℃	Technora

8.5.2　阻力伞选材

因阻力伞含有较多非金属材料，在空天飞行器飞行过程中，受低温环境和高温气动热环境影响，在减速着陆过程中，还可能受尾喷高温热气流的影响，阻力伞各部分组成要按照各特定的功能、用途要求选择材料，根据其作用、功能只需满足某几方面的性能。总的说来，对纺织材料的一般要求是：强度高、质量轻、抗撕裂、弹性好，伸长量、透气量适当，抗灼伤，耐高温，抗老化，抗水，抗微生物，还要求柔软耐磨，化学性能稳定，成本低，缝合性能好。对具体某一个零部件，不需要也不可能同时满足上述所有性能。

阻力伞各主要部件选材（非金属）如表 8 – 4 所示。

表 8 – 4　阻力伞各主要部件选材（非金属）

序号	部件	性能要求	常用材料	备注
1	引导伞	质量轻、弹性好、透气量小、柔软光滑	锦纶丝绸	
2	伞包	坚固耐用、强度大、光滑、耐磨、抗冲击、耐热、防水、摩擦系数小	棉织物	
3	伞衣	耐温、防灼、耐摩擦、适量的透气量	锦纶绸、涤纶绸或芳纶绸	
4	伞绳	强度大、质量轻、耐温、防灼、弹性好、伸长均匀	锦纶、涤纶或芳纶绳	
5	加强带	强度大、质量轻、耐温、防灼、弹性好、伸长均匀	锦纶、涤纶或芳纶带	
6	连接绳	强度大、耐高温、伸长量大、耐摩擦	锦丝带、芳纶带	

■ 8.6　地面试验

试验可分为功能试验和性能试验两种。功能试验（定性试验）的目的是要验证一个部件（或系统）是否按照预定的方式工作。性能试验则是为了测定试验对象（或各种比较对象）在一定的工作条件范围内具体的性能特性。通常阻力伞进行以下各种试验。

8.6.1　风洞试验

风洞试验可以测定伞衣的阻力系数、稳定性、临界充满速度、开伞动载、内外压力分布等气动特性。还可以研究织物透气量、伞衣结构形式、伞衣结构参数等对伞衣气动特性的影响。

风洞试验的主要缺点是风洞的尺寸有限，一般参试产品要做成缩比模型才能在风洞中试验，所能获得的最大速压也有限。

8.6.2　拖曳试验

阻力伞系统在跑道上做滑行放伞或着陆放伞的拖曳试验，便于更精确地测定阻力伞在真实工作条件下的工作特性。按工作内容对飞机进行改装，安装示波器、记录仪、电源等设备，并将测力传感器接在连接绳索上，以便测量阻力伞的最大开伞力、阻力。按照统一时标，测量开伞速度以及速度随时间变化关系。用高速摄影或录像还可测开伞时间、阻力伞的工作程序、稳定性以及由于增阻而使飞机减速的程度。为特定飞机研究的特定阻力伞，其开伞特性、工作特性及性能参数的鉴定，按以上方法在相应飞机上做鉴定试验。

8.6.3　环境模拟试验

阻力伞要经历工作期间的各种环境，包括运输、储藏、使用前的准备和使用后的修复或整修等各个后勤阶段，工作所处的环境从一般使用条件要扩展到高温、低温、高湿、振动、盐雾、霉菌等。产品材料均要在实验室内按标准进行检测试验。

8.6.4　高塔投放试验

高塔投放试验是指将降落伞及伞包装置置于高塔上，通过自由落体来观察降落伞充气、稳降整个过程的试验方法。高塔投放试验可通过图像采集、数据处理的方法获得降落伞的阻力面积。试验原理示意图如图 8 - 14 所示。

8.6.5　空投试验

考虑外界环境对阻力伞的影响，空投试验能测定有关系统数据。可以使用运输机、直升机等空投测其开伞时间、开伞程序、阻力系数、稳定性等，或用轰炸机空投做开伞冲击的强度试验。

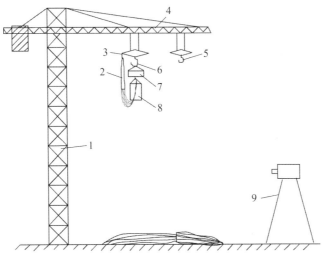

图 8-14　降落伞高塔投放试验原理

1—塔架；2—主伞；3—拉断绳；4—塔臂；5—副钩；6—主钩；7—投放装置；8—配重；9—高速摄像

■ 参考文献

[1]《飞机设计手册》总编委会编．飞机设计手册——第 14 分册［M］．北京：航空工业出版社，2002．

[2] 王利荣．降落伞理论与应用［M］．北京：宇航出版社，1997．

第9章
监测与控制技术

飞行器起飞和着陆过程具有强实时性和强干扰性，着陆减速系统在此过程中发挥重要作用，是一个相对独立的完整而又复杂的系统。着陆减速系统包含的运动机构类单机数量多、关联紧密、逻辑关系复杂，需要监测多种工作状态，交叉信息传递与决策，协同控制机构运动，甚至嵌入特定的控制算法。监测与控制技术是飞行器着陆减速系统的核心关键技术之一。

■ 9.1 系统功能与组成

前面相关章节已经介绍，着陆减速的操纵系统主要经历了机械液压式、电传液压式和全电式等几种形式和阶段。

在机械液压式（也包括气压式）操纵技术阶段，由于主要控制功能是起落架收放、锁定与解锁控制，只需要通过简单的模拟驱动电路控制液压电磁阀的换向或通断以及电液伺服阀和比例液压阀，没有形成完整的控制系统。

在电传液压式操纵技术阶段，监测与控制系统才真正发展起来并应用成熟，用于操纵信息的电信号采集、传递和处理，通过控制液压电磁阀的换向或通断，以及电液伺服阀和比例液压阀，实现前轮转弯操纵和刹车制动控制等功能。但实际应用中这些功能控制器往往是独立设置的，工作模式切换和协同工作性能较差。目前正在向综合化、集成化方向完善。

随着全电式（EHA 和 EMA）操纵技术和先进着陆控制技术的发展，监测与控制系统的功能由控制液电阀转变为伺服电动机和更完善的系统状态和健康监测、高性能伺服控制、智能协同控制、自适应着陆控制等，监测与控制系统必然向综合化、集成化方向发展。

9.1.1　系统功能

监测与控制系统用于与飞行控制系统的信息交互，接收操纵指令，反馈执行控制结果，并将系统监测数据传递至数据管理系统。监测与控制系统对系统单机工作状态实时监测，根据指令或自动执行起落架收放和舱门开闭、动态刹车调节、前轮转弯操纵，以及阻力伞的弹出和抛掉。对工作过程中的故障进行诊断和隔离，保证预定性能或功能安全。具体功能包括：

1）信息交互和程序控制

准确接收和及时响应执行飞行控制系统的指令，对起飞和着陆过程中的复杂工作程序进行控制，使各部分动作协调有序，避免机构运动干涉，反馈系统的主要工作状态和指令响应执行信息，是着陆监测与控制系统的基本功能。通常还将系统内部单机的工作过程响应、健康状态等全部监测信息传递至数据管理系统记录，供飞行后开展分析和研究。

2）状态监测与容错信息处理

对着陆减速系统各功能组件的工作状态进行监测，包括起落架和舱门的收上或放下到位状态、开/闭锁状态、起落架接地/离地状态、机轮转速、前轮转弯角度等，含液压系统装置的油压、温度，胎压及结构应力与疲劳等健康监测。有时，对关键状态还要采用同构或异构传感器进行冗余监测，并对监测信息进行容错处理或逻辑判断，得出最终的状态监测信息。

3）故障诊断与隔离

根据状态监测信息对系统的故障情况进行诊断，并发出故障信息，通过系统余度管理，对故障单元进行隔离，使系统的性能不降低或功能不丧失，保证起飞或着陆过程中飞行器的安全性。

4）起落架收放和舱门开闭

接收飞行控制系统的指令，控制起落架和舱门的有序收放或开闭。对于电传液压式收放系统，主要是通过控制液压电磁阀的换向或开闭，实现起落架收放或上锁/解锁或舱门开闭。对于全电作动器（EHA 或 EMA），主要是通过控制伺服电动机的转速和方向，或者同时控制液压电磁阀换向，实现起落架收放或上锁/解锁或舱门开闭动作。

5）刹车制动控制

在着陆滑跑阶段，能够根据指令或自动对起落架主机轮实施刹车制动控制，减小滑跑速度，或对主机轮的刹车力动态调节，通过差动刹车实现滑跑航向纠偏功能。

6）转弯操纵控制

在起飞或着陆滑跑阶段，能够根据指令或自动对前起落架机轮进行偏转角度控制，实现滑跑航向纠偏；在地面机动时，能够通过前起落架大角度转弯操纵，实现飞行器的地面机动。

7）阻力伞的弹出和抛伞

在着陆滑跑过程，能够根据指令或自动弹出阻力伞，使阻力伞快速产生气动阻力，以降低飞行器的滑跑速度，从而降低刹车装置的能量，提高其使用寿命；当滑跑速度降低至既定值后抛掉阻力伞，以排除地面操纵干扰并可重复使用。

对于有人机，还应包括操纵信号的采集处理，以及状态信息的显示。

9.1.2 系统组成结构

9.1.2.1 分散控制结构

从飞机的发展过程来看，其飞行操纵系统经历机械液压式、电传液压式，以及模块化多电式等发展阶段。着陆减速系统的起落架收放与开闭锁、前轮转弯操纵、机轮刹车制动等操纵控制技术也是如此。采用机械液压式操纵的系统，由于上述功能是独立的，操纵控制分散在各专业，因此在电传液压式操纵控制发展的早期，也延续这种分散的结构形式。

1）起落架和舱门收放及开闭锁

起落架和舱门收放及开闭锁，由于只需控制换向型和开关型两类电磁阀，控制方式为开关式，电磁阀驱动器的电子元器件相对简单，故一般不单独设置控制器。

2）前轮转弯操纵控制

典型的电传液压式前轮转弯操纵与减摆系统控制结构如图 9 - 1 所示，其控制器用于将机械操纵信号转成电信号，并控制液压执行元件工作，实现系统功能。

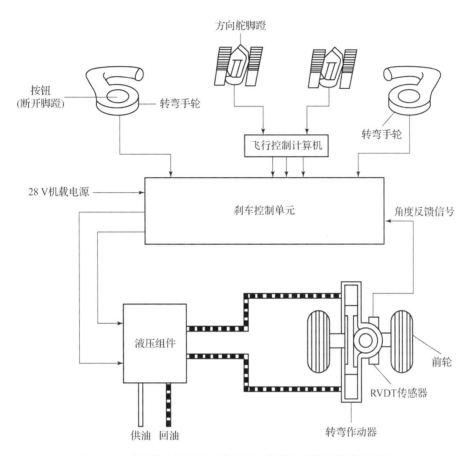

图 9 – 1　典型的电传液压式前轮转弯操纵与减摆系统控制结构

3）主机轮刹车控制

电传液压式刹车控制系统结构如图 9 – 2 所示。

4）阻力伞弹出和抛掉

对于有阻力伞的减速系统，监测与控制系统还负责阻力伞的弹出和抛掉。空天飞行器一般采用火工品，由监测与控制系统完成火工品的起爆。

9.1.2.2　综合控制结构

随着功率电传操纵技术和起降控制技术的发展，在起飞前和着陆后的地面滑跑过程中，前轮转弯操纵、主轮刹车控制、起落架与舱门收放与开闭锁等功能向综合化和智能化的方向发展，以形成完善的、自动化的地面操纵系统，并有望解决在强侧风和湿滑跑道上的使用操纵问题。

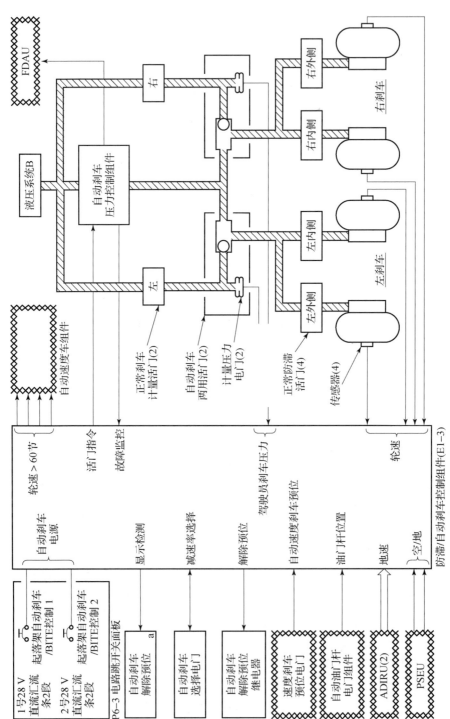

图 9 - 2　电传液压式刹车控制系统结构

　　通过着陆综合控制系统，可以提高着陆系统的集成化、信息化和智能化程度，能够实时获得各设备工作状态信息，确认交叉保护功能、防滑功能以及差动刹车功能是否启用等，设置不同的前轮操纵模式，便于故障检测和隔离，实现前轮转弯和主轮防滑刹车的系统交联及协同综合控制，提高了地面机动操纵性能、可靠性、安全性和舒适性，确保起飞和着陆滑跑安全。

　　此外，随着传感器技术的微小型化和无线传输化等的发展，健康监测传感器逐渐应用到着陆减速系统，用于监测液压系统压力、结构应力、温度、损伤及胎压等，提高健康监测水平和系统性能。

　　监测与控制系统的综合控制结构如图 9 - 3 所示。

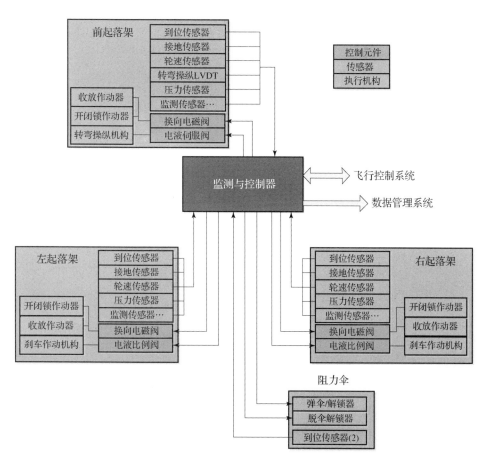

图 9 - 3　监测与控制系统的综合控制结构（电液式）

随着模块化全电式操纵 EMA 和 EHA 技术的应用，功率电传作动器取代液压作动器，被控元件由电磁阀、伺服阀变为伺服电动机，监测与控制系统的综合控制结构演变为如图 9 - 4 所示。

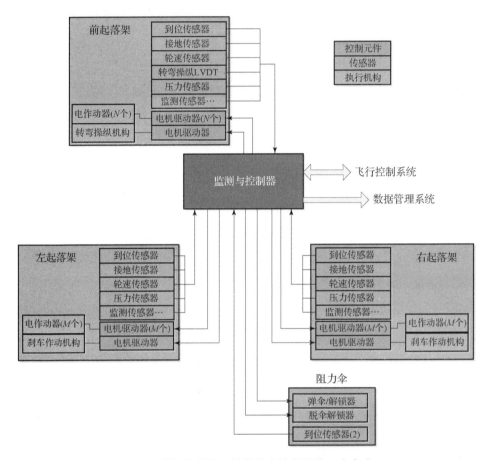

图 9 - 4　监测与控制系统的综合控制结构（全电式）

适用于气压能源操控的监测与控制系统包括传感器组、驱动控制器和连接电缆。直接控制对象为执行机构，包括开关作动器、伺服作动器和火工装置；间接控制对象为高压气瓶和阻力伞；最终控制对象为起落架。每个起落架配备一套气动传动装置。

适用于液压能源操控的监测与控制系统包括传感器组、驱动控制器和连接电缆。直接控制对象为执行机构，包括开关作动器、伺服作动器、伺服电动机驱动和火工装置；间接控制对象为液压装置和阻力伞；最终控制对象为起落架。每个起落架配备一套液压传动装置。

适用于机电能源操控的监测与控制系统包括传感器组、驱动控制器和连接电缆。直接控制对象为执行机构，包括伺服电动机驱动和火工装置；间接控制对象为伺服机构和阻力伞；最终控制对象为起落架。

传感器组用于位置监测、触地监测、转向角度监测、转速监测和压力监测。阻力伞上安装的弹伞器 LVDT 和脱伞器 LVDT 监测火工装置（弹伞器和脱伞器）的位置状态；三个起落架上安装的上位锁传感器和下位锁传感器用于监测起落架收放是否到位；收放 LVDT 监测三个起落架收放位移；触地传感器捕获三个起落架各自的触地瞬间；操纵 LVDT 为前起落架的转向角监测传感器；轮速监测传感器分别监测两个主起落架机轮的转速；高压传感器和低压传感器为气压能源操控和液压能源操控所特有的传感器类型，用于监测气压和液压管路出口和入口处压力。

驱动控制器包括电源模块、控制模块、信号调理模块和驱动模块。电源模块将一次电转换为单机内部所需二次电；控制模块根据传感器采集信息结合控制流程给驱动模块输出控制指令；信号调理模块采集传感器信息，对信号进行滤波变换；驱动模块接收控制指令，输出驱动信号，驱动执行机构完成相应动作。不同的执行机构对应不同的驱动模块，因此针对不同的控制能量源模式分类，驱动控制器的设计会有所不同。

监测与控制系统的直接控制对象为执行机构，对于不同的控制能量源模式除阻力伞模块外将会匹配不同的执行机构。阻力伞模块的执行机构为火工装置：阻力伞弹伞器和阻力伞脱伞器，用于弹射阻力伞，并在航天器减速至一定值时控制减速伞脱离。三个起落架的执行机构根据控制能量源模式分类具有不同的形式。气压能源操控时，三个起落架分别配备一套完整的气动作动装置，起落架的执行机构为开关作动器和伺服作动器。三个起落架同时配有收放开关作动器、气瓶开关作动器，前起落架单独配备了前轮转向伺服作动器，两个主起落架分别配备了刹车伺服作动器；同样的液压能源操控时，三个起落架分别配备一套完整的液压作动装置，起落架的执行机构为开关作动器、伺服作动器和伺服电动机驱动。三个起落架同时配有收放开关作动器、伺服电动机驱动，前起落架单独配备了前轮转向伺服作动器，两个主起落架分别配备了刹车伺服作动器；机电能源操控起落

架配备的执行机构为伺服电动机，包括直线位移伺服电动机和角位移伺服电动
机，直线位移伺服电动机用于起落架收放和机轮刹车，角位移伺服电动机用于前
起落架的转向。

■ 9.2　操纵对象原理

9.2.1　气液开关作动类

气压、液压驱动的起落架收放作动筒、舱门作动筒、上下位锁的收放控制，
其主要控制元件是电磁阀，如图9-5所示。电磁阀的电气原理为电磁线圈，只
需加一个定值电压/电流即可。

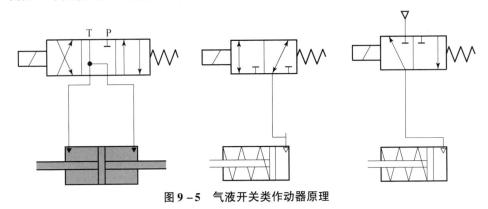

图9-5　气液开关类作动器原理

9.2.2　气液伺服作动类

液压驱动的前轮转弯、刹车的伺服控制，主要控制元件是伺服阀、电液比例
阀。气液伺服阀、电液比例阀与电磁阀的电气原理相似，但控制电流是时变的，
其专用驱动电路要复杂得多。

9.2.3　伺服电动机驱动类

集成电液式和机电式的收放作动器、前轮转弯、刹车等控制，主要控制对象
是伺服电动机，其核心是电机驱动器（电机控制单元）。典型的EHA控制系统如
图9-6所示。

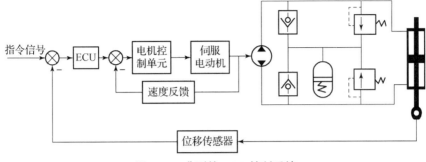

图 9 - 6　典型的 EHA 控制系统

9.2.4　组合控制类

所谓组合控制类，是针对一类阀控的集成电液伺服系统，其中既有伺服电动机的控制，又有伺服阀的控制。

▪ 9.3　监测传感器

空天飞行器着陆减速系统的运动机构类产品多，在工作过程中需要对其工作状态进行监测或实时测量，用到各类传感器。

9.3.1　传感器类型

9.3.1.1　到位检测

到位检测是在空天飞行器着陆系统中应用最普遍的一类，用于检测机构的运动状态是否到位，包括舱门关闭到位、起落架收上/放下到位、机轮触地（机轮承载）/离地、上下位锁的开锁/解锁、阻力伞舱盖打开、抛伞等状态的到位检测，通常采用到位传感器。其通常安装在扭力臂、上位锁、下位锁等位置。

到位传感器包括接触式和非接触式两大类。

接触式到位传感器常采用行程开关，即利用机械运动部件的碰撞使其触头动作来实现接通或关断。

非接触式到位检测传感器又主要分为电涡流式和电容式。

电涡流式到位传感器又称电感近位传感器，其利用磁场间的能量耦合实现对被测量的检测，属于一种开关量输出的位置传感器。电涡流式接近开关由 LC 高频振荡器、开关电路及放大输出电路组成。其中振荡器是由缠绕在铁氧体磁芯上的线圈构成的，当线圈有电流通过时，在其感应面前方产生一个高频交变的电磁场，当外界的金属性导电物体接近这一磁场并到达感应区时，在金属物体内会产生涡流，从而导致 LC 振荡电路振荡减弱，振幅变小。振荡变化引起内部电路参数发生变化，被后置电路放大处理从而达到非接触式目标检测。电涡流接近传感器一般要用导磁金属材料靶标辅助检测，安装位置和间隙有自身要求。如图 9 - 7 所示。

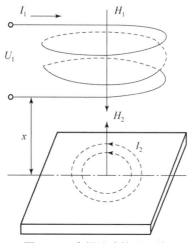

图 9 - 7　电涡流式接近开关

电容式接近开关的测量头是构成电容器的一个极板，另一个极板安装在移动物体上，当移动物体移向另一块极板（测量头）时，接近开关的介电常数发生变化，使得与测量头相连的电路测量值发生变化，由此产生状态变化的信号，如图 9 - 8 所示。这种传感器容易受到油污灰尘的影响而产生误信号。

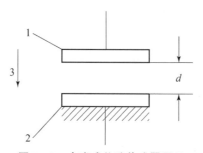

图 9 - 8　电容式位移传感器原理

1—活动极板；2—固定极板

9.3.1.2 直线位置检测

空天飞行器着陆减速系统的作动器比较多，但除了前转弯直线操纵作动器外，一般不对工作过程中的作动位置进行检测。前轮转弯操纵作动器的位移量可以反映机构运动关系，转换为前起落架的转向角度。

直线位移传感器将直线机械位移量转换成电信号，主要类型包括电阻式位移传感器、线性可变差动变压位移传感器（LVDT）、磁致伸缩位移传感器、光电式位移传感器、霍尔式位移传感器和激光位移传感器等。

1）电阻式位移传感器

电阻式位移传感器可以将直线机械位移量转换成电信号，通常将固定电阻两端安装在机械结构上，滑动端跟随机构运动，通过滑动端分压电阻的变化测量作动器运动位置信息。此类传感器测量范围大，结构简单、牢固，但精确度及线性度较低，电噪声大，滑动触点与导电材料相互接触，易磨损。其适用于测量精度要求不高，位移变化不快的场合。

2）线性可差动变压位移传感器

线性可差动变压位移传感器（LVDT）（图 9 - 9），主要由初级线圈、两个次级线圈、铁芯等部分组成。铁芯连接在移动物体上，当铁芯运动时，两个次级线圈产生感应电动势，根据两个感应电动势电压差值得出位移量的大小。此类传感器可将线性很好的差动变压器中段作为工作范围，非线性度可达 0.5%，其结构简单，灵敏度和分辨力较高。

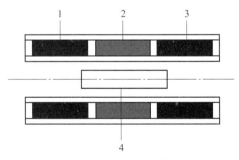

图 9 - 9　LVDT 传感器原理

1—次级线圈 A；2—初级线圈；3—次级线圈 B；4—铁芯

3）磁致伸缩位移传感器

磁致伸缩位移传感器是基于磁致伸缩效应（即铁磁体在被外磁场磁化时，其体积和长度将发生变化的现象)、电磁感应、电子技术等综合技术所研制的高精度位移测量仪表。其结构如图9-10和图9-11所示。

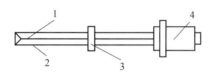

图9-10 磁致伸缩位移传感器组成原理

1—波导丝；2—不锈钢管；3—磁环；4—电子仓

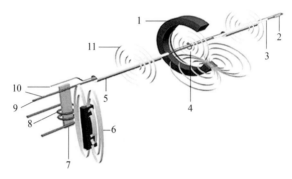

图9-11 磁致伸缩位移传感器结构

1—可移动磁环；2—波导丝阻尼管；3—波导丝防护管；4—波导丝在激励脉冲与外磁场相交互时发生扭曲形变；5—防护套管；6—磁场弧线；7—磁条；8—检波回路线；9—波导丝；10—回路导线；11—激励脉冲形成磁场

磁致伸缩位移传感器由两部分组成：一部分是测量杆，包括磁铁、不锈钢管、波导丝，磁铁套在波导管上可自由活动；另一部分是电子元件头部。

工作时，脉冲产生电路向磁致伸缩波导丝施加一个电流脉冲。该脉冲沿波导丝传播，产生垂直于波导丝的周向磁场。该磁场与磁环产生的平行于波导丝的轴向磁场叠加并形成一个螺旋形磁场。根据磁致伸缩材料的威德曼效应（即铁磁性材料同时受到轴向磁场和周向磁场作用时，会引起材料沿轴向产生一个扭转），它将使磁致伸缩波导线产生瞬时扭转变形，从而形成扭转波，该扭转波以恒定的速度沿波导丝向两个方向传播，传到末端的扭转波被衰减阻尼装置吸收，防止扭转波反射对测量形成干扰。传到电子元件头部的扭转波被换能器接收。根据维拉里效应，磁致伸缩材料在磁场中发生物理形变时会在材料内部引起磁场强度的变化。因此，通过换能器内感应线圈的磁通也将发生改变，则在线圈两端有感应电动势存在，并会被传感器信号处理电路以脉冲的形式检测到。

磁致伸缩位移传感器测量精度高，采用非接触测量，使用寿命长，性能可靠，且安装、维护方便，量程大。但是容易受到电磁干扰，不适合与导磁材料一起使用。

4）光电式位移传感器

光电式位移传感器主要是光栅尺（图 9 - 12），它由标尺光栅和指示光栅组成。使用时两光栅重叠，两者之间有微小的空隙，其中一片固定，另外一片随着被测物体移动而移动，即可实现位移测量。光栅尺利用莫尔条纹的光学放大作用提高灵敏度，分辨力和精确度高，测量范围可按需求延长，容易数字化测量和自动控制；其缺点是对使用环境要求极高，需要密封以防止油污、灰尘等污染，且结构复杂、维护不便。

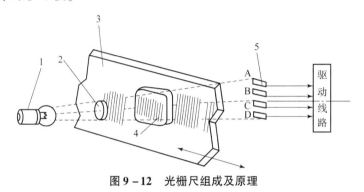

图 9 - 12　光栅尺组成及原理

1—光源；2—透镜；3—标尺光栅；4—指示光栅；5—光电元件

9.3.1.3　转速检测

着陆减速过程中的刹车控制需要实时获得机轮转速。转速传感器主要包括磁电式、电涡流式、磁敏电阻式、霍尔效应式、光电式、电容式等。测速原理比较类似，一般都需要配合导磁齿轮信号盘使用，如图 9 - 13 所示。

磁电式转速传感器一般由永久磁铁和带有线圈绕组的铁芯组成。当信号盘的齿谷/齿顶交替通过带有永磁铁及带电线圈的传感器时，就会产生一个周期性交变磁场，使线圈产生一个正弦感应电压，电压强度及频率与转速有

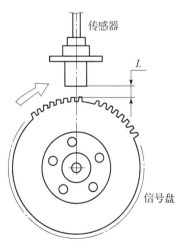

图 9 - 13　各种转速传感器
测速原理

关，转速越高，感应电动势越强。传感器与信号盘之间的安装间隙不宜过大，一般在 0.3~2.0 mm。此类传感器具有安装方便、工作流程简单等特点，应用非常广泛。

霍尔效应式转速传感器指的是通过霍尔效应而研制的磁电转换式传感器。在转动装置中，由于发动机的旋转使得磁信号发生了变化，从而导致磁通量的有规模改变，而霍尔元件可以将电信号转为矩形脉冲信号，具有更强的抗干扰能力，且价格便宜、功耗小、耐腐蚀好；缺点是灵敏度较低，其与齿轮要保持比较近的测试距离。

磁敏电阻式转速传感器是一类以半导体的磁阻效应为基础制成的磁敏元件，具有物理磁阻效应，即在半导体上通一定的电流，并将其放入与电流方向呈 90°垂直的磁场中，会出现电阻变大而电流变小的现象。此类传感器除可测量低水平的转速外，它的灵敏性比较好，信号也比较容易测量，和霍尔效应传感器相比，它的测量范围大，但易受到温度的变化。

光电式转速传感器是以光敏二极管原理为基础制造的电子元件，能够对光强度的变化进行感应和接收。其主要组成包括光敏二极管、光源和检波放大电路等。当光电盘接收到相应的光信号时，相应的光敏二极管将其转化为电信号输出，再根据计数脉冲所得的频率算出其相应的转速。由于光电测量方法灵活多样，可测参数众多，一般情况下具有非接触、高精度、高分辨率、高可靠性和响应快等优点，加之激光光源、光栅、光学码盘、CCD 器件、光导纤维等的相继出现和成功应用，光电传感器得到广泛的应用。

9.3.1.4　管路压力检测

为了保证液压或气压管路的压力在规定范围内，需要对管路工作压力状态进行实时监测。压力传感器类型主要有电容式、压阻式、压电式、谐振式和光探测式等。其中应用最广泛的是电容式压力传感器和压阻式压力传感器。

电容式压力传感器是把被测的压力量变化转换为电容量变化的传感器。电容式压力传感器的敏感部分就是一个具有可变参数的电容器。其最常用的形式是由两个平行电极组成、极间以空气为介质的电容器。一般电容式压力传感器是极距变化型的，其拥有一个可动电极和一个固定电极，可动电极一般是圆形金属薄膜或镀金属薄膜的。当薄膜受到压力而产生形变时，可动电极与固定电极之间的间距发生变化，从而导致传感器的电容量发生变化，通过测量电路可将电容量的变化转换为电流或电压的变化。电容式压力传感器温度稳定性好、结构简单、适应性强、瞬态响应好、可以实现非接触测量；缺点是输出阻抗较高，这使得其负载能力差，同时它的初始电容量很小，而传感器的引线电缆电容、测量电路的杂散电容以及传感器极板与其周围导体构成的电容等"寄生电容"却较大，使得传感器的灵敏度变低，不利于测量。

压阻式压力传感器是利用半导体材料的压阻效应将被测的压力量变化转换为电阻量变化的传感器，其使用掺杂硅作为应变薄膜片。压阻式压力传感器具有体积小、耗电少、无运动部件（敏感元件和转换元件一体）、频率响应高、灵敏度高、精度好、方便与信号调理电路集成等优点。但是，压阻式压力传感器的温度特性差，输出的信号受温度影响很大，需要对测量的原始数据进行温度校准。

9.3.1.5 转向角度检测

空天飞行器的角度测量不多，有时会用在前轮转弯操纵控制系统中。角度位移传感器一般采用磁、电、光等作为信号来测量角度变化，主要包括电磁式角位移传感器、电容式角位移传感器和光电编码器。

电磁式角位移传感器由线圈组合及偏心圆盘构成。线圈组合由一个初级线圈和两个对称的次级线圈组成。偏心圆盘（相当于铁芯）和转轴固定并和被测物体相连。被测物体的转动角度直接反映在偏心圆盘转角上。偏心圆盘处于中间位置时，两个次级线圈磁感应强度相同。偏心圆盘随转轴转动，偏心圆盘转向哪边磁感应强度大于另一边磁感应强度，因此输出信号随着偏心圆盘转动而变化。

电容式角位移传感器用于测量固定部件（定子）与转动部件（转子）之间的旋转角度。它是由三块同轴心且平行的电容极板构成的，即两块固定极板和一块位于两者之间的可自由转动的转动极板。两固定极板分别称为发射电极和接收电极。由于转动极板在发射极板和接收极板之间旋转，因此发射极板与接收极板所组成的 4 个电容随转动极板旋转而变化。电容式角位移传感器因其具有结构简单、测量精度高、灵敏度高、适合动态测量等特点，被广泛应用于工业自动控制、汽车、航天及军事等角度定位监测领域。

光电编码器是一种通过光电转换将输出轴上的机械几何角位移量转换成脉冲或数字量的传感器，由光栅盘和光电检测装置组成，光栅盘是在一定直径的圆板上等分地开通若干个长方形孔。由于光电码盘与被测轴同轴,故被测轴旋转时,光栅盘同速旋转,经发光二极管等电子元件组成的检测装置检测和计数输出脉冲信号的个数,是目前应用最多的角位移传感器之一。它具有体积小、精度高、工作可靠、接口数字化等优点。

9.3.1.6　温度测量

对于液压系统和集成电液的作动器、刹车装置等长时间处于能量吸收状态的温度监测,需要采用温度传感器。

常用的温度传感器包括热电偶式、热敏电阻式、压阻式双层薄膜、悬臂梁电容式及谐振式石英晶体温度传感器等。

热电偶式温度传感器通过热电效应将温度信息转换成电压信号。热电偶体积、热容量及热惯性小,反应速度快,直接与被测对象接触,不受中间介质的影响,高温区的复现性和稳定性很好。但相比其他类型的探空温度传感器有较大的不确定性,难以用于温度的精准测量。

热敏电阻是电阻值随温度变化而显著变化的一种感温元件,具有分辨率和灵敏度较高、体积小、热滞后小、便于反辐射涂层处理、成本低等优点,但线性度较差。

压阻式 MEMS 双层薄膜温度传感器是由表面制有压敏惠斯通电桥的硅微桥和淀积在其表面的温敏聚合物薄膜构成的,当传感器所处环境的温度发生变化时,会引起温敏聚合物薄膜的变形,但同时会受到压敏惠斯通电桥的限制,温敏薄膜会产生应力,最终导致惠斯通电桥的变形,因为压阻效应从而改变硅微桥两端的电压输出,达到监测温度的目的。其具有较低的功耗,较好的线性度,不需要非线性补偿。但是由于该结构的温敏聚合物材料在电桥表面,材料的厚度和工艺的质量对器件的性能有较大影响,故需要严格控制才能达到较好的线性度,另外组成惠斯通电桥的压敏电阻工作时的自发热现象对温度的检测和器件的灵敏度也有较大影响。

悬臂梁电容式温度传感器采用多层梁固体可变电容结构,通常由半导体(导体)、介质层、半导体(导体)组成,悬臂的顶层和底层为电容器的两个电极。温度发生变化时,由于各层间热膨胀系数的失配,会导致悬臂的热响应也不同,直接的表现就是悬臂发生形变,从而反映出电极电容变化。电容式 MEMS 传感器可以用于低功耗和宽的温度范围，而且由于该结构是电容检测，因此可以方便与气压、湿度等电容式的传感器互换接口。但是，该结构的温度传感器由于是以多层悬臂梁为可动电极，从而导致电容变化与温度之间有较大的非线性关系，它的另一个缺点是该工艺复杂，成本较高。

谐振式石英晶体温度传感器利用各向异性的石英压晶体的压电效应。石英晶体是压电弹性体，存在固有谐振频率，其谐振频率特性与晶体的切向密切相关。通过合理设计石英晶体的切向，可使石英晶体的谐振频率与温度密切相关。此类传感器具有体积小、功耗低、分辨率高、成本低、抗干扰能力强、稳定性好等特点。

9.3.1.7　胎压监测

胎压监测方式分为直接测量和间接测量两种。直接测量即采用胎压传感器来测量每个轮胎的压力，通常安装在每个机轮轮毂里。间接测量则通过每个机轮的转速传感器测量转速，再通过转速差来估计轮胎的压力。

直接式轮胎压力监控系统又分为主动式和被动式两种。

主动式系统是采用在硅基上利用 MEMS 工艺制作电容式或者压阻式压力传感器，将压力传感器安装在每个轮毂上，通过无线射频的方式将信号传送出去，通过无线接收装置接收和信号处理，获得当前的轮胎压力。但感应模块需要电池供电。

被动式轮胎压力传感器采用射频电场产生的声表面波设计，通过压电衬底材料的表面时产生变化，通过检测声表面波的变化，获得轮胎压力的情况。这种传感器不用电池供电，采用非接触供电技术，但需要将转发器整合到轮毂中。

9.3.2　应用要求

空天飞行器起飞/着陆滑跑过程中，需要传感器敏感的参数进行动态控制，在巡航或在轨飞行过程中，也需要对系统的工作状态进行监测。

传感器的性能和可靠性受工作条件的影响，由于航空航天的工作环境比较恶劣，一般要求具有更高的可靠性和环境适应性。

1）工作温度要求

空天飞行器在大气稀薄或者真空环境下工作，温度变化范围较大。一般航天

器传感器要能够在 −60 ~ 50 ℃正常工作，火箭用传感器应能在 −80 ~ 70 ℃正常工作，空天飞行器传感器的温度要求范围为 −50 ~ 80 ℃。

2）低气压和热真空环境要求

气压随着海拔高度的增加而减小，传感器需要适应低气压甚至真空工作环境。真空环境下，航天器通过热辐射和热传导向周围环境传输热量。航天器在轨期间还要经受一百多度的温度交变，传感器要使用能够耐受真空环境和温度冲击的元器件和原材料。

3）表面防护要求

不同于其他的电子产品，传感器可能需要暴露在飞行器外露部分，在工作期间传感器有可能会经历雷雨、风沙、盐雾的恶劣环境；而空天飞行器还可能经受太空环境中的空间垃圾或者分子粒子污染等，因此需要传感器具有良好的表面保护、密封和绝缘强度。

4）抗力学要求

空天飞行器在起飞时的强大动力作用下，会伴随着高强度的振动。传感器应有良好的抗振和耐冲击、加速度性能，必要时需要采取一定的减振隔振措施。

5）可靠性要求

航空航天任务成本高，失败会造成经济损失和人员伤亡，同时还会造成一定的社会影响。传感器可靠度需要达到 0.999 9 以上，其元器件需要经过严格筛选；产品研制完成后还需经过环境试验，剔除缺陷产品。在使用上，关键环节还经常采用同构或异构传感器冗余测量，提高系统可靠性。

9.4　控制系统设计

监测与控制系统是一个综合系统，既有整个工作流程控制，也有多个闭环控制，还有大量的测量数据的传输与处理，涉及多种设计技术。

9.4.1　系统集成化设计

长期以来，飞机的着陆控制系统由各专业产品分立实现。而随着电子技术的快速发展，空天飞行器着陆监测与控制系统正向集成化、小型化、智能化方向发展，并可以实现控制与信息处理系统的高密度集成，更适合嵌入式实时控制，并提高整体性能和可靠性。

9.4.1.1　基于 SOC 和 SIP 的系统集成技术

SOC（System On Chip），是在一个单芯片上集成高密集数据处理电路、模拟电路、各类输入输出通信接口以及专用算法、协议的超大规模集成电路。它包含一个集成各种控制功能的完整系统，能够在一个芯片内处理声、光、电、磁等信号，从而使整个系统集成度更高、功能更强、功耗更低，具有更高的可靠性。

SOC 技术是当今电子技术发展的趋势，具有以下优点：

（1）系统设计与应用需求紧密结合：从系统角度进行芯片设计，系统更优化，集成度更高，功能更强。

（2）实现系统小型化和微型化：各个独立的多个板级或单机级的模块集成在单个芯片上，实现系统微小型化。

（3）提高系统可靠性：大幅度减少了模块间的电缆互联，并可以方便地采用冗余容错设计，提高了系统可靠性。

（4）体积小，功耗低，质量轻. 从而适应性更强，应用范围广。

随着微电子技术、微组装技术、EDA 技术等的发展，传统由完整机箱构成的电子系统可以由一个内部集成电子软硬件系统的芯片代替，用一块或数块超大或特大规模集成电路芯片就可以完成以往十几个单机所完成的功能。SOC 技术的核心思想是 IP 复用，强调的是具有明确分工的水平设计模式，即系统集成单位根据系统需求，设计或者选择其他不同单位的 IP 核来构建芯片系统。

SIP（System In Chip）系统封装技术，采用成熟的裸晶（DIE）互连封装而成，是一种系统集成设计技术。但与 SOC 相比，SIP 仍然有些需要解决的问题，包括突破先进封装技术，提升 SIP 的性能和带宽，以满足高性能场合的应用要求；制定系统级设计标准，以实现技术共享；开发设计工具，制定电气规范和机械规范。

对于性能高、集成度高的应用，采用 SOC 技术会更好；对于高适应性、多种不同工艺的应用，SIP 技术更合适。

9.4.1.2　基于软件硬件化的系统集成技术

传统控制系统的计算都是由主控 CPU 解算完成的，需要反复读取内存数据和串行运算，运行速度相对较慢，造成系统实时性不高。而采用软件硬件化设计，将软件完成的计算工作由硬件完成，将大量数据运算的单元设计成一个硬件模块，把复杂算法进行数字化处理，对算法进行并行、流水处理，加快处理速度，实现由专用硬件加速器处理，可大大提高系统信息处理能力，实现主控计算机大量数据解算和系统控制并行运行，满足系统强实时性要求。

9.4.1.3　基于可编程器件 FPGA 的系统集成技术

可编程器件是由基本数字电路模块阵列组成，用户可根据实际应用需求重新进行配置的集成电路。可编程器件是一种半定制集成电路，是一种已完成全部工艺制造、可直接从市场上购得的产品。用户只要对它编程就可实现所需要的电路功能，可以随时更改设计，并下载到芯片中进行验证，适用于产量不大或者不允许设计时间过长的芯片应用需求。随着半导体技术和 EDA 技术的发展，可编程逻辑器件规模越来越大，功能越来越强，价格越来越便宜，配套的 EDA 软件越来越完善，应用越来越广泛。

在航空航天领域，目前应用最为广泛的为两类可编程逻辑器件：复杂可编程逻辑器件（CPLD）和现场可编程门阵列（FPGA）。一般用来进行译码、编码、定时器、数字滤波等简单数字电路的设计，极大地提高了系统的集成度。

9.4.2　前轮转向控制设计

前轮转弯操纵控制工作原理如图 9 – 14 所示。飞控系统发出转弯操纵角度后，与通过位移传感器测量的转弯角差值，经过 PI 调节后得出伺服阀的控制量，该控制量控制伺服阀工作，实现对转弯操纵角的伺服跟踪。

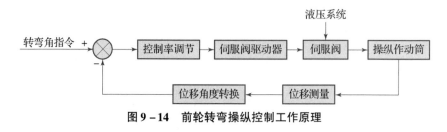

图 9 – 14　前轮转弯操纵控制工作原理

对于集成电液或机电作动的前轮转弯操纵系统，其核心是伺服电动机的位置伺服。

　　前轮转弯操纵控制系统采用闭环控制，一般采用 PID 算法实现，模糊控制等智能控制算法应用也越来越多。线性控制率指描述动态系统的数学方程具有线性属性，是最简单且研究得最多的控制方法，实际系统的某些主要关系特性，在一定的范围内，可以充分精确地用线性系统来加以近似地代表。最常见的非线性特性有死区特性、饱和特性、间隙特性和 on – off 特性等。模块控制根据测量得到的被控对象的输入、输出、状态和误差等信息，在线调整控制器的参数，从而使被控对象有良好的动、静态性能。

9.4.2.1　PID 控制器设计

　　利用输入值和实际输出值比较，得到偏差信号，采用比例、积分、微分三个环节对系统进行调节。根据不同的情况，PID 控制算法的形式也有多种改进形式。

　　图 9 – 15 所示为 PID 控制系统原理框图，由 PID 控制器和被控对象组成。它根据输入的偏差值 $E(t)$（$E(t) = r(t) - y(t)$)，将偏差 $E(t)$ 的比例、积分、微分，按照一定的函数关系进行运算，再把运算结果 $u(t)$ 输出控制，使系统的误差减小，达到利用偏差消除系统误差的控制策略。

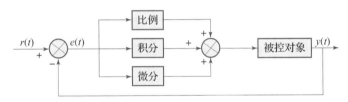

图 9 – 15　PID 控制系统原理框图

　　在模拟系统中，PID 控制规律为

$$u(t) = K_P\left[e(t) + \frac{1}{T_I}\int_0^t e(t)\,\mathrm{d}t + T_D\frac{\mathrm{d}e(t)}{\mathrm{d}t}\right] \tag{9-1}$$

　　对式（9 – 1）进行拉氏变换，得传递函数为

$$G(s) = K_P\left(1 + \frac{1}{T_I s} + T_D s\right) \tag{9-2}$$

式中：K_P——比例增益系数；

　　　　T_I——积分时间常数；

　　　　T_D——微分时间常数。

在连续系统中，传统的模拟控制逐渐被数字控制所取代。

当采样周期 T 足够小时，可以用求和代替积分，用数字形式的差分方程代替连续系统中的微分方程。对式（9-1）做如下近似处理：

$$\int_0^t e(t)\,\mathrm{d}t \approx \sum_{i=0}^k Te(i) \tag{9-3}$$

$$\frac{\mathrm{d}e(t)}{\mathrm{d}t} \approx \frac{e(k)-e(k-1)}{T} \tag{9-4}$$

得到离散的 PID，即数字型 PID 的位置型控制算法：

$$u(k)=K_{\mathrm{P}}\Big[e(t)+\frac{T}{T_{\mathrm{I}}}\sum_{i=0}^k e(i)+T_{\mathrm{D}}\frac{e(k)-e(k-1)}{T}\Big] \tag{9-5}$$

式中：k——采样序号，$k=0，1，2，3\cdots$；

　　　　T——采样周期；

　　　　$u(k)$——第 k 次采样时控制器的输出；

　　　　$e(k)$——第 k 次采样时的偏差值；

　　　　$e(k-1)$——第 $k-1$ 次采样时的偏差值。

根据递推原理，由式（9-5）可得 $k-1$ 次的 PID 表达式如下：

$$u(k-1)=K_{\mathrm{P}}\Big[e(k-1)+\frac{T}{T_{\mathrm{I}}}\sum_{i=0}^k e(i)+T_{\mathrm{D}}\frac{e(k-1)-e(k-2)}{T}\Big] \tag{9-6}$$

得到数字 PID 的增量型控制算法：

$$\begin{aligned}
\Delta u(k) &= u(k)-u(k-1)\\
&= K_{\mathrm{P}}\big[e(k)-e(k-1)\big]+K_{\mathrm{I}}e(k)+K_{\mathrm{D}}\big[e(k)-2e(k-1)+e(k-2)\big]
\end{aligned} \tag{9-7}$$

式中：K_{P}——比例增益系数；

　　　　K_{I}——积分系数，$K_{\mathrm{I}}=K_{\mathrm{P}}T/T_{\mathrm{I}}$；

　　　　K_{D}——微分系数，$K_{\mathrm{D}}=K_{\mathrm{P}}T_{\mathrm{D}}/T$。

通过式（9-7）可以看出，增量型控制算法中不需要对偏差 $E(k)$ 作累加，只和最近的几次采样有关，计算简单，节省存储单元。式中无累加，也消除了当偏差存在时存在的饱和危险，且容易获得较好的控制效果。因此将式（9-7）进行整理，使之更简单直观：

$$\Delta u(k)=K_1 e(k)+K_2 e(k-1)+K_3 e(k-2) \tag{9-8}$$

式（9 - 8）中，确定算法只需要确定三个参数 K_1、K_2、K_3 的值。

其中：$K_1 = K_P(1 + T/T_I + T_D/T)$；

$K_2 = -K_P(1 + 2T_D/T)$；

$K_3 = K_P T_D/T$。

K_P 为比例系数：K_P 增大能加快系统的动态响应速度，K_P 过大时，使超调量增大，容易引起系统振荡。当仅有比例控制时，系统的输出存在稳态误差。

T_I 为积分时间常数：减小积分时间 T_I，将加快消除系统的稳态误差，提高系统的控制精度。如果 T_I 太小，将使超调量过大，容易引起振荡，使系统趋于不稳定。积分控制能够消除系统的稳态误差。

T_D 为微分时间常数：增大 T_D，加快系统响应，减小 T_D，增加稳定性。微分控制能够预测误差变化的趋势，产生超前校正作用，改善系统的动态特性。

K_1、K_2、K_3 的值将对系统的稳态特性和动态特性产生影响。

9.4.2.2　模糊 PID 控制器设计

自适应模糊 PID 控制器的设计思想是先找出 PID 三个参数 K_P、K_I、K_D 与偏差 e 和偏差变化率 ec 之间的模糊关系，在工作中通过不断检测 e 和 ec，再根据模糊控制原理来对参数 K_P、K_I、K_D 进行在线校正，以满足不同 e 和 ec 时对控制器参数的不同要求，从而使被控对象有良好的动、静态性能。

设计模糊 PID 控制器的结构，即确定控制器的输入、输出变量。PID 参数的整定必须考虑到在不同时刻三个参数的作用及相互之间的关系。根据 PID 参数自整定原则，采用二输入三输出的模糊控制器作为 PID 参数控制的模糊控制器。该模糊控制器是以偏差 e 和偏差变化率 ec 作为输入语言变量，以 K_p、K_i、K_d 为输出语言变量作为 PID 控制器参数输入量。

自适应模糊 PID 控制器以误差 e 和误差变化率 ec 作为输入，可以满足不同时刻的 e 和 ec 对 PID 参数自整定的要求。利用模糊控制规则在线对 PID 参数进行修改，便构成了自适应模糊 PID 控制器，其结构原理如图 9 - 16 所示。

从系统的稳定性、响应速度、超调量以及稳态精度等各方面综合考虑，参数 K_p、K_i、K_d 的作用如下：

（1）比例系数 K_p：增大比例控制 K_p 能加快系统的动态响应速度，但当仅有

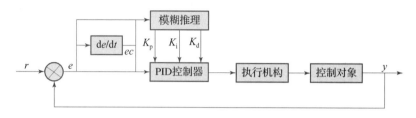

图 9-16　模糊 PID 控制器结构原理

比例控制时，系统的输出存在稳态误差；K_p 过大时，使超调量增大，容易引起系统振荡。

（2）积分系数 K_i：消除系统的稳态误差。K_i 越大，系统的静态误差消除越快，但是 K_i 过大，又会引起响应过程的较大超调。若 K_i 过小，将使系统静态误差难以消除，影响系统的调节精度。

（3）微分系数 K_d：改善系统的动态特性。K_d 的作用主要是在响应过程中抑制偏差向任何方向的变化，对偏差变化进行提前预报。K_d 过大，会使响应过程提前制动，从而延长调节时间，而且会降低系统的抗干扰性能。

小型飞机起落架电动转弯控制系统自适应模糊 PID 控制器参数调节方法：

（1）当控制系统偏差 e 绝对值较小时，取较大的 K_p 和 K_i 以及适当的 K_d，以避免出现振荡，提升动转弯控制系统稳态性能。

（2）当控制系统偏差 e 绝对值适中时，取较小的 K_p 及适中的 K_i 和 K_d，以使电动转弯控制系统具有较小的超调。

（3）当控制系统偏差 e 绝对值较大时，取较大的 K_p 和较小的 K_d，以使电动转弯控制系统响应加快。

9.4.3　防滑刹车控制技术

防滑刹车的工作原理：当飞机刹车压力产生的刹车力矩大于地面结合力矩时，机轮便会打滑，刹车机轮的速度降低，防滑系统在刹车压力控制单元和刹车力矩调节单元作用下刹车力矩随之降低，机轮打滑解除；机轮打滑解除后，防滑系统又会使刹车压力按一定的规律上升，重新寻找与地面结合力矩相适应的刹车力矩。在飞机着陆刹车过程中，飞机刹车系统就是这样周而复始不断重复工作的，直到飞机速度降为零，从理论上要求，刹车控制装置应能自动地对轮胎和跑道摩擦因数的最大值进行寻优，使飞机的刹车滑跑距离最短，轮胎和刹车片磨损量最小，这样刹车效率便得以提高，然而在实际的刹车控制器设计中实现起来比较有难度。

影响刹车系统性能的因素很多，主要有两个方面：一方面是飞机自身及着陆环境的物理特性，如飞机非对称着陆、飞机着陆速度、着陆场上的风力和风向状况、路面状况、飞机起落架和轮胎情况等；另一方面是防滑刹车系统的高效性和可靠性，它需要综合利用监测与控制系统、控制对象和材料科学技术，并能根据前一方面因素的变化来充分利用地面提供的摩擦力，安全、可靠、快速地刹停飞机。因此，刹车控制是一个具有不确定性与时变参数的复杂非线性控制过程。

全电式刹车控制系统结构如图 9-17 所示。

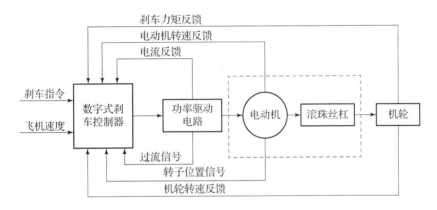

图 9-17　全电式刹车控制系统结构

目前防滑控制方式分为 4 类：开关式防滑刹车控制、速度变化率加压力偏调刹车控制、滑移速度刹车控制和滑移率刹车控制。

开关式防滑刹车控制的控制量是机轮的减速度，通过减速度的大小控制刹车装置的运作。系统的给压和放压为开关式，刹车效率低，工作不稳定，起落架受力状况差。

速度变化率加压力偏调刹车控制，控制量仍为减速度，因为使用压力调偏，刹车压力不用回零，因此刹车效率大幅度提高，工作平稳，起落架受力状态明显改善。

滑移速度刹车控制也具有压力偏调功能，控制量是准滑移速度。滑移速度是飞行器沿跑道的纵向速度与刹车机轮线速度的差值，用参考速度代替飞行器速度计算滑移率，得出准滑移速度。该控制方法在干跑道上的性能较好，在混合跑道上性能较差。

滑移率刹车控制的控制量为飞行器的滑移率，即控制滑行速度与飞行速度的比率。飞行器刹车制动主要依靠刹车时轮胎和地面之间的结合力使飞机减速，结合力越大飞机刹车减速就越快，刹车距离就越短，影响结合力大小的关键因素是结合系数 μ，在诸多外界因素中，滑移率对结合系数的影响最大。系统尽力将滑移率控制在与结合系数最大值对应的滑移率附近，使系统的刹车效率最高。计算滑移率的飞行器速度通常采用自由滚动的前轮速度代替。这种系统不带压力偏调，预先设定期望的滑移率，与实际计算的滑移率进行比较后实施控制。

监测与控制系统通过速度传感器感应刹车主机轮速度，将机轮速度信号送给驱动控制器，驱动控制器按照一定的控制策略，输出一个与机轮打滑深度对应的伺服阀控制信号，控制输出刹车力，改变刹车机轮的刹车力矩，使机轮解除打滑并在打滑解除后继续实施刹车。

刹车防滑控制原理如图 9 - 18 所示。

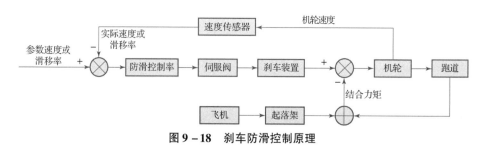

图 9 - 18　刹车防滑控制原理

1）PID + PBM 滑移速度控制

国内外已装备的飞机防滑刹车系统的控制方式通常采用多门限 PID，也叫速度差加压力偏调控制（PID + PBM）。图 9 - 19 给出了速度差加偏压控制原理，这种控制方式是一种多门限的 PID 设计方法，其中积分级与常规的积分级不同，该积分级的值既可以增加，也可以减小，称之为压力偏调级，简称 PBM。采用这种控制方法对刹车系统进行控制调节，其控制效果优于最初使用的 PID 调节产生的控制效果。

图 9-19 速度差加偏压控制原理

PBM 刹车效率的提高主要是通过对这一级的放电特性进行改善而取得的。PBM 级要求，当比较级的输出大于某一门限值时，PBM 级的输出应逐步增大，且误差小时增长率小，误差大时增长率大。这样在机轮打滑较浅但持续时间较长时，说明刹车力矩与结合力矩相差不是很大，机轮速度低于参考速度的量比较小，应输出一个缓慢增加的控制电流，以减小刹车压力，解除机轮长时间的轻度打滑。当机轮滑移量较大时，速度差也变得很大，随着打滑时间的延长，使 PBM 输出一个快速增大的控制电流，让机轮脱离深打滑状态。当机轮不打滑时，由于机轮速度与基准速度相差很小甚至为零，此时输出电流由 PBM 级控制，因此这种情况下，应该输出一个逐步下降的电流，提高刹车力矩以重新寻找地面最大结合系数，提高系统刹车效率。

2）滑移率控制

滑移率是影响机体与地面结合系数的最直接因素，因此，控制轮胎的滑移率在最佳滑移率附近，有望获得最大刹车阻力。

如图 9-20 所示，预先设定期望滑移率，根据滑跑速度和机轮速度得到机轮的实际滑移率，用期望滑移率和实际滑移率的差值去控制刹车力矩的变化。实际装机时，滑跑速度一般用自由滚动的前轮代替。考虑到缓冲支柱的弹性变形，各个机轮轮心处的速度和滑跑速度并不完全一致，为排除干扰，各机轮实际滑移率用轮心处的速度计算。

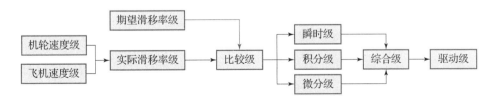

图 9-20 滑移率控制原理

滑移率控制式防滑系统不用压力调偏装置，用常规的 PID 控制器即能满足要求。

9.4.4 电流起爆点火技术

由于空天飞行器的阻力伞弹射与解锁等功能一般通过火工品实现，而火工品大多采用特殊的点火装置，如半导体桥，对点火电路的要求较高，不仅要求能够维持足够大的电流，而且对电流上升斜率也有一定的要求，普通的点火电路性能无法满足。

火工品起爆原理框图如图 9 – 21 所示，控制开关闭合后，电源连接至火工品点火电路，点火电路控制电流的上升斜率及大小后用于火工品起爆。

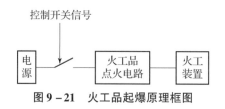

图 9 – 21　火工品起爆原理框图

火工品点火电路原理如图 9 – 22 所示，测试电阻 R_T 与点火电流期望值的乘积应约等于 R_6 和 R_7 分压后 R_6 电阻上的电压，且 R_6 和 R_7 的取值应尽量大，以减小能量消耗。R_5 和 C_2 构成微分电路，取值较小，R_5 取 Ω 量级，C_2 取 μF 量级。

电流幅值控制电路中的电阻 R_4 将受控电压连接至 NMOS 管 Q_2 的栅极，电阻 R_0 为限流电阻、R_X 为火工品。连接在火工点火通路中的采样电阻 R_T 上的采样电压经过运算放大器 D_1 组成的跟随器后连接至运算放大器 D_2 的负端，与正端由电阻 R_6 和电阻 R_7 分压得到的基准电压经过运算放大器 D_2 比较后连接电阻 R_5 和电容 C_2 组成的微分电路，微分电路的另一端连接至 NMOS 管 Q_2 的栅极和电阻 R_4 的一端，电阻 R_4 的另一端接地，电阻 R_4 上的分压作为 NMOS 管 Q_2 的栅极电压，控制 NMOS 管 Q_2 的开关状态，从而调节火工品的点火电路上的电流幅值，使其点火电流大小与运算放大器 D_2 正端输入的基准电压一致。

此部分电路开始工作前 NMOS 管 Q_2 断开，$U_{RT} = 0$，运算放大器 D_2 正负端电压差 ΔU 为运算放大器 D_2 正端输入电压，此时运算放大器 D_2 处于饱和区，运算放大器 D_2 的输出电压 U 运算放大器 $D_2 = U_{om}$ 通过微分电路作用于 NMOS 管 Q_2 的栅极，NMOS 管 Q_2 打开至恒流区，点火电流 I 迅速增大，U_{RT} 随之增大，ΔU 逐渐减小，使运算放大器 D_2 由饱和区逐渐转移至线性放大区，U 运算放大器 D_2 减小，使得 NMOS 管 Q_2 由横流区转移至可变电阻区，点火电流 I 随之减小，ΔU 逐渐增大，U 运算放大器 D_2 增大，点火电流 I 随之增大，最终使得 U_{RT} 约等于运算放大器 D_2 输入正端电压，使电路处于平衡态。$I \times$ 电阻 $R_T \approx U_0 \times [$ 电阻 $R_6/($ 电阻 $R_6 +$ 电阻 $R_7)]$。即通过电阻 R_T、电阻 R_6、电阻 R_7 和 U_0 的选取可以改变点火电流 I 的值。

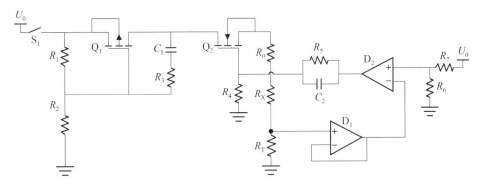

图 9 - 22　火工品点火电路原理

■ 9.5　控制系统软件设计

9.5.1　一般要求

本书针对采用 FPGA 的着陆减速控制系统软件进行介绍。FPGA（Field Programmable Gate Array，现场可编程门阵列）具有容量大、速度高、集成度高、灵活性强等特点，可以完成极其复杂的时序和组合逻辑电路功能，越来越多的领域引进 FPGA，近年来在航空航天领域 FPGA 的应用量越来越多。FPGA 软件质量直接影响飞行器任务的成败，在软件开发研制过程中应加强过程管理和质量控制，确保软件产品安全、可靠地执行飞行任务。FPGA 软件开发必须确保获取正确、全面的用户需求，按照适合的设计方法、集成策略和验证确认手段，实现和交付满足用户需求的 FPGA 产品。

9.5.1.1　FPGA 任务需求分析

FPGA 系统需求分析与设计活动包括用户需求分析、定义 FPGA 需求、建立并评审《FPGA 研制任务书》、建立需求追踪矩阵。明确 FPGA 的运行环境、功能要求、性能要求、接口要求和可靠性安全性要求等，以及设计约束、质量控制要求、验收和交付、软件维护要求、进度要求等。

9.5.1.2　FPGA 概要设计

FPGA 概要设计活动包括根据需求规格说明进行功能分解，模块划分，定义模块的功能，接口和相互关系等；形成《FPGA 概要设计报告》，并组织进行概要设计评审等。FPGA 概要设计包含以下内容：

（1）针对可靠性、安全性需求完成设计方案。

（2）对 FPGA 功能需求进行分解，建立 FPGA 软件设计的总体结构。优先选用成熟构建和 IP 核，考虑模块的可复用设计。

（3）制定包括数据流和控制流的框图，定义所有外部信号和模块之间的互连关系。

（4）制定时钟域划分及时钟产生策略。

（5）制定异步接口信号和跨时钟域信号并给出处理方法。

（6）完成各模块的功能、接口、原理及内协议设计。

（7）建立双向需求追踪矩阵。

9.5.1.3　FPGA 详细设计

FPGA 详细设计活动包括细化设计软 FPGA 模块，确定模块的实现方法（包括数据流处理、算法设计等），形成《FPGA 详细设计报告》《FPGA 使用说明》。FPGA 详细设计包含以下内容：

（1）将概要设计中划分的模块逐项细化，形成若干子模块。

（2）进行可靠性、安全性设计，重点关注数据处理、复位及初始化、跨时钟域处理、接口设计、时间响应、时序约束与验证、空间环境防护及在轨维护等可靠性、安全性设计要素。

（3）对于简单时序逻辑模块，重点在于完成寄存器及其次态逻辑的生成设计。

（4）对于复杂控制模块，采用状态机的设计方法，对于复杂的运算模块采用流水化设计。

（5）将详细设计的结果文档化，编写《FPGA 详细设计报告》。

9.5.1.4　FPGA 设计实现

FPGA 设计实现活动包括使用有效的 FPGA 编码方法，遵守适用的编码标准和准则，实现 FPGA 模块设计。具体步骤如下：

1）FPGA 设计实现

按照详细设计报告的内容进行编码实现，推荐采用如下设计准则：

（1）开展可靠性设计，包括采用同步设计、对异步接口信号和跨时钟域信号进行处理；关键控制输出信号使用寄存器输出，保证时钟信号的稳定和去除时钟偏移的影响。

（2）软件的主体采用同步设计，保证时序的稳定。

（3）上电进行复位延时大于 100 ms，避免毛刺干扰。

（4）对主要寄存器进行定时清零，避免错误累积。

（5）开展抗单粒子防护设计，对关键功能模块添加三模冗余设计，提高 FPGA 产品的可靠性。

（6）对程序添加注释，要求注释量不小于代码总行数的 20%。

（7）异步复位，同步释放。

2）约束设计

对程序添加管脚约束、时序约束及电平约束等约束设计。

3）综合布局布线

在 EDA 平台下完成设计综合布局布线；明确工具环境配置无误，FPGA 工程属性指向的芯片与任务书一致。确保管脚属性设置正确；在布局布线过程中对工具输出的所有警告和错误信息进行确认与处理，未处理的部分经过分析确认无影响后在详细设计报告中写明。正确设置综合及布局布线的约束条件，保证有限状态机的逻辑设计和冗余逻辑不被工具优化；避免寄存器复制。确保程序综合布局布线后满足资源降额要求。推荐 FPGA 逻辑资源、寄存器、Lut 等使用在 80% 以内。

4）时序分析

对程序进行时序验证工作，确保 FPGA 产品的时序得到充分验证，可采用的方法包括静态时序分析、动态时序分析等。应覆盖 EDA 工具所能够支持的最大验证范围，一般要包括最大、最小、典型三种工况。一般要求设计频率降额满足

FPGA 在环境要求最坏情况下最大时钟速度降额 20% 使用。同时，通过时序分析保证设计的正确性，满足 FPGA 产品研制的时序要求。

5）产生源代码

输出源代码。输出的源代码应采用代码自查、综合布局布线、静态时序分析以及对源代码的仿真验证手段保证设计的正确性，并生成烧写文件供调试使用。

9.5.1.5　FPGA 仿真验证

仿真验证活动包括：建立仿真验证计划，搭建仿真验证环境，通过仿真验证对 FPGA 模块进行测试，验证设计的功能、时序满足《FPGA 研制任务书》要求，最终完成《FPGA 仿真验证报告》。仿真验证包含以下内容：

（1）设计代码规则，人工走查，重点检查可靠性设计，SEU 防护设计、常见多发问题等，填写常见多发问题检查单，附于仿真验证报告后。

（2）在 EDA 平台下完成 FPGA 代码的功能仿真，对设计的功能进行验证。

（3）完善验证代码和验证用例。

（4）进行边界测试及故障模式测试。

（5）统计语句、分支、状态机状态、状态转移覆盖率，根据覆盖率完善验证代码和验证用例，并对无法覆盖情况进行分析确认，确保通过仿真和分析确认实现语句、分支和状态机状态、状态转移验证覆盖率百分之百。

9.5.2　软件总体构架

着陆减速控制系统软件一般包括以下主要功能模块：

（1）位移测量模拟量信号采样处理模块：软件通过驱动 A\D 芯片，完成对安装在操作动筒上的位移测量传感器的信号进行数字化处理，包含测量转弯角度传感器及收放位移传感器。

（2）集成电液/机电伺服电动机控制模块：伺服电动机驱动液压/机电作动器作动或位置伺服，软件将伺服电动机置于冷备份或热备份。

（3）起落架收/放控制模块：软件收到"收/放起落架指令"后，通过电磁阀控制液压系统油液流向，执行一系列动作，读取触地传感器信息判断是否收/放到位。

（4）航向纠偏控制模块：软件结合当前转向位置信息，通过增益计算和角度传感器信息，实现对前轮转向操纵伺服阀位移量的跟踪和闭环控制，进而实现航向纠偏，并设置飞行器速度值安全保护，限制飞行器操纵条件，以防止飞行器侧翻。

（5）伺服阀控制模块：对于液压能源伺服系统，起落架通过伺服阀控制液压系统，实现前起落架的转向控制，伺服阀控制信号为模拟量，软件需要将控制的位移量通过 D\A 转换成模拟量。

（6）阻力伞控制模块：在起落架触地时刻，软件向伞系统发出弹伞指令，执行阻力伞开伞，当地速达到给定速度时，发出抛伞指令，执行脱伞动作。

（7）刹车减速控制模块：软件通过控制电液阀或伺服电动机，完成刹车力的动态调节，实现刹车减速。

（8）轮速监测模块：传感器安装在前起落架上，输出脉冲信号可以转换为飞行器滑跑速度，软件实时采样计算脉冲频率监测轮速，并将轮速求解值提供给触地判断、刹车及航向纠偏模块参与控制。

（9）到位/触地判断模块：软件通过读取到位/触地传感器信号，判断起落架和舱门是否收放到位，起落架是否触地。

（10）通信模块：与飞控系统软件之间的通信，满足规定的总线、通信和串口等接口协议。

（11）A\D 驱动控制：软件生成驱动信号，控制模数转换芯片对模拟信号进行采集，采样率及滤波方式应模拟信号输出变化率。

（12）D\A 驱动控制：软件编码实现二进制数字量控制数模转换芯片产生以参考电压为基准的模拟量信号。

（13）脉冲宽度调制（Pulse Width Modulation，PWM）模块：软件对模拟信号电平进行数字编码实现数字输出，FPGA 可以编程给出设定的占空比方波来进行伺服控制。

（14）液压模拟量信号采样处理模块：软件通过驱动 A/D 芯片，完成对安装在液压管路上的液体压力传感器的信号进行数字化处理，以便对回路健康状态进行监测、故障诊断与隔离。

主要模块的层级关系见图 9－23。

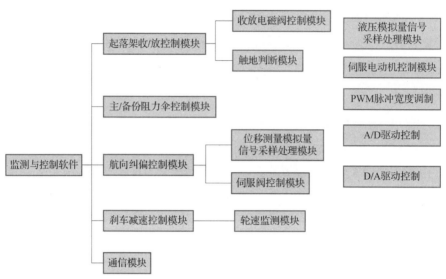

图 9 - 23　着陆减速控制软件主要模块的层级关系

9.5.3　可靠性设计

9.5.3.1　余度设计

余度是指需要出现两个或两个以上的独立故障，而不是一个单独故障，才能引起确定的不希望故障状态的一种设计方法。余度设计可采用三种方式：

（1）采用两个或两个以上部件，每个部件都能执行给定的功能。

（2）采用监控装置，它能检测故障，完成指示、自动切除或自动转换。

（3）采用上述两种方式的组合。

余度设计采用多套相同的通道来完成同一功能，当一些通道出现故障时仍能工作。航空航天控制系统通常通过多余度设计来提高系统可靠性，以保证系统能够在发生硬件故障或软件故障等情况下，仍然能保证系统的正常工作。设计余度系统时，主要解决余度数和表决、监控的设置以及运行的方式。

余度数的确定主要从可靠性、质量、体积、费用及余度管理水平等权衡考虑。余度系统中，各部件的余度数不一定相同，也并不是越多越好，目前常用的冗余控制系统结构包括双余度、三余度和异构冗余。

1）双余度

双余度（主备）系统，由主、备两个完全相同的控制器及相关控制模块和仲裁电路组成。双余度系统结构如图 9 – 24 所示。A 机和 B 机硬件结构和软件实现完全一致，输入信号同时传给主份机和备份机，仲裁电路接收主份机和备份机的输出信号，对输出结果进行判断，监测二者的工作状态，在 A 机正常工作的情况下，仲裁模块控制切换开关，使双模备份系统输出 A 机的运行结果。当 A 机工作异常，B 机工作正常时，仲裁模块控制切换开关，使双模备份系统输出 B 机的运行结果。根据备份机的工作状态又可以分为冷备份和热备份，冷备份即 B 机在 A 机工作时不工作，当 A 机出现异常时启动 B 机开始工作；热备份即 A 机和 B 机同时工作，正常状态下，系统输出 A 机信号，仅在 A 机异常时输出 B 机信号。相较于冷备份，热备份具有更短的切换时间。

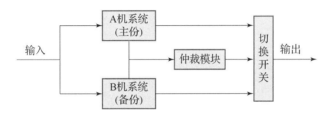

图 9 – 24　双余度系统结构

热备双机系统相较普通备份系统而言，备用部件与主部件同时工作，随时可以待命来替换工作，但是随着现代对系统可靠性要求的增强和技术发展下系统越来越复杂，即使短暂的中断都是不能被容忍的。为了保证在出现硬件或者软件故障之前，不管是长期还是短暂，关键性的任务要在规定的时间和流程下完成预期的、特定的功能，输出正确的数据，需要有新的更好的冗余结构。

2）三余度

三余度系统采用三个相同的模块，每个模块可以单独完成系统需要的功能，典型三余度系统的框架如图 9 – 25 所示。该系统由三个相同的处理器、冗余判定模块和故障恢复模块组成。三个相同处理器中运行相同的程序，冗余判定模块对三个处理器的输出进行判断，采用三取二逻辑判断，当其中一个处理器发生故障，产生错误的输出时，冗余判定模块可屏蔽该处理器输出，保证系统给出正确的输出，从而提高系统可靠性。当某个处理器持续出现故障时，可以通过故障恢复模块来对其进行修复，使系统恢复到三余度状态。

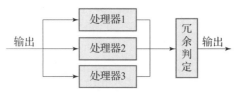

图 9 - 25　典型三余度系统的框架

3）异构冗余

当对系统可靠性和容错能力有更高要求时，三余度系统的容错能力一般难以满足需要。尽管更高余度在系统可靠性上会进一步提高，但也带来了功耗、体积、质量、价格等缺点，应用受限。

实践表明，在恶劣环境下，采用不同结构的模块同时故障的概率比相同结构的模块低，即异构冗余的容错能力要优于同构冗余。所谓异构冗余，即互为备份的多个模块的结构是不同的，采用不同的硬件和软件来实现同一功能，不仅具备了多余度的可靠性，还降低了同一环境条件下多个备份模块同时发生故障的风险。

9.5.3.2　故障监控与隔离

故障监控与隔离是感受各通道工作状况，从而检测并隔离故障。完成这种功能的装置为监控器（BIT），可以用硬件或软件实现。余度系统中，必须包括故障监控与隔离装置。检测分为两种：比较监控和自监控。

1）比较监控

比较监控分为三种：

（1）交叉通道比较监控（输入 - 输入比较）。将所有通道输入信号进行两两比较，取其差值，当超过规定的监控门限时，其结果与其他通道的检测结果相"与"，并依此结果判断故障通道。例如，四通道 A、B、C、D 信号，两两进行比较，如 A 通道故障，则 AB、AC、AD 比较的结果，其差值会超过门限，依此结果便可判定 A 通道故障。

（2）跨表决器比较监控（输入 - 输出比较）。将各通道输入信号经信号表决器后选择一个正确的信号输出，然后将输入信号与该正确信号进行比较，当某通道的差值超过规定的门限时，即可判定该通道故障。

（3）模型比较监控。即构造一个简单的、与实物动静态特性相似的数学或电子模型，在输入信号相同的条件下，通过比较输出来判断实物系统的故障。采用这种方法的主要优点是简单经济，缺点是数学或电子模型与实物有差距，容易引起误差。

2）自监控

自监控是不需要外部相似数据作基准，而是以被检测对象本身建立基准，完全依靠自身的基准而检测自身的故障。通常有三种方法：

（1）自检测。被监控对象无须设置专门的试验或监控装置（硬件），仅利用一些现成的手段（包括软件）检测自身的故障。

（2）自监控。被监控对象通常要借助自身内部专门设置的故障检测装置来检测故障。

（3）在线监控。被监控对象通常在自身工作的过程中，采取现成手段即可监控自身的故障。例如，在电传操纵系统中，常用感应式位移传感器（LVDT），就可以依照自身的工作过程进行监控。

在设计、开发系统的检测与监控方法时，最重要的技术指标是监控（或检测）的覆盖率和误警系数。监控覆盖率定义为故障事件发生时，故障被检测隔离的概率。如果以 a 表示漏检系数，X 表示覆盖率，则 $X = 1 - a$。

故障监控的隔离是对检测出有故障的通道实现隔离与切换，系统状态会发生改变，可能包含复杂的逻辑设计内容。在转弯操纵等系统里，主要采用软件隔离与硬件切换，并保证切换瞬态满足要求，且切换装置的可靠性应高于切换部件的可靠性。

参考文献

[1]《飞机设计手册》总编委会编. 飞机设计手册——第 14 分册［M］. 北京：航空工业出版社，2002.

[2] 刘正辉. 飞机主轮刹车与前轮操纵综合控制器研究与设计［D］. 长沙：中南大学，2013.

第 10 章

系统试验技术

着陆减速系统是关系空天飞行器起飞和着陆功能与性能的关键系统，部分体现着飞行器的性能，往往与飞行器联合开展地面验证。其试验项目在国军标中有明确的规定，部分试验实际属于关键单机，已在前面介绍。本章介绍涉及产品较多的系统级试验项目。

10.1 收放试验

起落架收放系统是保证飞行器安全起飞和着陆的关键系统，起落架的正常收放通常由液压驱动。该系统中液压附件多，机构运动复杂，起落架的收放、上下位锁的开锁和上锁、舱门的打开和关闭等均需要正确的匹配和协调，否则将会发生飞行事故。因此，在起落架收放系统方案原理确定后，应进行该系统的收放试验，以确定其运动轨迹、收放程序、收放时间、起落架运动与结构的相容性及油液反压对上、下位锁工作性能的影响等，保证起落架收放系统运行时的平稳和安全。

10.1.1 试验目的

起落架收放试验的主要目的如下：

（1）验证起落架收放系统的收放机构和作动装置的原理是否正确，运动是否灵活，各运动构件之间、构件与机体之间是否协调和有足够的运动间隙。

（2）验证起落架收放机构中的上、下位锁，舱门锁机构原理是否正确，运动是否灵活，间隙是否满足要求，上锁、开锁功能是否正常。

（3）验证起落架收放过程中的顺序控制是否按设计标准程序准确进行。

（4）验证机轮和轮胎与舱门、机体结构之间的间隙是否满足设计要求。

（5）通过收放机构的可靠性试验，发现收放机构中的缺陷和故障，找出设计、制造薄弱环节。

（6）确定收放系统运动构件的疲劳寿命，测定运动构件的应力、应变。

（7）优化起落架收放系统的设计。

起落架收放试验包括模拟试验台架的实验室试验和地面试验。

10.1.2　试验要求

1. 模拟试验台架的实验室试验

模拟试验台架的实验室试验主要进行起落架收放系统原理性试验，其试验件及安装应符合下列要求：

（1）安装在试验台上的起落架可以采用结构模拟件，但与机体结构的连接形式应与真实机体一致。

（2）液压附件应采用合格的地面试验件。

（3）液压导管及其安装应与机上的一致。

2. 地面试验

地面试验主要进行起落架收放系统功能试验，其试验件及安装应符合下列要求：

（1）安装在机上的起落架应是与装机件一致的合格件。

（2）液压附件应采用合格的装机件。

（3）液压导管与首飞一致。

（4）起落架位置指示和告警信号装置与装机件一致。

（5）地面液压油泵车输出的液压压力和流量与首飞一致。

10.1.3　试验方法

起落架在收放过程中承受的载荷主要包括起落架的质量力、气流产生的气动阻力、起落架运动的惯性力、机构间的摩擦力、位置锁的上锁阻力等。在起落架收放试验中，起落架自身重力、惯性力、摩擦力以及上锁阻力均为真实使用值，不需要进行模拟，主要是对气动载荷进行模拟，以验证气动载荷条件下起落架的收放功能。气动载荷模拟可以通过风洞试验模拟实际起飞降落过程中的动载。考虑到试验经济性，在无风洞试验条件下，在地面试验台上模拟起落架在收放过程中气动载荷主要是对主支柱铰点力矩进行模拟，主要有质量块模拟、弹簧组模拟和作动筒模拟三种模拟方式，其中采用电液伺服控制系统模拟精度最高。

1. 质量块模拟气动载荷方法

质量块模拟气动载荷收放试验系统主要由试验架、飞机试验模型、起落架、钢丝绳、滑轮组件、质量块等组成，如图 10 - 1 所示。将起落架（含操纵驱动装置、综合控制器）安装在飞机试验模型（或收放试验工装）上，用不同质量等级的质量块模拟起落架收放过程中的气动阻力大小，由控制装置控制收放程序，完成多次收放动作试验。试验架用于固定飞机模型和滑轮组件；飞机试验模型提供前起落架的安装接口；钢丝绳、定滑轮和质量块等为产品提供水平方向的模拟阻力。通过调节滑轮的高度，使钢丝绳基本保持水平。

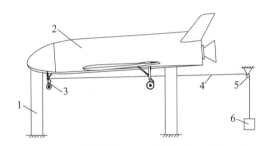

图 10 - 1　质量块模拟气动载荷收放试验系统

1—试验架；2—飞机试验模型；3—前起落架；4—钢丝绳；5—滑轮组件；6—质量块

2. 伺服电动机模拟气动载荷方法

1）试验系统组成

起落架收放试验主要是研究起落架的收放功能、起落架各组件的相互协调能力以及起落架多次收放后收放机构的可靠性等。在地面进行起落架收放试验要求能真实模拟飞机起落架的收放过程：气动载荷模拟系统要求能精确模拟气动载荷的大小和方向，保证试验精度；液压系统要求能在额定压力下长时间稳定工作；实现整个试验过程的自动化；满足试验的各项技术要求和性能指标。

根据该型起落架收放机构的结构特点、安装方式、运动形式及作用其上的气动载荷，设计试验台模拟起落架真实收放状态。试验台系统一般由气动加载模拟系统、液压系统、控制系统和测量系统 4 个部分组成，控制系统分为 FTS 控制系统和收放控制系统。如图 10 – 2 所示，加载模拟系统和液压系统均作用于起落架，加载系统由 FTS 控制系统控制，为起落架提供气动载荷大小与方向的精确模拟；液压系统由收放控制系统控制，为起落架提供收放作动筒的收放动力和上下位锁的解锁、上锁压力。测量系统由角度传感器、载荷传感器和位移传感器组成，分别对起落架收放角度、钢丝绳拉力、收放作动筒行程和升降台高度进行数据测量，并将所测结果反馈至 FTS 控制系统与收放控制系统。FTS 控制系统与收放控制系统再分别控制加载系统与液压系统并使其按指令运行，从而确保起落架收放试验能够真实模拟飞机起落架的实际收放状态。

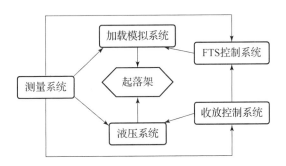

图 10 – 2　起落架收放试验系统组成

2）气动加载模拟系统

对起落架收放过程中的气动载荷模拟主要实现两个关键问题，即气动载荷的方向保证和载荷大小精度。因此，气动载荷加载模拟装置应满足以下条件：

（1）起落架在收放过程中，受到水平气动载荷的作用，所施加气动载荷大小随起落架的收放角度变化而变化，且收起与放下过程中气动载荷不一致，系统应能自动判断当下起落架的收放状态，进而采用不同载荷曲线加载。

（2）所施加的气动载荷为变化值，但方向应始终保持水平，该载荷作用点到起落架主支柱铰点的垂直距离与该气动载荷的乘积即为作用于起落架上的铰链力矩。见图 10 – 3，其中，A 为起落架上气动载荷受载点，A 点运动轨迹如虚线所示，设计保证载荷水平的轨道，轨道有一段圆弧及切线构成，起落架收放过程中通过钢索传递载荷，轨道上的随动点沿轨道运动保证加载方向始终水平。

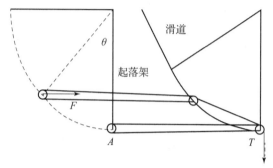

图 10 – 3　起落架加载示意图

加载机构中轨道内动滑轮机构运用小车式机构，保证随着起落架收放运动，小车式动滑轮机构也随着起落架沿着轨道运动。随动机构使试验系统施加的载荷保持水平，考虑到随动机构的自重与轨道的摩擦力，起落架轮轴中心与定滑轮轴中心的连线会与水平面成一个较小的角度 γ，设计可能减轻动滑轮机构的质量，提高轨道的加工精度，并在轨道槽内实施润滑措施。

同时，根据所受载荷曲线设计出相应的变力加载机构，如图 10 – 4 所示，需要加载为变力 F，根据几何关系及有关力学知识可得到自由端拉力 T 与 F 之间的关系：

$$T = T(F) \tag{10 – 1}$$

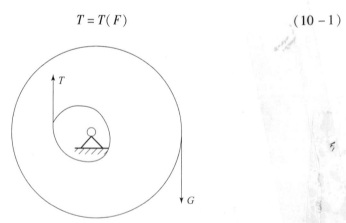

图 10 – 4　变力加载原理

对起落架收放过程的气动载荷进行模拟。以模拟收上过程中负载为例，加载原理为：设计两加载盘在一起，其中一个盘为圆盘，另一盘为凸轮盘，其中圆盘悬挂重物，提供恒定力矩，通过变化凸轮半径来得到实时变化载荷。根据所给载荷数值曲线设计出相应的凸轮机构，即通过改变凸轮半径来保证载荷的变化，且通过动滑轮机构使施加载荷的降低，能使整个机构既能简化，又能方便标定。

（3）对气动载荷大小的模拟和方向的跟随进行实时控制。

（4）由于起落架在收上和放下过程中受到的载荷不一致，故需对收上和放下分别加载，并设计复位机构，利用电动机实现对气动加载机构的复位，实现循环加载。起落架收上时，收上加载机构起作用，模拟收上气动载荷的变化，起落架收上到位并上锁后，利用动力装置解除收上加载，并使收上加载机构复位，收上加载机构复位后，起落架可以放下，放下过程中放下加载机构起作用，模拟放下气动载荷的变化，起落架放下到位后，使放下加载机构复位到初始状态。

3）液压系统

收放试验液压系统的设计参数包括供压、收放时间、最大负载、最大流量、环境温度、最大工作行程、回油箱压力等。其中，系统供压是根据原型机泵的供压提出的，动作时间是根据技术规定的收放时间提出的，最大工作行程 L 是根据起落架传动图从收起位置到放下位置之间的运动范围推导出来的，作动筒载荷通过与其他载荷对起落架旋转轴力矩的平衡条件求得。这些载荷包括起落架的质量载荷、气动载荷、起落架运动的惯性载荷、摩擦力、上锁阻力等。

根据试验要求中飞机起落架动作筒收放时间及可调要求，应用电液阀控制液压系统，由于起落架收放过程要求收放平稳，可采用主油路节流调速方式（放下起落架过程起作用），而在收起过程中有一定的背压作用。用比例换向阀根据电信号大小控制收放动作速度，并能实现远程控制；采用压力传感器检测收放时动作筒动作压力、系统压力、开锁压力，平衡阀锁定油缸压力。采用比例减压阀控制开锁压力，压力可根据电信号无级调整。系统配进油、压力管路过滤器和回油过滤器及水冷却器控制油温及油液清洁度。

收到起落架收起信号后，电磁溢流阀 YV1 的一个线圈接通，压力油经电磁溢流阀（W1）进入比例换向阀（YV2），进入收放油缸，达到开锁压力后开启下位锁并推动收放油缸，起落架收起；起落架收上到位后，接收信号液压油进入液控单向阀的 W4，起落架上锁；起落架收起到位后单向阀不动即可保持正常收起状态；接到放下指令后，主阀、减压阀、开锁油缸打开，液压油进入锁定油缸实现开锁；开锁后，比例换向阀的 W3 接通，液压油进入放下缸，收油缸回油，起落架放下，放下末段下位锁上锁；放下到位后即完成一个循环。接到指令后进行下一循环。

开锁压力由比例减压阀调整，可远程控制，开锁动作由电磁换向阀控制。由于锁是机械锁，开锁动作由液压完成并触发微动开关，开锁动作完成后，开锁柱塞缩回或上锁时由机械顶回并触发微动开关。所以开锁换向阀使用中位机能为Y型，即使开锁后开锁柱塞没有缩回，上锁时也能将其顶回，确保安全、可靠。

根据试验原始参数及主要技术指标，选配相应的液压试验系统，提供整个起落架收放的动力源。

试验调试过程中遇到的问题及解决方法：起落架开锁放下1~2 s内时会出现抖动现象，经分析是上位锁打开时，比例换向阀工作，作动筒两腔压力突然变化，再加上起落架开始下落时重力引起的力矩较大，使得起落架发生抖动现象。解决方法是在比例换向阀与平衡阀之间加上调速阀，在载荷压力变化时能保持节流阀的进出口压差为定值，这样，在节流口面积调定后，不论载荷压力如何变化，调速阀都能保持通过节流阀的流量不变，进而解决了抖动问题。

液压系统连续工作时超过4 h可能会出现油温过高的现象，原因包括容积损耗大、机械损耗、工作压力较高、工作间隔时间较短等；解决方法为：替换系统中耗损较大的元件，加大冷却系统性能，工作一定循环后及时降温，保持油温在工作温度以下。

4）控制系统和测量系统

根据试验台要求开发控制软件，选配合适的伺服电动机、伺服电动机控制器，与角度传感器、载荷传感器、位移传感器等集成一套完整的、符合技术指标要求的多通道协调加载控制系统，通过电液比例控制提高系统运算能力，实现比较复杂的控制。控制系统所有操作均可在计算机环境下的控制系统界面中完成，试验过程中可以实时进行数据反馈，且可以自动进行数据保存，实现对液压系统、加载系统、复位机构等系统的集成控制，并实现循环。

在液压传动与控制中，能够接受模拟式或数字式信号，使输出的流量或压力连续成比例地受到控制，都可以被称为电液比例控制系统。组成电液比例控制系统的基本元件有控制器、脉宽调制（PWM）驱动电路、比例电磁铁、电液比例阀及执行机构等部分。电液比例阀采用 PWM 调节方式进行控制，通过改变 PWM 信号的占空比来调节流过比例电磁铁线圈的平均电流，以降低摩擦、减少电磁铁的滞环和死区现象，提高电液比例阀的响应速度；系统采用电流闭环以提高性能和控制精度。

10.1.4　测量内容

收放系统功能试验中应完成下列项目测量：

（1）起落架收上和放下时间及左、右主起落架收上和放下时间差。

（2）起落架收上时下位锁、轮胎与舱壁的间隙。

（3）收、放过程的平稳性和协调性（包括起落架舱门的收放）。

（4）起落架上、下位锁工作的正确性和可靠性。

（5）液电阀功能转换时的压力峰值。

（6）液压软管的工作情况。

（7）起落架位置指示和告警装置工作的准确性。

■ 10.2　转弯操纵试验

前轮转弯机构是现代飞机转向操纵非常重要的机械结构，起落架前轮转弯机构主要包括双作动筒式转弯机构和齿轮齿条式转弯机构。转弯机构的安全性和稳定性直接影响着飞机的安全性能。因此，在前轮转弯系统的研制过程中，需进行前起落架转弯操纵试验，以对系统的相关性能指标进行测试和验证。

10.2.1　试验目的

前起落架转弯操纵试验的主要目的如下：

（1）验证操纵作动器设计正确性。

（2）测量操纵压力变化，验证其回路设计合理性。

（3）验证转弯操纵伺服控制参数整定的合理性。

（4）获得前轮转弯动态响应时间、转弯角跟踪精度、最大转弯速率、死区角度、超调量、传动系数等重要指标参数。

（5）验证在外界环境条件范围内，转弯系统能否在规定的跑道长度、宽度、侧风和跑道表面条件下提供安全操纵的能力。

（6）验证前轮转弯系统在规定工作环境下的适用性。

10.2.2 试验要求

前轮转弯系统应安装在模拟的液压和电气系统中。整个系统的安装应能模拟前轮转弯系统在飞机上工作时的真实位移、载荷和液压。如果能够用合适的模拟件代替，可以省去起落架，可以使用模拟的作动控制和液压系统。

前起落架转弯操纵试验系统主要包括试验夹具及液压系统两部分，具体要求如下：

1. 试验夹具设计要求

设计一套工装夹具，用于安装、固定前起落架转弯操纵试验系统，试验夹具设计要求如下：

（1）用于安装试验件的连接接头和夹具（与三维数模协调）。

（2）能够对活塞杆加载恒定扭矩。

（3）用于检查下列参数的仪表和装置：独立于加载系统的载荷监测装置；活塞杆转角；机构里工作液体的温度；往返行程数；操纵作动筒内腔压力差。

2. 液压系统设计要求

前起落架转弯操纵试验的液压系统为试验的动力源，液压系统提供起落架转弯运动驱动力以及模拟地面的阻力矩，液压系统设计要求如下：

（1）转弯机构和试验台的工作液体：航空液压油。

（2）开始试验时，转弯机构和试验台里工作液体的清洁度不低于 GJB 420A—1996 规定的 8 级标准。

（3）试验台系统压力满足使用要求。

（4）试验台回油压力满足使用要求。

（5）要求能够为操纵作动筒提供可调油液压力。

（6）液压系统向操纵作动筒供压，机轮从一侧极限位置转至另一侧极限位置的时间和最大转弯速率满足使用要求。

10.2.3 试验方法

前起落架转弯操纵试验系统主要是研究前起落架在地面转弯过程中转弯机构的功能性、可靠性，以及起落架在高低温环境中的耐久性。试验系统主要由安装夹具、试验件、加载系统、负载系统、高低温系统、测量系统和控制系统构成，如图 10-5 所示。

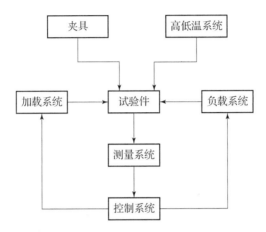

图 10-5 前起落架转弯操纵试验系统组成

试验过程中，夹具固定试验件，主加载系统负责提供驱动力，使起落架进行转弯运动，负载系统负责模拟起落架真实工作情况下的阻力扭矩特性，测量系统测量试验件的转矩等参数，控制系统通过控制加载系统、负载系统和高低温系统保证试验的条件。

试验夹具主要包括单耳支座、双耳支座、斜撑杆以及销钉，如图 10-6 所示。试验件为卧式加持，支柱外筒固定在试验夹具上，活塞杆固定在扭矩传感器上，起落架试验件水平放置，试验夹具与扭矩传感器固定在安装板上，进而连接固定在试验架上。地面负载力矩通过法兰盘加载，转弯动力由液压系统通过转弯作动筒提供。图 10-7 所示为起落架试验件安装夹具，其中单耳支座连接试验件支柱外筒，通过销钉固定，斜撑杆连接双耳支座和起落架试验件，通过螺栓固定，单耳支座和双耳支座各通过 4 个螺栓固定在安装板上。

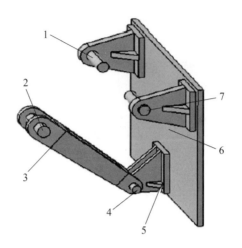

图 10 - 6　试验夹具

1，6—单耳支座；2，4—螺栓；3—斜撑杆；5—双耳支座；7—销钉

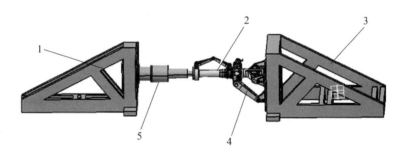

图 10 - 7　起落架试验件安装夹具

1，3—试验架台；2—试验件；4—试验夹具；5—电机加载系统

　　试验夹具的设计要考虑到加载和测量的方便性，保证试验时夹具具有足够的刚度、强度以及稳定性。同时，试验夹具应易于生产加工，对于相互连接的夹具要保证相对位置的精确性。同时要充分考虑试验时的安装位置，保证不会发生干涉。夹具设计应当考虑连接结构孔边距离对螺栓和销钉安装的影响，要使得螺栓和销钉能够安装并有余量，这样安装操作才方便。

　　整个试验系统构成和安装后的状态如图 10 - 8 所示，其中测量系统获得的试验数据直接集中显示于控制面板。

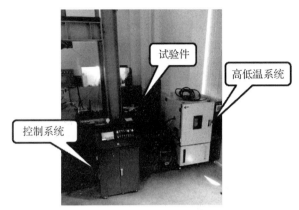

图 10-8　整个试验系统构成及安装后的状态

10.3　滑跑试验

地面滑跑是飞行过程中的一个重要阶段，在地面滑跑过程中起落架、轮胎与地面相互作用产生地面作用力，在跑道条件和环境等因素的影响下可能会导致飞机在跑道上滑跑时出现偏航现象，研究飞机起落架在地面滑跑时的动力学特性，建立地面模型，并进行试验验证是非常重要的研制内容。

迄今为止，国内主要采用以保证着陆冲击时的强度条件来确定起落架设计载荷，以保证着陆撞击时的强度和缓冲性能为基础的条件。但这种仅仅考虑满足着陆冲击的缓冲器参数，对飞机在不平跑道上做起飞、着陆滑跑运动时，往往考虑不够全面。滑跑跑道不平度及路面不平度的影响会引起结构的随机振动，滑跑载荷的累计严重影响飞机的疲劳寿命；且大过载不仅会在着陆时产生，也会在不平的跑道上运动时产生，甚至可能超过着陆载荷。因此，应该同时兼顾着陆撞击和滑跑冲击的要求来确定起落架的各种参数，减少起落架与相关机体结构的动应力水平和疲劳损伤，并在起落架设计方案确定后，通过开展起落架滑跑试验，确定飞机在地面滑跑时，由于跑道不平度所引起的作用在飞机上的地面载荷，验证起落架结构动态滑跑理论分析结果，验证起落架的纵向运动特性，测试起落架的运动姿态，获得起落架的响应参数。

10.3.1 试验目的

起落架滑跑试验的主要目的如下：

（1）确定滑跑时跑道不平度所引起的作用在起落架上的地面载荷。

（2）验证起落架结构动态滑跑理论分析结果。

（3）验证起落架的纵向运动特性。

（4）测试起落架耐磨组件的动摩擦因子和运动姿态。

（5）获得不平度道面滑行时起落架响应参数。

10.3.2 试验方法

1. 起落架拖曳方法

起落架拖曳试验系统主要由拖车、拖曳释放装置、飞机模型/原型机、主起落架、前起落架、控制装置、测量装置等组成，如图 10 - 9 和图 10 - 10 所示。将起落架安装在飞机模型上，拖曳释放装置与拖车连接固定，测量装置安装至飞机模型内。飞机模型与拖曳释放装置连接，主起落架轮胎始终与地面接触。根据试验工况条件调整拖曳释放装置的安装角度，保证不同工况下的飞机模型侧滑角。试验时，拖车拖曳飞机模型在跑道上加速，当满足工况要求的运动速度时，通过控制装置启动拖曳释放装置，释放飞机模型，飞机模型与起落架落地后继续向前滑行。

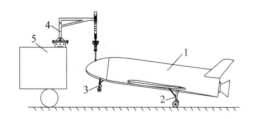

图 10 - 9 起落架拖曳试验系统（拖曳飞机模型）

1—飞机模型；2—主起落架；3—前起落架；4—拖曳释放装置；5—拖车

2. 跑道模拟方法

飞机跑道不平度模拟方法，即通过在高速旋转大飞轮上安装单个或多个波长为 λ、形状如 1 - cos 的凸起物，来实现跑道不平度的模拟。跑道模拟试验系统主

图 10 – 10 追梦者号起落架拖曳试验系统（拖曳前起落架）

1—飞机模型；2—主起落架；3—前起落架；4—拖曳释放装置；5—拖车

要是由大飞轮、电气拖动系统、液压加载系统、凸起物等组成。将凸起物通过刚性夹具安装在大飞轮上表面，起落架通过刚性夹具固定在试验台上，通过无级调速的旋转大飞轮模拟起落架着陆滑跑速度，利用液压加载系统与弹簧质量系统、橡皮绳等装置模拟前起落架载荷、机体的弹性效应及机体升力。

根据军用飞机地面强度试验规范（GJB 67.4）中规定，1 – cos 跑道波长范围为 0.06 ~ 90 m，而且不同波长对应不同的幅值 A。限于大飞轮的周长，不能完全模拟所有的速度和波长。因此，对于不能模拟的波长范围和滑跑速度范围，可利用动力等效的原理来实现试验模拟。单一的 1 – cos 凸起物形状如图 10 – 11 所示。

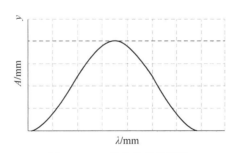

图 10 – 11 单个凸起物形状

当飞机在 1 – cos 跑道上滑行时，其运动边界条件通常给定为

$$y = \begin{cases} 0, & t < 0 \\ \dfrac{1}{2}A\left[1 - \cos\left(\dfrac{2\pi Vt}{\lambda}\right)\right], & 0 \leq t \leq \lambda/v \\ 0, & t \geq \lambda/v \end{cases} \qquad (10 - 2)$$

由式（10-2）可以看出，机轮越过 1-cos 凸起物时的周期 $T=\lambda/v$，在模拟试验时只要保持 T 值不变，就能保证满足边界条件，即对应于大波长 λ 的试验状态只要保持 λ/v 比值不变，在原 λ 对应的 1-cos 跑道幅值 A 和原 v 值对应的飞机升力不变的条件下，同时缩小 λ 和 v 值，即可达到等效的滑跑模拟效果。设选定某一定大小的 λ 减缩值为 λ_e，则与实际滑跑速度 v 对应的等效速度 λ_e 为

$$v_e = v\lambda_e/\lambda \tag{10-3}$$

由此计算出不同滑行速度 v 下，减缩波长 λ_e 对应的等效速度 v_e。根据规范给出的铺砌跑道要求，同时考虑到设备运转安全，不同的模拟跑道要配不同的平衡质量块。由于需要安装在现有大飞轮表面，因此，1-cos 凸起物下表面设计成圆弧形状。

根据试验速度和波长确定等效波长和等效速度，并分级确定不同的高度，凸起物输入台阶要尽量小，让起落架机轮从大飞轮上平滑越过凸起物；凸起物固定要牢靠，其强度等参数要满足试验要求。凸起物宽度由起落架机轮的宽度确定，凸起物的宽度和值可变，针对不同需要和高度（幅值）调换。

3. 随机跑道模拟方法

随机跑道模拟试验系统由电液伺服作动器、控制设备、测量设备三大部分组成。电液伺服作动器由伺服阀、静压轴承、油缸等组成，以正弦、随机、正弦加随机等方式振动带动支撑平台振动，起落架放在支撑平台上，引起起落架振动，从而模拟起落架在滑跑过程中路面不平度引起的振动响应。控制部分由计算机、标准信号源（正弦和随机）、功放、控制传感器和保护装置等组成，分别按力、位移和加速度控制系统振动，控制系统原理框图如图 10-12 所示。测量部分由测量传感器、放大器、采集器（A、D）、计算机及相应的软件系统组成。执行元件为静压轴承液压油缸，要求摩擦系数小，动、静摩擦力差异小，启动压力低，无低速爬行和滞涩现象，响应特性好，工作稳定可靠。

10.3.3　测量内容

起落架拖曳方法中，利用 GPS 测量装置和姿态测量装置同步测量采集整个运动过程中飞机模型的运动位移、运动速度以及姿态角，获取各运动参数的时间曲线。高速摄像机安装于前起落架附近，拍摄滑橇前起落架工作过程。

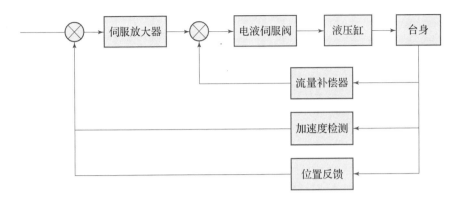

图 10 - 12　控制系统原理框图

飞机跑道模拟方法中,利用高速数据采集系统实时记录起落架在整个滑跑过程中的响应情况。试验测试参数包括滑跑时机轮通过 $1 - \cos$ 凸起物时作用在起落架轮轴处地面最大垂直载荷 F_{zmax}、最大航向载荷 F_{xmax}、支柱压缩量 s、起落架轮轴处垂直方向加速度 a_w。

参考文献

[1]《飞机设计手册》总编委会编. 飞机设计手册——第 12 分册、第 14 分册 [M]. 北京: 航空工业出版社, 2002.

[2] 樊蕊. 某型客机主起落架收放动力学分析及试验方法研究 [D]. 南京: 南京航空航天大学, 2012.

[3] 王洪宪. 飞机起落架收放动态性能研究及试验验证 [D]. 南京: 南京航空航天大学, 2009.

[4] 刘胜利, 崔荣耀. 飞机机场跑道不平度模拟试验技术研究 [C]. 首届中国航空科学技术大会论文集, 2013.

[5] 沈航. 飞机起落架着陆与滑跑性能分析 [J]. 应用力学学报, 2001 (18): 199 - 202.

[6] 军用飞机地面强度试验规范 [S] 第 4 部分: 地面载荷. GJB 67.4A 2008: 6 - 7.

[7] 郭军. 某型飞机前起落架 (1 - cos) 跑道模拟计算报告 [R]. 西安: 中国飞机强度研究所, 2003.

索　引

（王彦祥、毋栋、张若舒　编制）